普通高等教育"十一五"国家级规划教材　国家级精品课程配套教材

U0128893

·高等学校计算机基础教育教材精选·

大学计算机应用基础

訾秀玲　主编

尤克　张俊玲　副主编

清华大学出版社
北京

内 容 简 介

本书系统地介绍了计算机软硬件基础知识;介绍了使用计算机实用工具处理日常事务的基本方法;介绍了通过网络获取信息、分析信息、利用信息以及与他人交流的方法;介绍了使用典型的应用软件(包)和工具来解决本专业领域中问题的方法。

本书内容全面、实例丰富、突出应用,共分为 7 章,分别为计算机基础知识、操作系统 Windows XP 的使用、字处理软件 Word 应用、表格处理软件 Excel 应用、演示文稿软件 PowerPoint 应用、计算机网络应用、多媒体技术应用。各章均配有一定数量的习题,供读者学习时使用。

本书可作为高等学校非计算机专业学生学习计算机知识的基础教材,也可作为计算机爱好者的入门参考书。

图书在版编目(CIP)数据

大学计算机应用基础/訾秀玲主编. —北京:清华大学出版社,2009.6
(高等学校计算机基础教育教材精选)
ISBN 978-7-302-19958-8

Ⅰ. 大…　Ⅱ. 訾…　Ⅲ. 电子计算机-高等学校-教材　Ⅳ. TP3

中国版本图书馆 CIP 数据核字(2009)第 073035 号

责任编辑:谢　琛　林都嘉
责任校对:李建庄
责任印制:何　芊

出版发行:清华大学出版社　　　　　　　　　　地　　　址:北京清华大学学研大厦 A 座
　　　　　http://www.tup.com.cn　　　　　　邮　　　编:100084
　　　　社　　总　　机:010-62770175　　　　邮　　　购:010-62786544
　　　　投稿与读者服务:010-62776969,c-service@tup.tsinghua.edu.cn
　　　　质　量　反　馈:010-62772015,zhiliang@tup.tsinghua.edu.cn
印　刷　者:北京鑫海金澳胶印有限公司
装　订　者:北京市密云县京文制本装订厂
经　　销:全国新华书店
开　　本:185×260　印　张:21.75　　　　字　　数:508 千字
版　　次:2009 年 6 月第 1 版　　　　　　　印　　次:2009 年 6 月第 1 次印刷
印　　数:1~7000
定　　价:29.50 元

出版说明

在教育部关于高等学校计算机基础教育三层次方案的指导下,我国高等学校的计算机基础教育事业蓬勃发展。经过多年的教学改革与实践,全国很多学校在计算机基础教育这一领域中积累了大量宝贵的经验,取得了许多可喜的成果。

随着科教兴国战略的实施以及社会信息化进程的加快,目前我国的高等教育事业正面临着新的发展机遇,但同时也必须面对新的挑战。这些都对高等学校的计算机基础教育提出了更高的要求。为了适应教学改革的需要,进一步推动我国高等学校计算机基础教育事业的发展,我们在全国各高等学校精心挖掘和遴选了一批经过教学实践检验的优秀的教学成果,编辑出版了这套教材。教材的选题范围涵盖了计算机基础教育的三个层次,包括面向各高校开设的计算机必修课、选修课以及与各类专业相结合的计算机课程。

为了保证出版质量,同时更好地适应教学需求,本套教材将采取开放的体系和滚动出版的方式(即成熟一本、出版一本,并保持不断更新),坚持宁缺毋滥的原则,力求反映我国高等学校计算机基础教育的最新成果,使本套丛书无论在技术质量上还是文字质量上均成为真正的"精选"。

清华大学出版社一直致力于计算机教育用书的出版工作,在计算机基础教育领域出版了许多优秀的教材。本套教材的出版将进一步丰富和扩大我社在这一领域的选题范围、层次和深度,以适应高校计算机基础教育课程层次化、多样化的趋势,从而更好地满足各学校由于条件、师资和生源水平、专业领域等的差异而产生的不同需求。我们热切期望全国广大教师能够积极参与到本套丛书的编写工作中来,把自己的教学成果与全国的同行们分享;同时也欢迎广大读者对本套教材提出宝贵意见,以便我们改进工作,为读者提供更好的服务。

我们的电子邮件地址是 jiaoh@tup. tsinghua. edu. cn;联系人:焦虹。

清华大学出版社

前言

《大学计算机应用基础》一书是在当前计算机技术不断发展,高校计算机基础教学逐步深入,学生的计算机基础知识和应用能力不断提高的情况下编写的。

根据非计算机专业计算机教学的目标,高等学校本科学生在计算机知识与能力方面应该达到下列水平:

- 掌握一定的计算机软硬件基础知识;具备使用计算机实用工具处理日常事务的基本能力。
- 具备通过网络获取信息、分析信息、利用信息以及与他人交流的能力。
- 具备使用典型的应用软件(包)和工具来解决本专业领域中问题的能力。

这是对大学生计算机应用能力最基本、最重要的要求。本书就是以计算机基础知识为主体,以办公自动化软件、网络应用技巧为主线,以介绍计算机原理为拓展,突出应用性、实践性,介绍了计算机技术的基本知识、技能和应用。使学生较全面、系统地掌握计算机软、硬件技术与网络技术的基本概念,了解软件设计与信息处理的基本过程,掌握典型计算机系统的基本工作原理,具有较强的信息系统安全意识,为后续计算机课程的学习打下必要的基础。

本书除具有内容丰富、实用性强、概念清晰、通俗易懂的特色外,在每章后面附有一定数量的习题,并编写了配套的《大学计算机应用基础习题与实验指导》及配套学习资源光盘。在习题篇中提供了习题解析、自测练习题及参考答案;在实验篇中提供了实验目的、要求、内容及实验示例操作步骤。更重要的是本书提供了丰富的教学和学习资源光盘,在光盘中不仅提供了配套教材的课件、实验内容的电子素材,还为学生提供了测试理论和操作的自测考试系统,通过自测考试系统使学生可以提高知识点概念与操作应用能力,为学生自主学习提供了方便。

全书由訾秀玲担任主编,尤克和张俊玲担任副主编,作者大部分为校计算机协作组成员,具有丰富的教学经验。全书共分为 7 章,訾秀玲编写第 1 章,于平编写第 2 章,李湛编写第 3 章,张俊玲和郭峰编写第 4 章,李玉霞编写第 5 章,尤克和李论编写第 6 章,刘丽编写第 7 章。

限于作者水平,书中难免有错误和不足之处,恳请读者批评指正。

作者
2009 年 4 月

目录

第 1 章　计算机基础知识

本章主要内容：

- 计算机的发展、分类及特点
- 数据信息与数字表示
- 计算机系统的组成与工作原理
- 计算机安全基本知识

1.1　计算机的发展与应用

在当今的计算机网络社会，计算机已经成为人们获取、处理、保存信息和与他人通信的必不可少的工具，成为我们工作和生活中的得力助手。本节主要介绍计算机的发展历程、计算机的基本组成和应用，以使我们能够了解计算机的发展和应用。

1.1.1　计算机的发展

1. 什么是计算机

计算机是一种可以接收数据、处理数据、输出并能够存储数据的电子装置。计算机是由硬件系统和软件系统组成的一个完整的系统。图 1-1 为一台微型计算机。

图 1-1　微型计算机

2. 第一台电子计算机的诞生

世界上第一台电子数字计算机于 1946 年 2 月诞生在美国宾夕法尼亚大学莫尔学院，

名称为 Electronic Numerical Integrator And Calculator(ENIAC)，即"电子数字积分计算机"，如图 1-2 所示。第一台电子计算机解决了计算速度、计算准确性和复杂计算的问题，标志着计算机时代的到来，但是它存在一个明显的弱点，即不能存储程序。

重量 30t,17 000 个电子管，
保存 80 个字节

图 1-2　第一台电子计算机

3．冯·诺依曼"存储程序"的思想

美籍匈牙利数学家冯·诺依曼(1903 年—1957 年，见图 1-3)，在 1931 年成为美国普林斯顿大学终身教授，并是普林斯顿大学、宾夕法尼亚大学、哈佛大学、伊斯坦堡大学、马里兰大学、哥伦比亚等大学的荣誉博士。冯·诺依曼是美国国家科学院、秘鲁国立自然科学院等学院的院士，曾任美国原子能委员会委员和美国数学协会主席等职。冯·诺依曼在数学等诸多领域做出了重大贡献。冯·诺依曼参加了第一台电子计算机 ENIAC 的研制小组，在 1945 年他们发表了"存储程序通用电子计算机方案 EDVAC(Electronic Discrete Variable Automatic Computer)"，冯·诺依曼充分发挥了他的顾问作用及雄厚的数理基

图 1-3　冯·诺依曼

础、综合分析的能力，在发明电子计算机中起到了关键性作用，提出了"存储程序"的通用计算机方案，二进制形式表示数据和指令，将要执行的指令和要处理的数据按照顺序编写成程序存储到计算机的主存储器中，计算机自动、高速地执行该程序，解决存储和自动计算的问题，并在 1952 年研制并运行成功世界上第一台具有存储程序功能的电子计算机，名称为 EDVAC，即"电子离散变量自动计算机"。其特点是使用二进制运算，电路大大简化；能够存储程序，解决了内部存储和自动执行的问题。这台计算机是由计算器、逻辑控制装置、存储器、输入输出设备 5 个部分组成的。

4．电子计算机的发展

(1) 按物理器件发展划分

过去，按照物理器件的发展划分，将电子计算机的发展分为 4 个阶段。各个阶段的电子计算机情况如表 1-1 所示。

现在，许多人认为再按物理器件的发展来划分已经没有什么实际意义，因为这样会造成一种错觉，认为第四代计算机 30 年来没有实质上的发展，而实际上计算机的发展是日新月异、突飞猛进的。

大学计算机应用基础

表 1-1　计算机发展年代

	第 一 代	第 二 代	第 三 代	第 四 代
时间	1946 年—1958 年	1959 年—1964 年	1965 年—1970 年	1971 年至今
主要元器件	电子管	晶体管	集成电路	超大规模集成电路
主要物理器件图片				
每秒运算次数	千次	万次	10 万次	百万次以上
存储容量	15 万字节	20 万字节	50 万字节	千万字节
主要用途	军事和科学研究	科学计算、数据处理、事务处理	科学计算、数据处理、事务处理，广泛应用在各个领域	网络、科学计算、数据处理、事务处理，媒体技术应用等

（2）按计算机应用的发展划分

按计算机应用的发展划分，分为 3 个阶段。

第一阶段：主机（超、大、中、小型机）阶段，1946 年—1980 年。

第二阶段：微型计算机阶段，1981 年—1991 年。

第三阶段：计算机网络阶段，1991 年开始。

5. 计算机的发展趋势

21 世纪计算机的发展趋势是高速集成化，即计算机物理器件越来越小，使得计算机速度快、功能强、可靠性高、体积小、重量轻；多媒体化，即文字、声音、图形、图像和计算集于一体的综合性技术应用；资源网络化，即共享网络的硬件资源和软件资源，网络时代的网络就是计算机；处理智能化，即能思维的计算机，探索、模拟人的感觉和思维。

计算机更新换代的鲜明特点是：体积缩小、重量减轻、成本降低、可靠性能提高。

展望未来，计算机将是半导体技术、超导技术、光学技术、仿生技术相互结合的产物。从发展上看，计算机将向着巨型化、微型化发展；从应用上看，计算机将向着系统化、网络化和智能化方向发展。

1.1.2　计算机的分类和特点

1. 计算机的分类

对计算机分类有许多方法，可以从不同的角度对它们分类，可以按计算机的规模（体积大小、计算速度、处理能力等特性）分类，可以依据使用范围分类，可以依据使用方式分类，还可以依据处理数据的形态分类。

① 按计算机处理数据的形态分类可分为数字计算机、模拟计算机和数模混合计

算机。

② 按计算机的使用范围分类可分为专用计算机和通用计算机。

③ 按计算机的规模分类可分为巨型机、大型机、小型机和微型机 4 类。

(1) 巨型计算机

巨型计算机运算速度为每秒执行几十亿条指令,通常一台巨型计算机能容纳几百个用户同时使用,可同时完成多项任务,用于高科技领域和尖端技术中的科学计算和学术研究,例如气象、太空、能源等领域。巨型计算机价格贵,具有功能强、运算速度快、存储能力强和体积大的特点;要求特殊的环境条件和专业的维护队伍。

(2) 大型计算机

大型机的运算速度一般为每秒执行几亿条指令,能容纳上百个用户同时使用,可同时完成多项任务,大型机的容量比巨型机稍小些,用于图形图像处理、数据采集、金融、大型商业管理或大型数据库管理系统,也可用于大型计算机网络中的主机。

(3) 中、小型计算机

中、小型计算机的运行速度为每秒执行千万条指令,可以同时容纳几十个用户,用于数值计算、科学研究、生产过程控制及部门管理等,也可用做网络服务器。

(4) 微型计算机

微型计算机也称为个人计算机或个人电脑,运算速度为每秒执行百万条指令,有些微机已经达到了每秒执行千万条指令,内存容量达到百兆字节,价格比较便宜,已经走进了千家万户。微型计算机一般用于数据处理、检索、计算等方面。

微型计算机可分为台式机和便携机两类。便携机有笔记本和掌上机两种。

2. 计算机的特点

计算机的主要特点是数据处理速度快、计算精度高、存储量大、具有逻辑判断能力且通用性强。

(1) 运算速度快

运算速度是指计算机每秒能执行多少指令,常用单位是 MIPS,表示每秒执行多少百万条指令。运算速度是标志计算机性能的一个重要指标。运算速度快是计算机最显著的特点,可以极大地提高工作效率,使得人们几天才能完成的工作,使用计算机只要几分钟或几秒钟就可以完成。

例如,主频为 3GHz 的 Pentium 4 微机的运算速度为每秒 30 亿次,即 3000MIPS。

(2) 计算精度高

由于计算机内部采用二进制数进行运算,使数值计算非常精确。一般计算机计算可以有十几位以上的有效数字,可以达到非常高的精度。精度主要取决于处理数据的位数,即计算机的字长,字长越长,精度越高。

(3) 存储量大

计算机存储信息的能力是计算机的主要特点之一。目前的计算机不仅提供了大容量的主存储器,来存储计算机工作时的大量信息;同时还提供了各种外存储器来保存信息,例如硬磁盘、移动硬盘和光盘等,容量越来越大,大大提高了计算机对信息的存储能力。

（4）逻辑判断能力

计算机不仅可以进行算术运算，同时也能进行各种逻辑运算，具有逻辑判断能力，并可以根据判断的结果自动选择应执行的程序。计算机可以进行逻辑推理，具有识别和推理判断能力，可以使用计算机模仿人的智能活动。例如专家系统、机器人等就是智能模拟的结果。

（5）通用性强

用户使用计算机时，不需要了解其内部结构和原理。计算机适合各界人士使用，可应用于不同的场合，只需执行相应的程序即可完成不同的工作。

1.1.3　计算机的应用

在 21 世纪信息社会不断发展的形势下，计算机的应用是计算机、通信、网络和多媒体技术融于一体的综合应用，已经渗透到现代社会的方方面面。例如，办公自动化、生产自动化、人工智能、计算机模拟、计算机辅助设计和教育、网络经济、金融电子化、远程教育和医疗等。

1. 科学计算

科学计算也称为数值计算，它是伴随着电子计算机的出现而迅速发展并获得广泛应用的交叉学科，最早的应用领域。利用计算机运算速度快、存储量大的特点，可以完成人工无法完成的大量复杂的工程计算。例如，在数学、物理、化学、天文、地质和生物等学科中，在高新技术领域中，航空航天技术、原子能应用技术、石油勘探技术等方面，使用计算机进行科学计算仍然占有很重要的地位。例如，人造卫星轨迹的计算、火箭的发射与控制、宇宙飞船的研究与设计等现代科学技术都离不开计算机的精确计算。因此，数值计算为科学研究与技术创新提供了新的重要手段和理论基础，将继续推动当代科学和高新技术的发展。

2. 信息处理

信息处理即数据处理。在信息社会中巨大的信息量是通过计算机处理的，信息处理是对大量的数据（数值、文字、符号、声音、图形图像）进行加工处理，包括编辑、存储、分类、检索、统计、传输、压缩、合成等过程。数据处理目前广泛应用于办公自动化、企业管理、情报检索、事务处理等方面。例如，利用数据库技术开发的管理信息系统和决策分析支持系统等大大提高了企业和政府部门的现代化管理水平，大大提高了人们的工作效率。信息处理已经成为计算机应用的主流。

3. 自动控制

自动控制是指利用计算机实现生产过程的控制，提高自动化水平，提高控制的准确性，以及提高产品质量、降低成本。计算机过程控制主要应用于机械、冶金、纺织、水电、化工、航天、交通等领域，提高了控制的实时性和准确性，提高了生产效率和产品质量，减低了成本,缩短了生产周期。计算机自动控制在国防和航天工业中也占有重要地位。例如,导弹、人造卫星、宇宙飞船、无人驾驶飞机等方面都起着决定性作用。

4. 计算机的辅助工程

计算机辅助工程是以计算机为工具,配备专用软件辅助人们完成特定的工作任务的工作,以提高工作效率和工作质量为目标。

计算机的辅助设计(Computer Aided Design,CAD)技术,是利用计算机的工程计算、逻辑判断、数据处理功能形成一个专门系统,用来进行各种图形设计和图形绘制,并能够对设计方案进一步分析、测试和优化。目前应用在汽车、飞机、船舶、集成电路设计、大型自动控制系统等设计中;CAD 具有越来越重要的地位。

计算机辅助制造(Computer Aided Manufacture,CAM)技术,是指利用计算机进行对生产设备的控制和管理,实现无图纸加工。将 CAD 和 CAM 技术集成的计算机集成制造系统(CIMS)已经实现。

计算机辅助教育(Computer Based Education,CBE)技术,主要包括计算机辅助教学(Computer Aided Instruction,CAI)、计算机辅助测试(Computer Aided Test,CAT)和计算机辅助管理教学(Computer Management Instruction,CMI)等。目前,利用计算机辅助教学系统制作的教学软件,使枯燥无味的书本变得生动、形象、图文并茂,改变了教学手段,提高了教学效果。

5. 人工智能

人工智能是用计算机模拟人类的智能活动,简称 AI,是当今计算机发展的一个趋势,是计算机应用的一个重要领域。如人脑学习、推理、判断、理解、问题求解等过程,辅助人类进行决策。例如,现代机器人是计算机人工智能的典型应用。目前在医疗诊断、定理证明、专家系统、模式识别等方面都有显著的发展和应用。

6. 网络应用

计算机网络是利用通信设备和线路将地理位置不同且功能独立的多个计算机系统互连起来,通过网络软件实现资源共享和信息交流的系统。网络是计算机技术与通信技术相互结合的产物,由硬件系统和软件系统两部分构成。硬件系统包括计算机的硬件系统和通信设备,软件系统包括网络通信协议、信息交换方式、网络操作系统等。

网络的出现为计算机应用开辟了空前广阔的前景,对人类社会产生了巨大的影响,给人们的生活、工作、学习带来了巨大的变化。人们可以在网上接受教育、浏览信息,实现网上通信、网上医疗、网上银行、网上娱乐、网上购物等。

7. 多媒体应用

多媒体计算机系统扩大了计算机技术的应用领域,将文字、声音、图形、图像、音频、视频和动画等集成处理,提供了多种信息表现形式,广泛应用于休闲娱乐、电子出版、教学等方面。

1.2 数字信息与数据表示

1.2.1 信息和信息技术

1. 信 息

信息(Information)是经过组织的数据,是指将原始数据经过提炼成有意义、有用处的数据。信息分为控制信息和数据信息。控制信息是指各种指令,数据信息包括数值和非数值信息两种,数值信息包括实数和整数,非数值信息有字符、文字、声音、图形、逻辑数据和其他形式的数据等。

2. 信息的主要特征

信息是有价值的,一条信息可以挽救一个生命,一条信息可以救活一个企业,信息的重要性已被人们认识并得到重视。信息主要具有以下基本特征:

- 信息的可共享性:信息的分享不会引起信息的减少,同一条信息可供传播者和接受者共享。
- 信息的扩散性:各种知识、发明不断地传播、接受,就是信息的扩散结果。
- 信息可度量:信息的必须基本单位是位(bit),作为字节(Byte)为容量单位来测试信息的大小。
- 信息可处理性:信息可以通过系统进行信息分类、检索、计算等处理。

因此,信息和物质、能量一样,成为一种特殊的、重要资源,对社会产生着深刻影响。

3. 信息处理技术

信息技术是指信息的采集、传递、处理等。电子计算机是信息处理机,它是人脑功能的延长,能帮助人更好地存储信息、检索信息、加工信息和再生信息。

数据信息的表示是计算机实现信息加工处理的基础。微型机的数据信息一般采用二进制数表示。

4. 信息化

信息化是指在电子和信息等技术的驱动下,将传统工业为主的社会向以信息产业为主的社会演进的过程,是培育、发展以智能化工具为代表的新的生产力。信息化涉及信息资源、信息网络、信息技术、信息产业、信息化人才和信息化政策法规和标准等 6 个主要方面。

5. 计算机文化

从 20 世纪 80 年代初开始逐渐形成了一种新的文化(Computer Literacy),即计算机文化。我们国家同许多发达国家一样,将计算机教育引入到大中小学的必修课程中,作为从小就了解和掌握的文化。Literacy 的直译是"有文化、有读写能力",我们可以从以下几个角度理解计算机的文化性。

①计算机作为一种知识、技术、能力和修养，已成为人类必须具备的一种文化。在当前的信息时代，计算机已经在各行各业广泛应用，如果没有基本的计算机知识和操作能力，就无法利用各种信息。

②计算机网络技术的应用，给人们的学习和工作带来了跨国界、跨行业、跨学校的知识和技术资源，利用计算机获取大量的知识，促进文化的传播。

③计算机理论及其技术对自然科学、社会科学的广泛渗透表现出其丰富的文化内涵，如生物信息技术、计算机与社会学等就是计算机和专业产生的新兴的交叉学科。

因此，计算机文化是当今具有影响力的一种文化形态。它包含了很多人性的、人文的内容，在计算机技术的发展过程中广泛渗透在人类社会的各个领域。

1.2.2 计算机中的数制及数制转换

数制即计数制，是指用一组特定符号和统一运算规则来计数的方法。最常用的运算采用十进制，时间单位的分、秒采用六十进制，小时采用二十四进制等。计算机中的数据表示使用二进制数制，有时也用八进制或十六进制数制表示。

1. 常用数制表示方法

对于十进制数、二进制数、八进制数、十六进制数都具有以下相同的 4 条规律。

- 按进位的原则进行计数：如十进制数满十就进位计数，二进制满二就进位计数等。
- 逢 N 进 1：如十进制数逢十进一，二进制数逢二进一等。
- 采用位权表示法：如十进制数的单位值为 $10^0,10^1,10^2,10^3,10^4,\cdots$，二进制数的单位值是 $2^0,2^1,2^2,2^3,2^4,\cdots$
- 利用权值和数字符号使用通用公式表示：

例如，十进制数的通用公式为 $a_n\times10^n+a_{n-1}\times10^{n-1}+\cdots+a_1\times10^1+a_0\times10^0$，二进制数的通用公式为 $a_n\times2^n+a_{n-1}\times2^{n-1}+\cdots+a_1\times2^1+a_0\times2^0$。

根据数值的 4 条规律，在表 1-2 中给出了常用数制的基数(单位值或权值)、数值及各进制的特点和通用公式。

表 1-2 常用数制的基数、数值及各进制的特点和规律

数 制	数 值	基 数	特 点	通 用 公 式
十进制	0,1,2,3,4,5,6,7,8,9	10	逢十进一	$a_n\times10^n+a_{n-1}\times10^{n-1}+\cdots+a_1\times10^1+a_0\times10^0$
二进制	0,1	2	逢二进一	$a_n\times2^n+a_{n-1}\times2^{n-1}+\cdots+a_1\times2^1+a_0\times2^0$
八进制	0,1,2,3,4,5,6,7	8	逢八进一	$a_n\times8^n+a_{n-1}\times8^{n-1}+\cdots+a_1\times8^1+a_0\times8^0$
十六进制	1,2,3,4,5,6,7,8,9,A,B,C,D,E,F	16	逢十六进一	$a_n\times16^n+a_{n-1}\times16^{n-1}+\cdots+a_1\times16^1+a_0\times16^0$

2. 数制转换

数值转换主要分为十进制数转换为二、八、十六进制数,二、八、十六进制数转换为十进制数和二进制数转换为八、十六进制数 3 类。

(1) 十进制数转换为二、八、十六进制数

将十进制数转换为二、八、十六进制数的方法是采用除进制(R)取余的方法。将十进制数逐次除以二或八或十六进制数,直到商等于 0 为止,将所得的余数组合在一起,就是二进制数或八进制数或十六进制数(最后一次得到的余数为最高位,第一个得到的余数为最低位)。

例如,$(13)_{10} = (1101)_2$

$$
\begin{array}{r|r|r}
2 & 13 & 1 \\
2 & 6 & 0 \\
2 & 3 & 1 \\
2 & 1 & 1 \\
& 0 &
\end{array}
$$

(2) 二、八、十六进制数转换为十进制数

二、八、十六进制数转换为十进制数的方法是使用公式法。将各进制数按其通用公式展开,在将各项乘积相加就得到十进制数。

例如,$(1101)_2 = (13)_{10}$

$$1 \times 2^3 + 1 \times 2^2 + 0 \times 2^1 + 1 \times 2^0 = 8 + 4 + 1 = 13$$

(3) 二进制数转换为八、十六进制数

二进制数转换为八、十六进制数的方法是使用分组法。将二进制数从最低位(数字右边)开始,每 3 位或 4 位分为一组,将各组的转换结果值组合在一起,就是八进制数或十六进制数。

例如,$(1101010)_2 = (152)_8 = (6A)_{16}$

$$(\underline{1},\underline{101},\underline{010})_2 = (152)_8$$

$$(\underline{110},\underline{1010})_2 = (6A)_{16}$$

(4) 各进制之间的简单对应关系

各进制之间的简单对应关系如表 1-3 所示。

表 1-3 各进制之间的简单对应关系

十	二	八	十六	十	二	八	十六
0	0	0	0	4	100	4	4
1	1	1	1	5	101	5	5
2	10	2	2	6	110	6	6
3	11	3	3	7	111	7	7

数		制		数		制	
十	二	八	十六	十	二	八	十六
8	1000	10	8	12	1100	14	C
9	1001	11	9	13	1101	15	D
10	1010	12	A	14	1110	16	E
11	1011	13	B	15	1111	17	F

1.2.3 二进制数运算

在计算机中,二进制数可以进行加、减、乘、除的算术运算和逻辑与、或、非、异或的逻辑运算。

1. 算术运算

在表 1-4 中给出了算术运算及示例和结果。

表 1-4 算术运算及示例和结果

运 算	示 例	运 算	示 例
加法	$0+0=0$ $0+1=1$ $1+0=1$ $1+1=10$	乘法	$0\times0=0$ $0\times1=0$ $1\times0=0$ $1\times1=1$
减法	$0-0=0$ $1-0=1$ $10-1=1$ $1-1=0$	除法	$0/1=0$ $1/1=1$

2. 逻辑运算

在表 1-5 中给出了逻辑运算及示例和结果。

表 1-5 逻辑运算及示例和结果

运 算	基本示例	含 义	扩展示例:设 $X=3;Y=6$
逻辑与 $\wedge$	$0\wedge0=0$ $0\wedge1=1$ $1\wedge0=1$ $1\wedge1=1$	在逻辑与运算中只有当两个值都为 1 时,结果才为 1,否则结果为 0	$X<5\wedge Y>3$ 表达式 当逻辑运算符两边的表达式条件都满足,其逻辑与运算的结果为 1;若一边表达式条件不满足或两边表达式条件都不满足时,逻辑与运算结果为 0
逻辑或 $\vee$	$0\vee0=0$ $1\vee0=1$ $1\vee1=1$ $1\vee1=0$	在逻辑或运算中只要有 1 个值为 1,则结果就为 1,否则结果为 0	$X>5\vee Y>7$ 表达式 在逻辑运算符两边的表达式条件都不满足,其逻辑或运算的结果为 0;当一边表达式条件满足或两边表达式条件都满足时,逻辑与运算结果为 1

运　　算	基本示例	含　　义	扩展示例：设 X＝3；Y＝6
逻辑非 ‾	$\overline{0}=1$ $\overline{1}=0$	逻辑非运算是单边运算,对运算结果或 1 位值时进行取反的操作	X＞5 表达式,逻辑值为 0,取反操作结果应为 1
逻辑异或⊗	$0\otimes0=0$ $1\otimes0=1$ $0\otimes1=1$ $1\otimes1=0$	在逻辑异或运算中两个值不相同时,结果为 1,否则结果为 0	

1.2.4　计算机中的数据与编码

1. 数据

计算机中的数据包括数字、字符、汉字、声音、图形、图像、表格等。计算机中的数据可分为数值型数据和非数值型数据两类;数值型数据是指可以参加算术运算或逻辑运算的数据计算,如 3＋5＝8,3＜5 等;非数值型数据是指不能参加算术运算的数据,如"我是大学生"。

数据有两种形态:一种为人类可读形式的数据,简称人读数据,如文字、声音、图形、图像等;另一种为机器可读形式的数据,简称机读数据。如印刷在物品上的条形码,录制在磁带、磁盘、光盘上的数码,穿在纸带和卡片上的各种孔等,都是通过特制的输入设备将信息传输给计算机处理,属于机器可读数据。机器可读数据选择了二进制编码形式。

2. 数据单位及信息编码

(1) 位(bit)

计算机中运算器运算的是二进制数,控制器发出的指令是二进制形式,存储器中存放的数据和程序也是二进制的。

计算机中的最小数据单位是二进制的一个数位,简称位(bit)。一个二进制位有两种状态 0 或 1。

(2) 字节(Byte)

8 位二进制数表示一个字节(Byte),字节是计算机中用来表示存储空间大小的最基本的容量单位。如计算机内存的存储容量以及磁盘的存储容量都是以字节为单位的。一个字节可以存储一个字符,两个字节可以存储国标码的一个汉字。也可以用千字节(KB)、兆字节(MB)、十亿字节(GB)等表示存储容量。

1B＝8bit

1KB＝1024B

1MB＝1024KB＝1024B×1024B

1GB＝1024MB＝1024B×1024B×1024B

（3）字

字由若干个字节组成（通常是字节的整数倍），是计算机进行数据存储和数据处理的运算单位。

字长是计算机性能的重要标志，不同档次的计算机有不同的字长，字长表示存储、传送、处理数据的信息单位。按照字长的不同，计算机划可分为 8 位机、16 位机、32 位机等。

（4）二-十进制 BCD 码

二-十进制 BCD(Binary-Coded Decimal)码是指每位十进制数用 4 位二进制编码来表示。选用 0000~1001 来表示 0~9 十个数符，这种编码又称为 8421 码。十进制数与 BCD 码的对应关系如表 1-6 所示。

表 1-6 十进制数与 BCD 码的对应关系

十 进 制 数	BCD 码	十 进 制 数	BCD 码
0	0000	11	00010001
1	0001	12	00010010
2	0010	13	00010011
3	0011	14	00010100
4	0100	15	00010101
5	0101	16	00010110
6	0110	17	00010111
7	0111	18	00011000
8	1000	19	00011001
9	1001	20	00100000
10	00010000		

通过表中给出的十进制数与 BCD 码的对应关系可以看出，两位十进制数是用 8 位二进制数并列表示的，但它不是一个 8 位二进制数。如 11 的 BCD 码是 00010001，而二进制数 $(00010001)_2 = (24+20)_{10} = (17)_{10}$。

（5）ASCII 码

微型计算机采用的字符编码是 ASCII 码，ASCII（American Standard Code For Information Interchange，美国标准信息交换代码）被国际标准化组织认定为国际标准。一个字节为 8 位二进制数，一个 ASCII 码占一个字节的低 7 位，最高位是"0"，共有 128 种状态，每个状态都唯一对应一个 ASCII 码字符，共有 128 个字符，其中有 26 个大写英文字母、26 个小写英文字母、10 个数字字符、33 个标点符号和 33 个控制字符。128 个字符的 ASCII 码如表 1-7 所示，其中 ASCII 码控制符说明如表 1-8 所示。

表 1-7　ASCII 码编码表

$d_3 d_2 d_1 d_0$ \ $d_6 d_5 d_4$	000	001	010	011	100	101	110	111
0000	NUL	DLE	SP	0	@	P	`	p
0001	SOH	DC1	!	1	A	Q	a	q
0010	STX	DC2	"	2	B	R	b	r
0011	ETX	DC3	#	3	C	S	c	s
0100	EOT	DC4	$	4	D	T	d	t
0101	ENQ	ANK	%	5	E	U	e	u
0110	ACK	SYN	&	6	F	V	f	v
0111	BEL	ETB	'	7	G	W	g	w
1000	BS	CAN	(	8	H	X	h	x
1001	HT	EM	)	9	I	Y	i	y
1010	LF	SUB	*	:	J	Z	j	z
1011	VT	ESC	+	;	K	[	k	{
1100	FF	FS	,	<	L	\	l	|
1101	CR	GS	—	=	M	]	m	}
1110	SO	RS	.	>	N	↑	n	~
1111	SI	US	/	?	O	↓	o	DEL

表 1-8　ASCII 码控制符说明

控制符	说　明	控制符	说　明	控制符	说　明	控制符	说　明
NUL	空	BS	退格	DLE	转义	CAN	取消
SOH	标题开始	HT	横向制表	DC1	设备控制 1	EM	纸尽
STX	文本开始	LF	换行	DC2	设备控制 2	SUB	取代
ETX	文本结束	VT	纵向制表	DC3	设备控制 3	ESC	撤销
EOT	传输结束	FF	换页	DC4	控制控制 4	FS	文件分隔
ENQ	询问	CR	回车	ANK	否认	GS	组分隔
ACK	确认	SO	移出	SYN	同步	RS	记录分隔
BEL	响铃	SI	移入	ETB	组传输结束	US	单元分隔
						DEL	作废

（6）国标 GB2312—80

汉字编码方案有多种，GB2312—80 是应用最广泛、历史最悠久的一种。GB2312—80

是指我国于 1980 年颁布的"中华人民共和国国家标准信息交换汉字编码",简称为国标码。在国标码中提供了 6763 个汉字和 682 个非汉字图形符号。6763 个汉字按使用频度、组词能力以及用途大小分为一级常用汉字(按拼音字母顺序)3775 个和二级常用汉字(按笔形顺序)3008 个。规定一个汉字由两个字节组成,每个字节只用低 7 位。一般情况下,将国标码的每个字节的高位设置为 1,作为汉字机内码,这样做既解决了西文机内码与汉字机内码的二义性,又保证了汉字机内码与国标码之间非常简单的对应关系。

汉字机内码是供计算机系统内部进行存储、加工处理、传输而统一使用的代码,又称为汉字内码。汉字内码是唯一的。

(7) GBK 和 GB18030

GB2312 表示的汉字比较有限,一些偏僻的地名、人名等用字在 GB2312 中没有,于是我国的信息标准委员会对原标准进行了扩充,得到了扩充后的汉字编码方案 GBK,使汉字个数增加到 20 902 个。在 GBK 之后,我国又颁布了 GB18030。GB18030 共收录 27 484 个汉字,它全面兼容 GB2312,可以充分利用已有资源,保证不同系统间的兼容性,是未来我国计算机系统必须遵循的基础标准之一。在目前的 Windows 2000 和 Windows XP 中已提供了对 GB18030 标准的支持。

(8) Unicode

Unicode 是一个多种语言的统一编码体系,被称为"万国码"。Unicode 给每个字符提供了一个唯一的编码,而与具体的平台和语言无关。它已经被 Apple、HP、Microsoft、Sun 等公司采用。Unicode 采用的是 16 位编码体系,因此它允许表示 65 536 个字符,使用两个字节表示一个字符。

(9) 汉字输入码(外码)

汉字输入码是为了将汉字通过键盘输入计算机而设计的代码,有音码、形码和音形结合等多种输入法。外码不是唯一的,可以有多种形式。

(10) 汉字字形码

汉字字形码是一种使用点阵方法构造的汉字字形的字模数据,在显示或打印汉字时需要使用汉字字形码,也称为汉字字库。汉字字形点阵有 16×16、24×24、32×32、64×64、96×96、128×128、256×256 点阵等。

点阵越多,占用的存储空间越多。例如,16×16 点阵汉字使用 32 个字节(16×16/8=32)。

(11) 各种代码之间的关系

一般汉字信息处理系统的工作过程如图 1-4 所示。

图 1-4　一般汉字信息处理系统的工作过程

3. 计算机内部数据的表示方法

在计算机内部数据都是采用二进制编码形式,用数得最高位表示符号位,用 0 表示正号,1 表示负号。数据表示又分为定点数表示和浮点数表示两类。

1）定点数的表示

定点数是指小数点的位置固定不变。定点数可以用来表示定点整数和定点小数。

（1）定点整数

定点整数是指纯整数，小数点固定在最低位的后面。定点整数分为符号整数和无符号整数。

• 无符号整数：表示将所有二进制位全部用来表示数的精确值。

例如，设计算机的定点整数长度为 16 位二进制数，则十进制 235 的机内表示为如下形式：

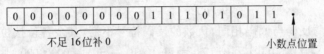

• 有符号整数：表示用最高位表示符号位，0 表示正数，1 表示负数。符号位放在数值的左边，即在数值的最高位。

例如，设计算机的定点整数长度为 16 位二进制数，则十进制－235 的机内表示为如下形式：

（2）定点小数

定点小数是指小数点的位置在符号位与竖直部分的最高位之间，用于表示纯小数。

例如，设计算机的定点整数长度为 16 位二进制数，则十进制的(0.793)在机内表示为如下形式：

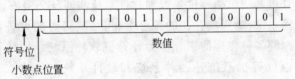

2）浮点数的表示

浮点数是指小数点在数据中的位置不固定。浮点数与定点数相比，数据范围宽、精确度高，一般数值计算常常用浮点数表示。

浮点数的表示来源于数学中的指数表示形式，对于一个二进制的浮点数 N 可表示为：

$$N = M \times 2^e$$

说明：

① 公式中 M 表示尾数，是一个小于 1 的纯小数，表示方法与定点小数相似。尾数的长度影响数的精度。

② 公式中 e 是阶码，相当于数学中的幂，表示方法与定点整数相似。阶码的长度影响浮点数的大小范围。

浮点数对于一个 32 位的计算机内可表示的形式为：

1位	7位	1位	32位
阶符	阶码	数符	尾数

4. 原码、反码和补码

（1）原码

原码：将给定数据的绝对值转换为二进制数，并用最高位表示符号位，符号位为 0 表示正数，符号位为 1 表示负数。

例如：$[+13]_原=00001101$　$[-13]_原=10001101$　$[+0]=00000000$　$[-0]=10000000$

（2）反码

反码：正数的反码与原码相同，负数的反码符号不变，其余各位按位取反。

例如：$[+13]_原=00001101$　$[-13]_原=11110010$　$[+0]=00000000$　$[-0]=11111111$

（3）补码

补码：正数的补码与原码相同，负数的反码符号不变，其余各位按位取反，并在最低位加 1。

例如：$[+13]_原=00001101$　$[-13]_原=11110011$　$[+0]=00000000$　$[-0]=00000000$

1.3　计算机系统的组成与工作原理

1.3.1　计算机系统的组成

一个完整的计算机系统包括硬件系统和软件系统两部分。组成计算机的物理设备的总称叫做计算机硬件系统，是实实在在的各种看得见、摸得着的设备，是计算机工作的基础。指挥计算机工作的各种程序的集合称为计算机软件系统。硬件是软件的基础，软件是硬件的实现。所以计算机系统是硬件系统和软件系统的组合，二者不可分割，缺一不可。

几十年来，虽然计算机系统从性能指标、运算速度、工作方式、应用领域和价格等方面与早期的计算机有很大差别，但是其基本结构没有变，都属于冯·诺依曼计算机，由 5 个基本部分组成：运算器、控制器、存储器、输入设备和输出设备。也可以将计算机概括地说由主机和外部设备组成。图 1-5 为计算机硬件基本组成图。图 1-6 为微型计算机系统组成图。

1.3.2　主机

主机是指主机机箱内的主要部件，包括系统主板、中央处理器（CPU）、内存储器、输入/输出接口插槽（I/O 接口）、电源、硬盘，其主要部分是 CPU 和内存储器。图 1-7 给出主机和主机内部结构图。

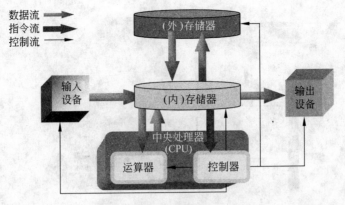

数据流 ➡
指令流 ➡
控制流 ➡

图 1-5   计算机硬件基本组成

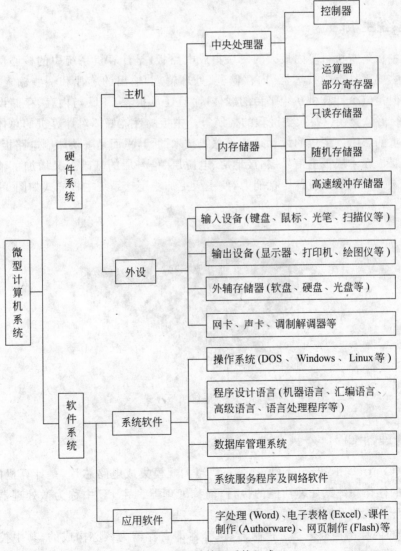

图 1-6   微型计算机系统组成

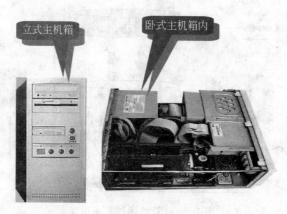

图 1-7　主机箱和主机内部

1．系统主板

系统主板是主机机箱内最大的一块集成电路板，是计算机系统中的核心部件。主板上安装的主要部件有微处理器、内存储器、处理输入/输出的芯片和一些输入/输出插槽等。它不但是整个计算机系统平台的载体，而且还承担着 CPU 与内存、存储设备和其他 I/O 设备的信息交换以及人物进程的控制等。主板的性能好坏对计算机的总体指标将产生举足轻重的影响。主板的设计是基于总线技术的，其平面是一块印刷电路板，分 4 层和 6 层板，6 层板在 4 层板主信号层、接地层、电源层、信号层的基础上又增加了辅助电源层和中信号层。加强了主板抗干扰能力，使主板更加稳定。系统主板样式如图 1-8 所示。

图 1-8　系统主板样式

2．处理器 CPU

CPU(Central Processing Unit)是一块超大规模集成电路芯片，是计算机的核心，控制计算机的操作和数据处理功能的执行，简称处理器。在 PC 中称为微处理器。微处理器决定了计算机的性能和速度。

CPU 的内部结构都是基于控制器、运算器即寄存器为核心构成的，其中控制器主要用于控制、管理微机系统各个部件协调一致地工作，如读取各种指令，并对指令进行分析，作出相应的控制,协调输入/输出操作核内存访问等。运算器主要用于完成计算机的数据处理功能,如完成算术运算、逻辑运算以及移位、传送、比较等操作。寄存器用于临时存储指令、地址、数据和计算结果,提供数据的内部存储。

CPU 主要技术参数是评价其性能的有效指标,主要技术参数如下:

(1) 字长

字长是指 CPU 在一次操作中能处理的最大的二进制数位数,它体现了一条指令所能处理数据的能力。目前的 P4 微机已达到了 64 位。

(2) 主频

CPU 内核(整数和浮点运算期)电路的实际运行频率。例如,P4 3.06 的主频是 3.06 GHz。CPU 的主频以 MHz(兆赫兹)为单位。主频越高表明 CPU 运算速度越快。目前 P4 的主频已大于 6GHz。

CPU 的主要生产厂商有 Intel 公司、AMD 公司、Cyrix 公司等。图 1-9 所示 CPU(奔腾、奔腾 II、Cyrix686、K6-2)几种类型的一般外形。

图 1-9　CPU 的一般外形

说明:目前的微处理器中都将超高速缓冲存储器集成在一块 CPU 芯片上,都具有处理视频、声音和图像数据等多媒体技术的功能。

3. 主存储器

主存储器是主机中的一个主要部件,也称为内存,由集成电路芯片组成;它是相对于外存而言的。平常使用的程序,如 Windows 操作系统、应用软件、游戏软件等,一般都是安装在硬盘等外存上的,但仅此是不能使用其功能的,必须把它们调入内存中运行,才能真正使用其功能。平时输入一段文字,或玩一个游戏,其实都是在内存中进行的。通常把要永久保存的、大量的数据存储在外存上,而把一些临时的或少量的数据和程序放在内存上。内存分为 DRAM 和 ROM 两种,前者又叫动态随机存储器,它的一个主要特征是断电后数据会丢失,我们平时说的内存就是指这一种;后者又叫只读存储器,我们平时开机首先启动的是存于主板上 ROM 中的 BIOS 程序,然后再由它去调用硬盘中的 Windows 操作系统,ROM 的一个主要特征是断电后数据不会丢失。CPU 微处理器直接对内存储器进行访问。存储器目前一般的常见品牌有金士顿、现代(HY)、胜创(Kingmax)、超胜等。图 1-10 所示存储器的一般外形。

(1) 只读存储器

只读存储器(Read Only Memory,ROM),顾名思义这种存储器不能写入,只能读出存储的信息,断电后信息不会丢失,可靠性高。只读存储器 ROM 主要用于存放固定不变的、控制计算机的系统程序和参数表,如存放常驻内存的监控程序、各种专用设备的驱动

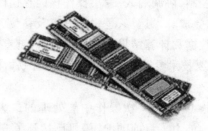

图 1-10　RAM 存储器样式

程序、存放字库或高级语言的编译程序和解释程序等。最典型的是 ROM BIOS(基本输入输出系统),其中部分内容是启动计算机的指令,内容固定但每次开机时都要执行。

只读存储器 ROM 分为 4 种类型。

- 普通 ROM:普通 ROM 中的信息在生产芯片时写入,内容不能更改。
- 可编程 ROM:可编程 ROM 称为 PROM,可使用一定设备将编好的程序固化在 PROM 中,内容一旦写入便不能更改。
- 可擦除 PROM:可擦除 PROM 称为 EPROM,利用它可将 ROM 中的内容用紫外线照射擦除,可以多次编程,使用灵活方便,使用较多。
- 电可擦除 EPROM:电可擦除 EPROM 称为 E^2PROM,可使用电来擦除其上的内容。

(2) 随机存取存储器

随机存取存储器(Random Access Memory,RAM)数据可以读出,也可以写入,也称为可读可写存储器,通常简称为内存。RAM 用于临时存放等待 CPU 处理的数据和处理这些数据要用到的程序。例如,存放着开机后操作系统的运行程序,存放着用户所使用的应用程序和数据。

随机存取存储器 RAM 分为静态 SRAM 和动态 DRAM 两种类型。

- 静态 RAM

静态存储器(Static RAM,SRAM),只要不切断电源,信息可以长时间稳定地保存。静态 RAM 存取速度快,用于高速缓存。

- 动态 RAM

动态存储器(Dynamic RAM,DRAM),是指每隔一定时间就要对所存信息进行刷新的存储器,其存取速度较慢,价格便宜,用于微机的内存。微机内存容量的大小通常是指 DRAM 的大小。

(3) 高速缓冲存储器

为提高 CPU 的处理速度,目前的计算机中都配有高速缓冲存储器(Cache),也称缓存。CPU 直接访问 RAM 中的程序和数据,而 CPU 的工作频率高于 RAM 的读写速度,为了有效地利用 CPU 的工作频率,采用高速缓冲存储器来提高微机的性能。Cache 分为两种,一种是 CPU 内部的,另一种是 CPU 外部的。

4. 总线

总线是计算机中各部件之间传递信息的基本通道,是供信息在计算机各个部件之间通过蚀刻的电路通道。信息通过总线从输入设备到内存,从内存到CPU,再从CPU传到内存,从内存传到输出或辅助存储器。依据传递内容不同总线分为数据总线、地址总线和控制总线3种。

(1) 数据总线(Data Bus,DB)

数据总线用于传递数据信息。数据总线是双向的,CPU既可以向其他部件发送数据,也可以接收来自其他部件的数据。例如,CPU可以像内存中写入数据,也可以从内存中读出数据。同样CPU访问外部设备有对输入设备的读操作,也有对输出设备的写操作。

数据总线的位数是计算机的一个重要指标,它体现了传输数据的能力,通常与CPU的位数相对应。

(2) 地址总线(Address Bus,AB)

地址总线用于传送CPU发出的地址信息,如要访问的内存地址、外部设备地址等。地址通常是由CPU提供的,所以地址总线一般是单向传输。

由于地址总线传输内存的地址,所以地址总线的位数决定了CPU可以直接寻址的内存范围。如32位CPU的地址总线通常也是32位,可以表示出2^{32}个不同的内存地址,即可以访问的内存容量为$2^{32}=4\,294\,967\,296$,即4GB。

(3) 控制总线(Control Bus,CB)

控制总线是用来控制数据总线和地址总线的访问和使用,即传送控制信号、命令信号和定时信号等。控制信号用来在系统模块间传递命令和定时信息;命令信号指定将要执行的操作,定时信号指明数据信息和地址信息的有效性,图1-11所示为总线结构图。

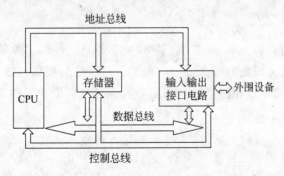

图1-11　总线结构

计算机中的总线按层次结构可分为内部总线、系统总线和外部总线。内部总线是计算机内部各外围芯片与处理器之间的总线,用于芯片以及互连,与计算机具体的硬件设计相关。系统总线是计算机中各插件板与系统板之间的总线,用于插件板一级的互连。系统总线需要遵循统一的标准,常见的系统总线标准有PCI、AGP。外部总线是计算机和外部设备之间的总线,计算机通过总线和其他设备进行信息与数据交换。外部总线也遵循统一标准,常见的外部总线标准有 USB、SCSI、IEEE 1394 等。

5. I/O 接口

I/O 接口是 CPU 与外部设备之间实现信息交流的电路,通过总线与 CPU 相连。I/O 接口的主要功能是用来解决主机和外部设备之间的速度、信息格式和时序等方面存在的不匹配的矛盾,使得主机与外部设备能够协调地工作。

不同的设备应配有不同功能的接口。从主机方面要求不同的接口都应具有如下基本功能:为使 CPU 可以通过地址码来选择不同的 I/O 设备,要求 I/O 接口可编址。为使快速 CPU 与慢速的 I/O 设备实现速度上的匹配,要求有缓冲寄存器。要求具有串行接口与并行接口的主转换能力。要求接口能够将 CPU 发出的控制命令传送到 I/O 设备。

上述功能是由接口内部的硬件电路来实现的,有些接口的某些功能还可以通过驱动程序来实现。

在微机主板上一般有 5～8 个扩充槽,用于插入各种接口板。

1.3.3 外部设备

1. 外部设备接口

主机与外部设备通过外设接口连接。目前主机上一般都设有两个串行接口(COM1 和 COM2)、两个并行接口(LPT1、LPT2)、新型通用串行总线接口(USB)以及鼠标、键盘接口。通常,COM1 用于连接鼠标,COM2 用于连接外置 Modem;LPT1 用于连接打印机,LPT2 用于连接扫描仪;小口径的鼠标接口连接在 PS/2 接口上;对于数码相机、移动硬盘、闪存(U 盘)等新式输入输出设备,一般都连接在 USB 接口上。

2. 输入设备

输入设备是指可以输入数据(文字、字符、数字、声音、图形图像等)、程序和命令的设备。微机上使用的输入设备有键盘、鼠标、光笔、扫描仪、触摸屏扫描仪等,其他多媒体输入设备还有摄像机、数码照相机、扫描仪、麦克风、录音机、语音识别系统等。常用的输入设备是鼠标和键盘。

1) 键盘

键盘是微型计算机的主要输入设备,是计算机常用的人工输入数字、字符的输入设备。通过它可以输入程序、数据、操作命令,也可以对计算机进行控制。

目前键盘技术向着多媒体、多功能和人体工程学方向不断发展,凭借新奇、实用、舒适的点,不断巩固着输入设备巨人的地位。从用途上看,键盘可分为台式机键盘、笔记本电脑键盘和工控机键盘三大类;根据不同的工作原理可以分为机械式、塑料薄膜式、导电橡胶式、电容式。目前常见的键盘接口有 3 种:老式 AT 接口(俗称大口)、PS/2 接口(俗称小口)、USB 接口。购买时需注意你的主板支持的键盘接口类型。键盘类型有机械键盘、电容式键盘、人体工学键盘、无线键盘等。

机械式键盘一般类似金属接触式开关的原理使触点导通或断开,采用交叉接触式。它的优点是结实耐用;缺点是不防水,敲击比较费力,打字速度快时容易漏字。

电容式键盘采用类似电容式开关的原理,通过按键改变电极间的距离而产生电容量的变化,暂时形成震荡脉冲允许通过的条件,具有噪音小、磨损小、手感好、工艺复杂的特点。

人体工学键盘该类键盘增加了托手,解决了长时间悬腕或塌腕的劳累,并将两手所控的键位向两旁分开一定的角度,使两臂自然分开,达到省力的目的。目前这类键盘品种很多,有固定式、分体式和可调角度式,以适应不同操作者的各种姿势。

无线键盘是键盘盘体与电脑间没有直接的物理连线,通过红外线或无线电波将输入信息传送给特制的接收器。

常用的键盘一般通过键盘电缆线与主机相连,目前的标准键盘主要有 104 键和 107 键,104 键盘又称 Win95 键盘;107 键盘又称为 Win98 键盘,比 104 键多了睡眠、唤醒、开机等电源管理键。图 1-12 给出了一般键盘的示意图。

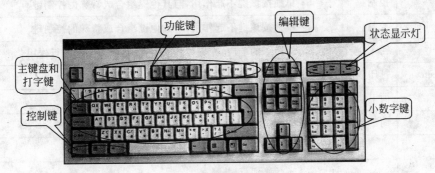

图 1-12　键盘示意图

键盘由 4 部分组成。

- 主键盘区:主键盘区与英文打字机的键盘类似,可以直接键入英文字符。
- 数字小键盘区:位于键盘右侧,主要便于输入数据。
- 功能键区:在键盘第一行,有 12 个功能键 F1～F12,在不同的系统环境下有不同的功能。
- 编辑键区:位于主键盘与数字小键盘的中间,用于光标定位和编辑操作。表 1-9 给出了常用键的基本功能及含义。

2) 鼠标

鼠标是用于图形界面的操作系统和应用系统地快速输入设备,其主要功能用于移动显示器上的光标,并通过系统中的菜单或按钮向主机发出各种操作命令,它不能输入字符和数据。

鼠标按可分为 PS/2、USB 接口类型,鼠标类型分为有线和无线两种,工作方式分为机械式、半光学式、老光学式、新光学式和网际网络鼠 5 种,现在市场上比较常见的是:机械式、新光学式和网际网络鼠。图 1-13 给出有线、无线、光电滚轮鼠标样图。鼠标是通过串行口与主机相连。

表 1-9　常用键的基本功能及含义

键 位	含 义	功 能
Esc	强行退出	废除当前命令行的输入,等待新命令输入
Space	空格	按一下产生一个空格
BackSpace	退格	回退并删除光标左边的字符
Shift	换挡	同时按下 Shift 具有上下挡字符的键,上挡字符起作用
Tab	制表定位	按一次,光标向右跳 8 个字符位置
CapsLock	大/小写转换	CapsLock 灯亮,表示处于大写状态,否则为小写状态
Numlock	数字锁定转换	NumLock 灯亮,小键盘数字键起作用,否则下挡光标定位键起作用
Del/Delete	删除	删除光标所处位置的字符
Ins/Insert	插入/覆盖转换	插入状态,在光标左边插入字符,否则覆盖当前字符
Ctrl	控制	单独按该键不起作用,与其他键组合成特殊的控制键
Alt	控制	单独按该键不起作用,与其他键组合成特殊的控制键
Enter	回车(换行)键	对命令的响应,光标移到下一行,在编辑中起分行作用
PrintScreen	打印复制屏幕	将屏幕上的内容打印复制
PgUp	向上翻页	光标定位到上一页
PgDn	向下翻页	交标定位到下一页
Home		光标移到行首
End		光标移到行尾
Pause	暂停键	暂停当前操作
Ctrl+Alt+Del	热启动	结束当前任务或"死机"时重新启动系统

图 1-13　有线、无线、光电滚轮鼠标样图

　　光电鼠标在底部装有发光二极管和光敏接收管。光电式鼠标采用光学手段检测鼠标的移动,所以光电式鼠标应在平板上滑动,平板上有小网格坐标,鼠标在板上移动时,安装在鼠标下的光电装置根据移动过的小方格数来定位坐标点。新光学式鼠标和老光学式鼠标最大的区别就是新型的光学式鼠标不再需要特殊鼠标垫,克服了鼠标垫容易磨损的缺陷,它采用了新一代光学技术——称为"光眼"(Optical Sensor)的装置。

　　光电机械式是目前最为常见的鼠标类型,也是采用光敏半导体元件来测量位移,但是工作方式与光电式有些差异。它不需要特殊的底板,在任何平面上都可以随意操作。其实,这种鼠标就是目前人们所说的机械式。

机械鼠标在底部有一个可以自由滚动的橡皮球。当鼠标在平面上移动时,小球与平面摩擦转动,带动鼠标内部转轴转动。鼠标内部的编码器根据转轴的移动,识别鼠标移动的距离和方位,产生相应的信号发送给计算机,改变屏幕上的光标位置。

目前常用的鼠标有(左、右健)和 3 个键(左、中、右键)的鼠标,还有滚轮功能的鼠标,在网络盛行的时代,滚轮鼠标已经基本取代传统鼠标,成为标准配置了。利用滚轮的上下滚动可以方便的查看网页及应用程序窗口内容而无须拖动滚动条。

(1)鼠标的基本操作

鼠标通常有如下操作。

- 单击:单击有单击左键和单击右键两种情况。一般地,单击是指单击左键。就是用食指按一下鼠标的左键马上松开,可用于选择某个对象。单击右键就是用中指按一下鼠标的右键马上松开,用于弹出快捷菜单。
- 双击:双击就是连续快速地单击两下鼠标左键。双击一般用于打开某个窗口,双击前应将鼠标指针移至要打开的窗口图标上。
- 托曳:托曳是指按住鼠标的左键不放,移动鼠标到所需位置。用于将选中的对象移动到所需位置。

(2)鼠标的指针形状

在微机安装鼠标并启动鼠标驱动程序后,在屏幕上将显示一个鼠标符号,称为鼠标指针。鼠标指针的形状可根据不同的运行状态而改变。表 1-10 给出了常见的几种鼠标指针形状。

表 1-10　鼠标指针形状的含义

箭 头 形 状	说　明
↖	表示鼠标处于等待状态,等待用户的运行命令
↖⧉	表示程序正在后台操作
↔	用于调整窗口、边框、图形等的水平大小
↕	用于调整窗口、边框、图形等的垂直大小
↘	用于按比例对角调整窗口、边框、图形等的大小
✛	用于窗口、图形等移动的操作
＋	精度选择
Ⅰ	文字选择
☞	链接选择

3. 输出设备

可以输出程序、数据、图形图像、声音等的设备统称为输出设备。常用的输出设备是显示器、打印机和绘图仪。

1) 显示适配器和显示器

计算机显示系统由显示器和显示适配器两部分组成。显示器和显示卡相连接后,通过显示卡连接到系统主板后才可以实现显示输出的效果。显示器的显示效果在很大程度上取决于显示卡。一台好的显示器应能支持多种分辨率和色彩模式,采用逐行方式扫描以抑制屏幕闪烁,采用刻蚀屏幕的方法来减少眩光效应,并在各种分辨率下均应支持72Hz以上的刷新率和自动多频扫描功能。图1-14给出显示器和显示卡图示。

图1-14 显示器和显示卡图示

显示器通过电子屏幕显示输出计算机处理的结果及用户需要程序、数据、图形等信息,也可以将输入的信息直接显示出来,是计算机必不可少的输出设备。

在PC里显示器有单色和彩色两种,单色显示器只有黑白两种颜色;彩色显示器显示的信息有很多种颜色。目前大多数计算机配置15英寸和17英寸的彩色显示器。显示器分为以阴极射线管为核心的CRT显示器和用液晶显示材料制成的LCD显示器两种。液晶显示器价格略高,但拥有许多优势:无辐射、体积小巧、耗电量低、外观漂亮等,虽然存在视角有限、响应速度慢和表现力较弱等问题,但作为办公和家庭使用其影响不大。

显示适配器又称显示卡,它实际上是一个插到主板上的扩展卡。显示适配器的作用是把信息从计算机取出并显示到显示器上。在显示器和显示适配器之间,显示适配器决定了看到的颜色数目和出现在屏幕上的图形效果。

显示器的主要性能指标是显示器分辨率、点距和刷新频率。

(1) 分辨率

分辨率是显示器的一个重要的技术指标。显示器的一整屏为一帧,每帧有若干条线,每条线又分为若干个点,每个点称为像素。每帧的线数和每条线的点数的乘积就是显示器的分辨率。现在多数显示器的分辨率是1024×768、1280×1024。分辨率越高,能显示的像素越多,图像越清楚。

显示器实际工作时需要通过显示卡与CPU相连,决定显示器显示的颜色数目,因此显示卡具有显示标准,目前大多数显示器都支持SVGA标准,SVGA支持的分辨率包括1024×768、1280×1024或1600×1200,可以显示的颜色多达16.7M种。

(2) 点距

两个相邻像素之间的水平距离称为点距。显示器中常见的点距有0.31mm、0.28mm、0.21mm等。点距值越小,图形及文字的清晰度越高。

2) 打印机

使用打印机可以将计算机的处理结果、用户数据或文字打印到纸上。打印机分为击打式和非击打式两大类。最流行的击打式打印机有点阵式打印机,非击打式打印机主要有喷墨打印机和激光打印机两类,图1-15给出几种打印机类型图。

喷墨打印机　　　　　多功能打印机　　　　网络打印机　　　复印、打印、扫描打印机

图1-15　几种打印机类型

（1）点阵打印机

点阵打印机主要由走纸机构、打印头和色带等组成。打印头通常是由24根针组成的点阵,根据主机在并行端口送出的各个信号,使打印头中的一部分针击打色带,从而在打印纸上产生一个个由点阵构成的字符。

点阵打印机价格较便宜,能进行连页打印,但有噪声大、字迹质量不高、针头易坏和打印速度慢等缺点。常用的点阵打印机有 Epson LQ1600、Star CR3240 等型号。

（2）喷墨打印机

喷墨打印机使用喷墨来代替针打,靠墨水通过精制的喷头喷射到纸面上而形成输出的字符或图形。喷墨打印机价格便宜,体积小,无噪声,打印质量高,但对纸张要求高、墨水的消耗量大。目前常用的喷墨机有 HP Desk JET 系列和 Canon、Epson 喷墨系列等。

（3）激光打印机

激光打印机利用激光技术和电子照相技术,由受到控制的激光束射向感光鼓表面,感光鼓充电部分通过碳粉盒时,使有字符或图像的部分吸附不同厚度的碳粉,再经高温高压定影,使碳粉永久粘附在纸上。激光打印机分辨率高、速度快,打印出的图形清晰美观,打印时无噪声,但价格高,对纸张要求高。常用的激光打印机有 HP Laser JET 系列等。

目前大多数打印机都装有汉字库,可以直接打印汉字。若打印机中没有汉字库,需在微机中装入相应的汉字打印驱动程序,并使用微机的汉字库,才能打印汉字。

（4）打印机主要参数

分辨率:以每英寸的点数(dpi)来表示。激光打印机的分辨率在 300dpi 以上,可达 1200dpi。

打印速度:页式打印机的打印速度以每分钟打印的页数 PPM 来表示,一般在 4PPM ～8PPM 之间。

4. 外存储器

外存储器又称为辅助存储器,简称外存,存放着计算机系统几乎所有的主要信息,其中有些信息需要送入内存后才能被使用,即计算机通过内、外存之间不断的信息交换来使用外存中的信息。它是访问速度相对较慢的存储器,容量大,但 CPU 不能直接访问。常用的外存有固定硬盘、移动硬盘、软磁盘、U 盘、光盘和磁带等存储设备。

1）软磁盘

软磁盘存储器简称为软盘,软盘是计算机中最早使用的数据存储器之一。软盘存储器由软磁盘、软盘驱动器和软盘驱动器适配器3个部分组成。软盘使用柔软的聚酯材料圆形底片,在两个表面涂有磁性材料,盘片的外面有塑料封套,对盘片起保护作用。软盘片上刻划有若干条磁道,磁道是一组同心圆环,由外向内编号。软盘分为高密度和低密度两种,目前较多使用的是高密度软盘。高密度磁盘的磁道编号为0～79,低密度磁盘的磁道编号为0～39。每条磁道划分成若干个扇区,一般每条磁道有9扇区、15扇区或18扇区等,一般每个扇区存放信息512B(DOS系统)。

新的软盘在使用之前要进行格式化,其作用是划分磁道、扇区,并指明扇区的大小和位置等。常用的3.5英寸软盘容量是1.44MB,一张软盘的存储容量可由下面的公式求出:

$$软盘总容量＝磁道数×扇区数×磁盘面数×扇区字节数$$

例如,3.5英寸软盘有两面,80条磁道,每道18个扇区,每个扇区512B,其总容量为:

$$3.5英寸软盘容量＝2×80×18×512B＝1474560B≈1.44MB$$

一个完整的软盘存储系统是由软盘、软盘驱动器和软盘控制适配卡组成的。软盘必须插入到软盘驱动器中,才能进行信息的读写。

软盘上设有写保护装置,当设置为写保护状态时,该盘片只能读出数据而不能写入数据,只有取消写保护状态,盘片才可以进行读和写操作。设置写保护状态的方法是用手指滑动盘片右侧的一个小方块,将写保护口打开。

在使用软盘时应注意下述事项:

- 避免物理损伤,不能弯折、划伤盘片。
- 注意防磁,不能将软片放在强磁场附近。
- 注意防潮,不要让磁盘上出现霉点。
- 注意清洁,不要弄脏盘片。
- 存有数据和程序的软盘,不要长期不用。
- 重要的数据软盘要置于写保护状态,并注意备份。
- 在软驱工作灯亮时,切勿取出盘片,只有等到软驱工作灯灭后才可以取出盘片。

图1-16给出软磁盘、软磁盘结构及磁盘驱动器。

2）硬盘存储器

硬盘存储器是多个盘片组成的同轴盘片组构成的,每一个盘片都是上下表面涂有金属氧化物磁性材料的金属圆盘,比用塑料片做成的软盘坚硬,故而得名为硬盘。它使用两磁头写入、读出或消除盘片上的内容。两磁头总是同时沿径向运动进行搜索,因此所有盘片的同一磁道合称为一个柱面。硬盘及硬盘驱动器固定在硬盘存储器的密封机盒内。硬盘有5.25英寸和3.5英寸两种,目前3.5英寸硬盘使用得较多。硬盘和软盘相比,硬盘的容量大,存取速度快。硬盘存储量大、存取信息速度也快得多。由于硬盘存储器被固定在计算机内,所以不便于拆卸和携带。

硬盘系统是由硬盘驱动器、硬盘控制器和盘组成的,安装在主机箱中。

硬盘存储器的主要技术指标如下。

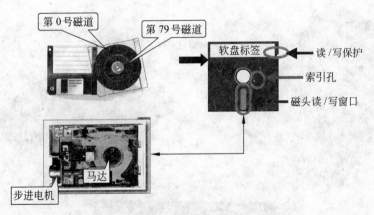

图 1-16　软磁盘、软磁盘结构及磁盘驱动器

- 存储容量：一般选择存储容量大的硬盘。目前硬盘的存储容量一般为 80GB 左右。
- 盘片数目：通常有 2,3,6,12 和 15 等不同盘片数的硬盘。
- 柱面数：每张盘片的盘面划分若干条磁道，多张盘片的同一磁道形成一个柱面。因此，磁道数与柱面数是相同的。磁盘柱面数可以有数百到上万个。
- 扇区数：每个扇区可以存放固定大小的数据，一般为 512B。每条磁道的扇区数有 17,35 或 63 个。
- 磁盘容量：指存储信息的总字节数，计算公式如下：

$$磁盘存储容量＝磁头数×柱面数×扇区数×扇区字节数$$

例如，某块硬盘有磁头数 15 个，磁道数（柱面数）8894 个，每道 63 扇区，每个扇区 512B，其存储容量为：

$$存储容量＝15×8894×63×512≈4.3GB$$

- 平均寻道时间：转速越高的磁盘其平均寻道时间越短，磁盘转速有 5400 转/分和 7200 转/分(r/m)。

使用硬盘时应注意保持使用环节的清洁，避免震动与冲击，不要随意拆卸硬盘，避免频繁开关机器电源，图 1-17 给出硬盘的结构。

3）移动硬盘

移动硬盘从接口类型分大致可分为并口、PCMCIA 接口、USB 口、1394 接口 4 种类型。目前移动硬盘主要是 USB 口和 1394 接口。移动硬盘的数据传输率可高达 480Mb/s，存储容量一般在 20～120GB。移动硬盘以大容量、传输速度快和良好的兼容性逐渐成为市场的主导。一般用于个人及商业文件储存备份、网络下载文件存储、MP3 及其音乐文件存储、系统资料备份、用户档案存储归档、信息查询、资料备份转储、文件档案恢复、桌面出版应用、照片影像留档、歌曲游戏收藏等方面，图 1-18 为几种移动硬盘图示。

4）优盘(U 盘或闪存器)

优盘(Only Disk)是一种新型的移动存储产品，优盘融合了通用串行总线(USB)，快闪内存(Flash Memory)以及磁盘存储等高新技术，主要用于存储较大的数据文件和在计

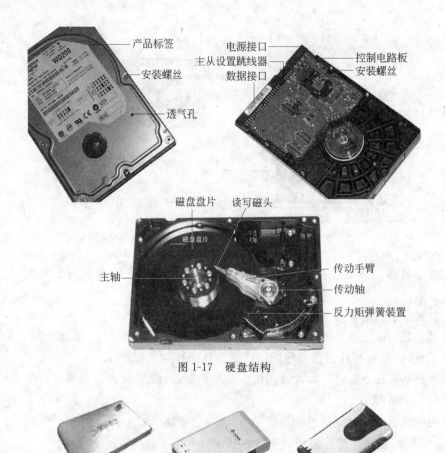

图 1-17 硬盘结构

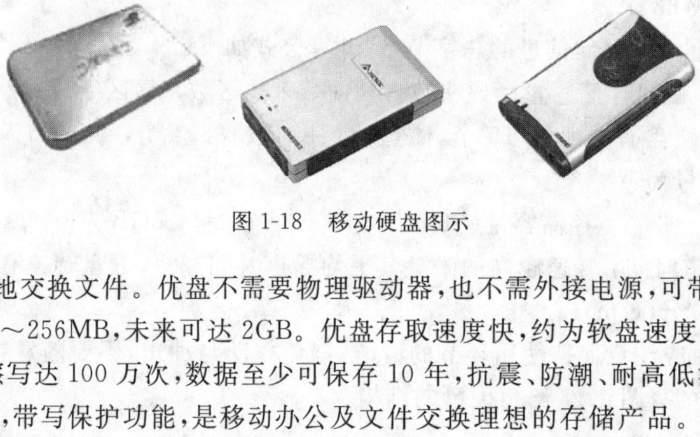

图 1-18 移动硬盘图示

算机之间方便地交换文件。优盘不需要物理驱动器,也不需外接电源,可带电插拔。优盘容量可以在 16～256MB,未来可达 2GB。优盘存取速度快,约为软盘速度的 15 倍。优盘可靠性好,可擦写达 100 万次,数据至少可保存 10 年,抗震、防潮、耐高低温、携带十分方便。USB 接口,带写保护功能,是移动办公及文件交换理想的存储产品。图 1-19 为几种U 盘图示。

图 1-19 几种优盘图示

5）光盘

光盘是一种利用光学方式读写信息的圆盘片。对光盘的读写通过光盘驱动器进行。光盘驱动器简称光驱，是一种利用聚焦激光束在光盘上进行读取或写入高密度信息的设备。目前，微型计算机都配置读取信息速率在 40 倍速（150KB/s×40）以上的光盘驱动器。给光盘片刻录信息一般要用擦写光盘驱动器或光盘刻录机等专用设备，写入的光盘驱动器的速度较慢，约为 10 倍速左右。由于光盘具有纪录密度高、存储容量大、信息保持寿命高、环境要求低的特点，它常被用于存储各种程序、数据及音频、视频信息。

光盘存储器可分为以下几种类型。

（1）CD-ROM（Compact Disc-Read Only Memory）

它是一种只读型光盘。光盘中的内容是出厂时由厂家预先写入的，出厂后用户只能读取数据，而不能写入数据。这种光盘具有只读存储器的性质，因此称为 CD-ROM，用来存放一些不需要更新的系统软件。这类光盘存储器的传输数据速率的指标称为倍速。规定 1 倍速的数据传输速率是 150Kb/s，即每秒传输 150Kb 字节。8 倍速 CD-ROM 的数据传输速率是 $8×150Kb/s=1.2Mb/s$。

（2）MO（Magneto Optical）

MO 是一种具有磁盘性质的可擦写光盘，其操作与硬盘相同，也称为磁光盘。MO 磁光盘可以反复使用 10 000 次以上，可保存数据 50 年以上，分为 3.5 英寸和 5 英寸两种规格。3.5 英寸 MO 的容量可达到 640MB，5 英寸的容量可达到 3.2GB。

（3）CD-R（CD-Recordable）

CD-R 是一次性写入光盘，必须采用专用的光盘刻录机刻录。CD-R 光盘的容量一般为 650MB。

（4）CD-RW（CD-Rewritable）

CD-RW 是反复可擦写的光盘。这种光盘驱动器既可作为光盘刻录机，用来写入信息；又可作为普通光盘，用来读取信息。CD-RW 盘片就像软盘片一样，可读可写。

（5）DVD-ROM（Digital Versatile Disc-Read Only Memory）

DVD-ROM 是一种视盘只读存储器，是 1996 年推出的新一代光盘标准，使得计算机的数字视盘驱动器能从单个盘片上读取 4.7～17GB 的数据量。目前双面双层的盘片容量可达到 17GB。

图 1-20　光盘和光盘驱动器

图 1-20 为光盘和光盘驱动器图。

1.3.4　微型计算机软件系统

计算机软件系统是计算机系统必不可少的一个重要部分，它与硬件配合起来才会使计算机正常工作，以完成某个特定的任务。一个完整的计算机系统必须是硬件和软件相互配套的系统。

1. 软件的概念

软件(Software)是计算机系统中各类程序、有关文件以及所需要的数据的总称。软件是计算机的灵魂,包括指挥、控制计算机各部分协调工作并完成各种功能的程序和数据。

软件分为系统软件和应用软件两大类。

系统软件通常负责管理、控制和维护计算机的各种硬件资源,并为用户提供一个友好的操作界面和工作平台。常见的系统软件主要包括操作系统、语言处理程序、连接装配程序、系统实用程序以及数据库软件等。

应用软件是专业人员为各种应用目的而开发的应用程序,常见的应用软件有办公自动化软件、专业软件、科学计算软件包、杀毒软件、游戏软件等。

2. 系统软件

系统软件一般是由计算机开发商提供的,为了管理和充分利用计算机资源,帮助用户使用、维护和操作计算机,发挥和扩展计算机功能,提高计算机使用效率的一种公共通用软件。系统软件大致包括以下几种类型。

1) 操作系统

操作系统(Operating System,OS)是直接运行在裸机上的最基本的系统软件,是系统软件的核心。

操作系统是对计算机系统进行控制及管理的程序,有效地管理计算机的所有硬件和软件资源,合理地组织计算机的整个工作流程,为用户提供强有力的使用功能和灵活方便的使用环境。

操作系统的主要工作任务是管理计算机的全部资源,提供用户与计算机之间的接口。

操作系统的主要功能是 CPU 管理、作业管理、存储管理、文件管理和设备管理。本书第 2 章介绍的 Windows XP 是目前微机上常用的操作系统。

2) 机器指令

指挥计算机执行某种操作的命令称为指令。指令的作用是规定机器运行时必须完成的一次基本操作。如从哪个存储单元取操作数,得到的结果存到哪个地方等。所有的指令集合称为指令系统。

每条指令由操作码和地址码两部分组成,其命令格式为:操作码＋地址码。

操作码表示要执行的操作,如加、减、乘、除、移位、传送等。地址码表示操作数据应存放的位置。由机器指令组成的程序为目标程序,用各种计算机语言编制的程序称为源程序。源程序只有被翻译成目标程序才能被计算机接收和执行。

3) 计算机语言

直接用二进制代码表示指令系统的语言称为机器语言。机器语言是早期的计算机语言。在机器语言中,每一条指令的地址、操作码及操作数都是用二进制数表示的。机器语言是计算机能够唯一识别的、可直接执行的语言,不需"翻译",是各种计算机语言中运行最快的一种语言。但用机器语言编写程序很麻烦,不容易记忆和掌握,不同类型的计算机其语言是不同的,而且不可移植。

4) 汇编语言

为了克服机器语言编写程序时的不足,人们发明了汇编语言。汇编语言将指令的操作码和地址码改为助记符的形式,这些助记符使用人们容易记忆和理解的英文缩写或十六进制数,如 MOV 表示传送指令,ADD 表示加法指令等。这样,汇编语言比机器语言容易理解,便于记忆,使用起来方便多了。但对于机器来讲,汇编语言不能直接执行,必须将汇编语言程序翻译成机器语言,然后再执行。用汇编语言编写的程序称为汇编语言源程序,被翻译的机器语言称为目标程序。汇编语言比机器语言使用起来方便了一些,但是其通用性仍然较差。

5) 高级语言

为了克服机器语言和汇编语言依赖于机器,通用性差的问题,人们发明了高级语言。高级语言的特点是接近于人类的自然语言和数学语言,比如在 BASIC 中,INPUT 表示输入,PRINT 表示打印,用符号＋、－、＊、/表示加、减、乘和除等。另外,高级语言与计算机硬件无关,不需要熟悉计算机的指令系统,只需考虑解决问题的算法即可。

计算机高级语言的种类很多,常用的有 BASIC、FORTRAN、C、数据库管理系统 FoxPro 等。

用高级语言编写的源程序在计算机中不能直接执行,必须翻译成机器语言才可以执行。翻译的方式一般有两种,一种是编译方式,另一种是解释方式。

(1) 编译方式

在编译方式中,将高级语言源程序翻译成目标程序的软件称为编译程序,这种翻译过程称为编译。在翻译过程中,编译程序要对源程序进行语法检查,如果有错误,将给出相关的错误信息;如果无错,才翻译成目标程序。翻译程序生成的目标程序也不能直接执行,还需要经过连接和定位后生成可执行文件。用来进行连接和定位的软件称为连接程序。经编译方式编译的程序执行速度快、效率高,图 1-21 给出了编译过程。

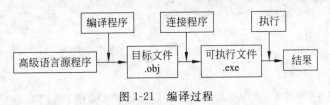

图 1-21　编译过程

(2) 解释方式

在解释方式中,将高级语言源程序翻译和执行的软件称为解释程序。解释程序不是对整个源程序进行翻译,也不生成目标程序,而是将源程序逐句解释,边解释边执行。如果发现错误,给出错误信息,并停止解释和执行;如果没有错误,解释执行到最后一条语句。解释方式对初学者较有利,便于查找错误,但效率较低,图 1-22 给出了解释方式的解释过程。

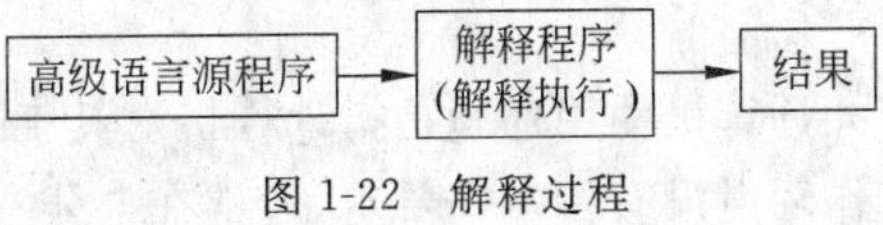

以上两种翻译方式都起着将高级语言编写的源程序翻译成计算机可以识别和运行的

| 高级语言源程序 | → | 解释程序
(解释执行) | → | 结果 |

图 1-22　解释过程

二进制代码的作用。但两种方式是有区别的，编译方式将源程序经编译、连接得到可执行程序文件后，就可以脱离源程序和编译程序，单独执行，所以编译方式的效率高，执行速度快。解释方式是在执行时，源程序和解释程序必须同时参与才能运行，并且不产生目标文件和可执行程序文件，所以效率低，执行速度慢。但是便于人机对话。

3. 应用软件

应用软件是指为了解决各种计算机应用中的实际问题而编制的程序。它包括商品化的通用软件和使用软件，也包括用户自己编制的各种应用程序，如文字处理软件、表格处理软件、图形处理软件等。

（1）文字处理软件

文字处理软件主要用于将文字输入到计算机，可以对文字进行修改、排版等操作，可以将其保存到软盘或硬盘中。目前常用的文字处理软件有 Microsoft Word 和金山 WPS 等。

（2）表格处理软件

表格处理软件主要用于对表格中的数据进行排序、筛选及各种计算，并可用数据制作各种图表等。目前常用的表格处理软件有 Microsoft Excel 等。

（3）辅助设计软件

辅助设计软件主要用于绘制、修改、输出工程图纸，如集成电路、汽车、飞机等的设计图纸。目前常用的辅助设计软件有 AutoCAD 等。

4. 计算机硬件、软件与用户的关系

图 1-23 说明了硬件、软件与用户的关系。

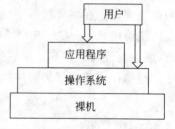

图 1-23　硬件、软件与用户的关系

- 软件是用户与硬件的接口。系统软件为用户和应用程序提供了控制和访问硬件的手段，只有通过系统软件才能访问硬件。
- 操作系统是系统软件的核心，它是最靠近硬件的，用它来对硬件进行控制和管理，其他软件位于操作系统的外层。
- 应用软件位于系统软件的外层，是以系统软件作为开发平台的。
- 软件系统与硬件系统是不可分割的，只有硬件（裸机）而没有软件系统，它是无法工作的。

1.4　计算机安全基本知识

1.4.1　计算机使用环境

计算机使用环境是指计算机对其工作的物理环境方面的要求。一般的微型计算机对工作环境没有特殊的要求，通常在办公室条件下就能使用。但是，为了使计算机能正常工

作,提供一个良好的工作环境也是很重要的。下面是计算机工作环境的一些基本要求。

1. 环境温度

微型计算机在室温 15℃~35℃ 之间一般都能正常工作。若低于 15℃,则软盘驱动器对软盘的读写容易出错;若高于 35℃,则由于机器散热不好,会影响机器内各部件的正常工作。在有条件的情况下,最好将计算机放置在有空调的房间内。

2. 环境湿度

放置计算机的房间内,其相对湿度最高不能超过 80%,否则计算机内的元器件将受潮变质,甚至会发生短路而损坏机器。相对湿度也不能低于 20%,否则会由于过分干燥而产生静电干扰,引起计算机的错误动作。

3. 洁净要求

通常应保持计算机房的清洁。如果机房内灰尘过多,灰尘附落在磁盘或磁头上,不仅会造成对磁盘读写错误,而且也会缩计算机的寿命。

4. 电源要求

微型计算机对电源有两个基本要求:一是电压要稳;二是在机器工作时供电不能间断。电压不稳会造成磁盘驱动器运行不稳定而引起读写数据错误,而且对显示器和打印机的工作有影响。为了获得稳定的电压及防止突然断电,最好装备不间断供电电源(UPS),以便断电后能使计算机继续工作一小段时间,使操作人员能及时处理完计算工作或保存好数据。

5. 防止干扰

在计算机的附近应避免电磁干扰,避免附近存在强电设备的开关动作。因此,在机房内应尽量免使用电炉、电视或其他强电设备。

除了要注意上述几点之外,在使用计算机的过程中应做好防静电、防机房噪声、防火、防水、防震、接地系统、供电系统等方面工作,还应避免频繁开关机器,并且计算机要经常使用,不要长期闲置不用。

1.4.2　计算机的网络安全

计算机的网络安全主要应考虑以下几点:

① 选择规模较大、信誉良好的网络接入商(ISP),保证上网速度,同时可减少费用。

② 选择信誉良好、内容充实的网络信息提供商(ICP),防止信息污染。

③ 经常上网的计算机应安装一些具有预防网络陷阱功能的防火墙软件,单位可使用防火墙硬件,保护本机内的数据被非法盗取。

④ 在网络信息交流时,应防止个人信息的泄露,这将给广大用户带来经济及名誉

损失。

 ⑤ 不轻易运行不明真相的程序。

 ⑥ 不同的地方用不同的口令。

 ⑦ 屏蔽 ActiveX 控件。

 ⑧ 定期清除缓存、历史记录以及临时文件夹中的内容。

 ⑨ 安装防火墙为客户/服务器通信双方提供身份认证,建立安全信道,尽量少在聊天室里或使用 OICQ 聊天。

1.4.3 计算机病毒及其特点

1. 计算机病毒

中华人民共和国计算机信息系统安全保护条例对计算机病毒的定义是:"编制或者在计算机程序中插入的破坏计算机功能或者毁坏数据,影响计算机使用,并能自我复制的一组计算机指令或者程序代码"。计算机病毒是一种没有文件名称的人为编制的程序,这种程序具有自我复制、繁殖的能力,侵入并隐藏在可执行程序或数据文件中,破坏程序的执行和数据的安全,破坏计算机的正常运行。

2. 计算机病毒的主要特点

(1) 传染性

计算机病毒可以将自身的复制品或变种通过内存、磁盘、网络等传染到符合其病毒机制的文件、数据或系统的某一部分中。

(2) 隐藏性、潜伏性

病毒进入机器和文件后一般不立刻发作,而是附在感染的文件上或插入文件中,满足发作的条件才被激发。在发作条件满足前,病毒可能在系统或文件中没有任何症状,不影响其正常运行。

(3) 激发性、破坏性

不同的病毒,激发条件是不同的。激发条件可以是某个时间、日期或者某个操作等。当满足病毒激发条件时,被感染的文件或系统将被破坏。病毒可以破坏系统的引导文件,可以删除、修改文件或数据,或者占用系统资源,干扰机器的正常运行。

1.4.4 计算机病毒的分类

计算机病毒的种类很多,据统计,目前发现的病毒超过万种,分类的方法主要有以下几种。

1. 按破坏的程度分类

按破坏程度分为良性病毒和恶性病毒。良性病毒是指不破坏系统、程序或数据的病毒,但它会干扰计算机正常运行,或将文件的长度增加以占用内存或磁盘空间。恶性病毒能够破坏系统数据,删除或更改程序,导致文件被破坏,系统不能启动。

2. 按入侵方式分类

按入侵方式划分,病毒有以下几种:

(1) 操作系统型病毒

操作系统型病毒是将病毒加入操作系统程序文件,在系统启动运行时,病毒首先进入内存,使计算机系统带病毒工作,并伺机发作。

(2) 外壳型病毒

外壳型病毒是将病毒复制品或其变种放置在程序的前面或后面部分,一般不修改源程序。

(3) 入侵型病毒

入侵型病毒是指病毒或其变种侵入到程序中,修改源程序,使得程序被破坏。

3. 按侵害对象分类

按侵害对象分为系统型病毒、文件型病毒和混合型病毒。

系统型病毒主要攻击系统引导区域、文件分配表、目录区域等;文件型病毒主要传染可执行文件,如以.com 和.exe 扩展名的可执行文件;混合型病毒则是前两种病毒的混合体,既可以感染系统文件又可以传染可执行文件。

1.4.5 计算机病毒的传染途径

计算机病毒的传染途径主要有以下几种。

(1) 磁介质是传染计算机病毒的主要渠道

病毒先是隐藏在磁介质上,磁介质一般是软盘或硬盘。当使用染有病毒的软盘或硬盘时,病毒首先进入系统,寻找符合传染条件的文件,将病毒传染到软磁盘或硬磁盘中。

(2) 光介质传染病毒

计算机病毒可以通过光盘传染病毒。

(3) 网络是传播计算机病毒的主要桥梁

病毒可以通过计算机网络传染到网上的计算机中。

1.4.6 计算机病毒的判断和防治

1. 计算机感染病毒后的现象

· 可执行文件的长度增加。

· 程序的装入时间比以往长。

- 莫名其妙地出现死机。
- 系统启动时间加长或不能正常启动。
- 访问磁盘的时间加长。
- 可执行文件没经删除突然丢失。
- 磁盘空间或内存空间变小。
- 出现无意义的问候语或画面。
- 屏幕上出现一些莫名其妙的符号、闪烁、雪花等现象。
- 要求用户输入口令。

2. 预防病毒的措施

预防病毒的根本是杜绝制造病毒。要加强职业道德教育,自觉地与计算机犯罪行为作斗争,自觉遵守有关防治病毒的规章制度。预防病毒的一般措施如下:

- 经常对硬盘上的文件、数据进行备份。
- 不使用来历不明的软件和盗版软件。软盘使用前最好使用杀毒软件进行检查。
- 将重要的文件置为只读属性,重要数据和文件做好备份,以减少损失。
- 严禁在计算机上玩盗版游戏。
- 经常对系统中的文件、程序的长度进行检测。
- 经常用查毒软件对系统进行检测,或者安装防火墙。
- 一旦发现系统中有计算机病毒,立即清除。
- 对公共用机应加强管理,做到专机专用、专盘专用。采用新型的主动反病毒软件,以便及时查杀。
- 加强对于网络中病毒的检测与查杀,并对下载文件进行一定的管理。

3. 病毒的检测和清除预防

一旦发现了计算机病毒,应立即清除。清除计算机病毒有使用杀毒软件或人工处理两种方法。

(1) 使用杀毒软件

使用杀毒软件可以检测出机器系统或磁盘中是否有病毒,并清除检测出的病毒。常用的查杀病毒软件有 KV3000、瑞星杀毒软件、MSAV、Kill 98、IBM 病毒防火墙、VRV、AV 95、Antivirus 等。由于新的病毒不断出现,杀毒软件也在不断地更新,版本不断的升级。到目前为止还没有一个万能的杀毒软件。随着病毒种类的不断出现,相关软件的杀毒能力也在不断提高。

(2) 人工处理

有些情况下也可以人工处理清除计算机中的病毒。可以将有毒文件删除,将有毒磁盘重新格式化,用 DEBUG 等工具软件把被病毒修改的部分复原。如果计算机病毒感染严重,可考虑将其低级格式化,再做高级格式化,以彻底清除病毒。

1.5 习　　题

1. 思考题

(1) 计算机内部使用的是什么进制数？

(2) 将十进制数 215 转换成二进制数、八进制数、十六进制数。

(3) 24×24 点阵 8000 个汉字的字形库存储器的容量是多少？

(4) 在微型计算机中，应用最普遍的字符编码是什么？

(5) 计算机能够直接识别和处理的语言是什么？

2. 选择题

(1) 微机硬件系统中最核心的部件是(　　)。

A. 内存储器　　　　B. 输入输出设备　　　C. CPU　　　D. 硬盘

(2) 计算机内部采用的数制是(　　)。

A. 十进制　　　　　B. 二进制　　　　　　C. 八进制　　D. 十六进制

(3) 下列 4 项中,不属于计算机病毒特征的是(　　)。

A. 潜伏性　　　　　B. 传染性　　　　　　C. 激发性　　D. 免疫性

(4) 下列存储器中,存取速度最快的是(　　)。

A. CD-ROM　　　　B. 内存储器　　　　　C. 软盘　　　D. 硬盘

(5) 显示器显示图像的清晰程度,主要取决于显示器的(　　)。

A. 对比度　　　　　B. 亮度　　　　　　　C. 尺寸　　　D. 分辨率

3. 填空题

(1) 微型计算机的主存储器是由 RAM(随机存取存储器)和_____组成的。

(2) 典型的微型计算机系统总线是由数据总线,_____和控制总线 3 部分组成的。

(3) 计算机中用来表示存储空间大小的最基本容量单位是_____。

(4) 在计算机中既可用于输入设备又可用于输出设备的是_____。

(5) 计算机唯一能够识别并直接执行的语言是_____。

第 2 章　Windows 的使用

本章主要内容：

- 操作系统的概念和分类
- Windows XP 的基本操作
- Windows XP 的文件及文件夹管理
- Windows XP 的系统设置
- Windows XP 的实用工具
- Windows Vista 的介绍

2.1　操作系统基本知识

2.1.1　操作系统概述

操作系统是方便用户管理和控制计算机软硬件资源的系统软件(或程序集合)。

从用户角度看，操作系统可以看成是对计算机硬件的扩充；从人机交互方式来看，操作系统是用户与机器的接口；从计算机的系统结构看，操作系统是一种层次、模块结构的程序集合，属于有序分层法，是无序模块的有序层次调用。操作系统在设计方面体现了计算机技术和管理技术的结合。

操作系统在计算机系统中的地位如下。

操作系统是软件，而且是系统软件。它在计算机系统中的作用，大致可以从两方面体现：对计算机硬件，操作系统管理计算机系统的各种资源，扩充硬件的功能；对于用户，操作系统提供良好的人机界面，方便用户使用计算机。用户在使用计算机时往往有自己的思维逻辑，按照这些思维逻辑发出操作命令，操作系统用户发出的操作命令转化成针对计算机硬件系统中各个部件的具体操作指令，如此我们称操作系统隔离了用户和计算机系统底层细节，减少了由于使用计算机必须学习的相关硬件知识，所以它在整个计算机系统中具有承上启下的地位。

操作系统主要包括以下几项主要功能。

1. 进程管理

进程管理主要是对处理机进行管理。CPU 是计算机系统中最宝贵的硬件资源,为了提高 CPU 的利用率操作系统采用了多道程序技术,如果一个程序因等待某一个条件而不能运行下去时,就把处理机专用权转交给另一个可运行程序;或者,当出现了一个比当前运行的程序更重要的程序时,后者应能抢占 CPU。为了描述多道程序的并发执行,要引入进程的概念。通过进程管理协调处理机分配调度策略以及分配实施和回收问题,以使 CPU 资源得到最充分的利用。

正是由于操作系统对处理机管理的策略不同,其提供的作业处理方式也不同,例如,批处理方式、分时处理方式和实时处理方式等,从而呈现在用户面前的就是具有不同性质的操作系统。

2. 存储管理

存储管理主要管理计算机的内存资源。

由于单台计算机的内存总量是有一定限度的,CPU 寻址能力同时也会限制计算机的内存总会有一定的限度。当多个程序共享有限的内存资源时,就会遇到一些需要解决的问题,比如如何为它们分配内存空间,同时使用存放在内存中的程序和数据彼此隔离,互不侵扰,又能保证在一定条件下共享等问题,都属于存储管理的范围。

当内存不够使用时,内存管理必须解决内存的扩充问题,即将内存和外存结合起来管理,为用户提供一个容量比实际内存大得多的虚拟存储器。关于存储空间的扩充问题也属于存储管理的范围。

3. 文件管理

系统的信息资源如程序和数据,都是以文件的形式存放在外存储器上的,需要时再把它们装入内存。文件管理的任务是有效地支持文件的存储、检索和修改等操作,解决文件的共享、保密和保护问题,以使用户方便、安全地访问文件。操作系统一般都提供功能很强的文件系统。

4. 作业管理

操作系统应该向用户提供使用它的手段,这就是操作系统的作业管理功能。按照用户观点,操作系统是用户与计算机系统之间的接口,因此作业管理的任务是为用户提供一个使用系统的良好环境,使用户能有效地组织自己的工作流程,并使整个系统能高效地运行。

5. 设备管理

操作系统应该向用户提供设备管理功能。设备管理是指对计算机系统中的所有输入输出设备即外部设备的管理。设备管理还涵盖了诸如设备控制器、通道等输入输出支持设备。

2.1.2　操作系统分类

操作系统可以有不同的分类方式,按照操作系统的使用环境和功能特征的不同,操作系统一般可以分为批处理系统、分时系统和实时系统。随着计算机体系结构的发展,又出现了许多类型的操作系统,它们是嵌入式系统、个人操作系统、网络操作系统和分布式操作系统,下面做一简单介绍。

1. 批处理操作系统

批处理操作系统的工作方式是:用户将作业交给系统操作员,系统操作员将许多作业组成一批作业,之后输入到计算机中,在系统中形成一个自动转接的连续的作业流,然后启动操作系统,系统自动依次执行每一个作业,最后由操作员将结果交给用户。其优点是作业流程自动化、效率高、吞吐率高,缺点是交互性差。

2. 分时操作系统

分时操作系统的工作方式是:一台主机连接若干终端,每个终端由一个用户使用,用户和系统交互向系统发出命令,系统接收用户的命令,采用时间片轮转方式处理服务请求,并通过交互方式在终端上向用户显示结果,用户根据结果继续发出命令。在整个工作过程中,由于计算机工作速度非常快,用户不会感觉到其他用户的存在。

3. 实时操作系统

实时操作系统是指在这种操作系统控制下,计算机系统能及时响应外部事件的请求,在规定的事件内完成对该事件的处理,并有效地控制所有实时设备和实时任务协调一致地运行。实时操作系统追求的主要目标是对外部请求在严格时间范围内做出反应,并且具有高可靠性和完整性。

4. 嵌入式操作系统

嵌入式操作系统是运行在嵌入式环境中,例如家电,工业设备等。对整个嵌入式系统以及它所操作和控制的各种部件装置等资源进行统一协调、调度、指挥和控制的系统软件。

5. 个人计算机操作系统

个人计算机操作系统是一种单用户多任务的操作系统。个人计算机操作系统主要供个人使用,功能强、价格便宜,几乎在任何地方都可以安装使用。它能满足一般人操作、学习、游戏等方面的需求。个人计算机操作系统的主要特点是计算机在某一时间为单个用户服务;现在多数采用图形界面人机交互方式、界面友好、使用方便,用户无需专门研究,也能熟练操纵计算机。例如 Windows XP、OS2 等。

6. 网络操作系统

网络操作系统是给予计算机网络的,是在网络中的个人计算机上配置各自的操作系统,而网络操作系统把它们有机地联系起来,用统一的方法管理整个网络中的共享资源。网络操作系统除了具有进程管理、存储管理、处理机管理、设备管理、文件管理等功能外,还应该具有高效可靠的网络通信能力和多种网络服务能力。

7. 分布式操作系统

分布式操作系统是通过网络将大量的计算机连接在一起,以获得极高的运算能力及广泛的数据共享。分布式操作系统有以下特征,它是一个统一的操作系统,所有分布式系统中的资源是共享的,在用户眼中分布式系统就像一台计算机,系统中所有的计算机地位是平等的。

分布式操作系统的优点是它以较低的成本获得较高的运算性能,另外它有很高的可靠性,即使个别 CPU 出现故障也不会影响整个系统的运行。

8. 智能卡操作系统

在日常生活中的各类智能卡中,都隐藏着一个微型操作系统,称为智能卡操作系统。这应该是目前在市场上存在的最小的操作系统了。智能卡操作系统围绕着智能卡的操作要求,提供了一些必不可少的管理功能。

2.2　Windows XP 基本操作

2.2.1　Windows XP 的硬件要求

操作系统软件是硬件功能的延伸,它直接依赖于硬件条件。优越的硬件条件是操作系统稳定流畅运行的基础。

要运行 Windows XP,计算机系统必须具有以下最基本的配置:

- CPU(中央处理器)的主频为 300MHz 及以上,应当是相当于 Pentium Ⅱ 或更高的处理器。
- 内存为 128MB 或更多。
- 硬盘具有 1.5GB 以上的可用磁盘空间。
- 一个光驱。
- SVGA(支持 800×600 分辨率)或更高的显示适配器和显示器。
- 鼠标和键盘等。

根据需要为了实现多媒体功能,还需要配置声卡、音响或耳机、摄像头等。如果需要访问网络,则要根据具体使用环境配置网卡或调制解调器等。

2.2.2 Windows XP 的启动和关闭

1. Windows XP 的启动

当按下计算机机箱上的电源按钮后,计算机开机将会自动引导 Windows XP 操作系统,经过一段时间后,Windows XP 启动成功,屏幕上显示如图 2-1 所示的 Windows XP 桌面。

图 2-1 Windows XP 的桌面

2. Windows XP 的关闭

Windows XP 是一个图形化的多任务的操作系统,同时会有很多个程序处于运行状态,有些运行的程序是保证系统正常运行所必需的,当关闭计算机时要把它们的一些信息保存到相关文件中。如果出现突然断电等非正常的关机情况,会造成重要文件丢失,有可能导致下次再启动 Windows XP 时系统不能正常启动的情况。所以,在准备关闭计算机时应使用 Windows XP 的"关闭计算机"功能。

关闭计算机需要单击桌面左下角的"开始"按钮,在弹出的菜单中单击"关闭计算机"按钮,屏幕上出现如图 2-2 所示的"关闭计算机"对话框。

其中按钮功能如下。

- 待机:单击后使计算机处于最小电能消耗状态,显示器和硬盘都被自动关闭,但是内存里的信息仍然保留,当需要继续使用计算机时,只要

图 2-2 "关闭计算机"对话框

移动一下鼠标或按下键盘上的任意一个键,系统自动回到工作状态。

- 关闭:单击后计算机立即执行关机程序,将当前存储在内存中的数据写入硬盘,关闭打开的所有程序,并最终关闭计算机。
- 重新启动:单击后计算机也会将当前存储在内存中的数据写入硬盘,关闭打开的所有程序,但不关闭计算机,而是再次启动计算机并重新引导 Windows XP 操作系统。如果单击"取消"按钮则回到桌面状态取消关闭计算机的操作。

2.2.3 Windows XP 的桌面

Windows 的桌面是指屏幕上的工作区域,在使用 Windows 时所有针对窗口和应用程序的操作是在桌面上进行的,桌面上还可以放一些经常使用的应用程序的图标,桌面上还有"开始"菜单、快速启动栏、任务栏等。

因为 Windows XP 是一个图形化的操作系统,其中主要使用的操作工具就是鼠标,所以在介绍桌面之前先介绍鼠标的基本操作。

1. 使用鼠标

在 Windows XP 中使用的鼠标为 Microsoft 两键式鼠标,所以在使用鼠标时,左右两个键起作用,通常正确的握法是:右手轻握鼠标,食指轻放在左键上,中指轻放在右键上,其他 3 个手指负责鼠标的移动。在工作时,桌面上有一个代表鼠标的指针,当移动鼠标时,指针做相应移动,鼠标指针会在划过桌面上不同对象时变成不同的形状,另外还起到表示工作状态的作用。有些鼠标中间还有个滚轮。

鼠标的操作动作主要如下。

- 指向:把鼠标指针移动到某个操作对象上,一般用来激活对象,显示相关对象的提示信息。
- 单击:鼠标指针指向在某个操作对象,按一下鼠标左键,主要用来选中一个操作对象或打开菜单。
- 双击:在一个对象上快速连续地按两下鼠标左键,主要用于启动应用程序或打开一个窗口,双击时动作要迅速,并且双击的过程中不要移动鼠标,否则会被系统当作两次单击。
- 右击:鼠标指针指向某个操作对象,按一下鼠标右键,主要用来弹出针对此对象的快捷菜单。
- 拖动:将鼠标指针指向某个对象,按下鼠标左键不放同时移动鼠标,到达目标位置时释放鼠标左键。
- 滚轮:按住滚轮,前后滚动,主要用于上下滚动屏幕内容。

2. 图标

在 Windows XP 的桌面上会看到一些小的图片,图片下面有名称,这就是图标,图标的作用是用来代表某个应用程序或文件等,如"我的电脑"、"网上邻居"、"我的文档"

等。当双击图标时可以打开它所对应的应用程序,例如,双击"我的电脑"图标可以打开"我的电脑"窗口。图标主要有两类:一类是由系统已经定义好的,例如"我的电脑";另外一类是用户自己建立的或由相关软件建立的指向某个文件或应用软件的快捷方式。

以建立记事本的快捷方式为例,建立快捷方式的方法如下:

① 在桌面上的空白区域右击,弹出如图 2-3 所示的快捷菜单。

图 2-3 · 新建快捷方式

② 选择"新建"→"快捷方式"后,弹出如图 2-4 所示的"创建快捷方式"对话框。

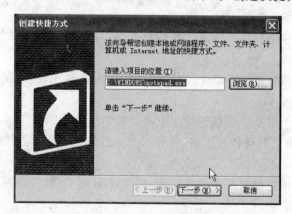

图 2-4 "创建快捷方式"对话框

③ 输入记事本程序的位置(可以通过单击浏览按钮来选择)后单击"下一步"按钮,弹出图 2-5 所示的"选择程序标题"对话框。

④ 输入"记事本"后单击"完成"按钮,桌面上出现"记事本"图标,双击可以启动记事本程序。

图 2-5　"选择程序标题"对话框

3. 任务栏

任务栏位于桌面的最底行,如图 2-6 所示。在 Windows XP 中,用户可以通过任务栏快速启动应用程序。在任务栏中包含"开始"按钮,单击可以打开"开始"菜单,展开用户的工作。对于已经打开的任务,可以通过任务栏来进行切换,把需要的窗口放到最上面,被关闭的应用程序,在任务栏上对应的按钮也会消失。用户还可以根据自己的习惯来设置任务栏,以方便用户的管理和使用。

图 2-6　任务栏

任务栏中各个区域的作用如下。

- "开始"按钮:单击可以打开"开始"菜单,通过它用户可以使用计算机上所有的功能。
- 快速启动栏:用来放置一些最常用的程序的快捷图标,单击图标可以立即启动相应的应用程序。
- 任务区:当打开一个应用程序时,桌面上出现相应应用程序的窗口,在任务区会出现一个相应的按钮,表示此程序现在是打开状态,位于最上面的窗口的对应按钮是按下的状态,当需要把其他应用程序放到最上面时,只需单击任务区对应程序的按钮即可。
- 语言栏:主要用于设置当前所使用的语言和输入法。
- 系统托盘:用于显示在开机后常驻内存的一些应用程序,双击可以打开相应应用程序的操作界面。

4. "开始"菜单

单击"开始"按钮可以打开"开始"菜单,开始菜单如图 2-7 所示,"开始"菜单是使用和管理计算机的起点,它可以运行程序、打开文档、执行其他应用程序,是 Windows XP 中最重要的操作菜单。通过它,用户几乎可以完成任何系统使用、管理和维护等工作。"开始"菜单的便捷性简化了频繁访问程序、文档和系统功能的常规操作方式。

图 2-7 "开始"菜单

"开始"菜单的几部分功能如下。

- 位于顶部的是用户的登录名。
- 中部左侧是常用程序区,显示的是系统中经常使用的应用程序。用户可以通过单击相应的图标来快速启动某个经常使用的程序。
- 中部右侧为系统工具,如"控制面板"提供很多对系统进行设置的工具,"我最近的文档"将列出用户最近使用的文档的名字。
- 左侧下部的"所有程序"是个菜单,其中包括了所有计算机中安装的软件的程序组,可以通过它来启动应用程序。
- 底部的"注销"按钮用来注销用户,"关闭计算机"按钮用来关机或重启计算机。

2.2.4 Windows XP 的窗口

窗口是 Windows XP 最基本的用户界面。Windows XP 中的所有应用程序都是以"窗口"的形式运行的,这也是 Windows(视窗)操作系统得名的原因。每当启动一个应用程序时就会打开一个相应的窗口,关闭窗口也就结束了程序的运行。例如,在桌面上双击"我的电脑"图标,就会出现如图 2-8 所示的窗口。

Windows XP 使用的窗口有两大类:程序窗口和文档窗口。程序窗口表示一个正在

图 2-8 "我的电脑"窗口

运行的应用程序,如"记事本"程序窗口、Microsoft Word 程序窗口、Microsoft Excel 程序窗口等,它提供了应用程序运行时的用户界面,用户的大部分工作都是在应用程序窗口中进行的。文档窗口是程序窗口内的窗口,它通常包含用户要处理的文档资料。有的应用程序窗口可包含多个文档窗口。这两类窗口的组成基本相同,其主要区别是文档窗口没有菜单栏。

1. 窗口的组成

窗口中的主要元素包括标题栏、菜单栏、工具栏、地址栏、工作区、状态栏等组成。

(1) 标题栏

每个窗口的顶部都有一个蓝色背景并标识出应用程序名称的横条,即为标题栏。

控制菜单按钮:位于标题栏的最左面,用一个图标来代表。单击可以打开控制菜单。使用控制菜单可以对窗口进行还原、移动,改变窗口大小、最大化、最小化、关闭窗口等操作。双击控制菜单按钮时可以关闭窗口。

"最小化"按钮:位于标题栏的右侧,单击此按钮可以将窗口以图标方式显示在任务栏上,标识窗口仍然处于打开状态,单击任务栏中的按钮可以还原此窗口。

"最大化"按钮:位于标题栏的右侧,单击此按钮可以使窗口扩大覆盖整个桌面,以便显示出窗口中更多的内容。当窗口处于最大化状态时,此按钮变为"还原"按钮。单击"还原"按钮,窗口可以恢复成原来的大小,同时,此按钮又变成"最大化"按钮。

"关闭"按钮:位于标题栏的右侧,单击此按钮将结束应用程序,关闭窗口。

(2) 菜单栏

菜单栏位于标题栏下面,它以菜单的形式列出所有在应用程序中可以使用的命令。

菜单栏中的每一项称为菜单项。单击菜单项可以弹出包含有下级命令的下拉菜单。

如果想用键盘选择菜单栏中的菜单命令，可以按下键盘上的 Alt 键激活菜单栏，然后配合使用左右方向键和上下方向键来选择所需要的命令，最后按下 Enter 键执行相应命令。

有些菜单命令选项带有特殊标记，对于这些标记，Windows XP 规定如下。

- 灰色字体的命令项：表示该命令当前不可用。
- 命令项前带"√"：表示该命令在当前状态下有效。
- 命令项前带"●"：表示该选项当前被选中。
- 命令项后带"…"：表示选择该命令后将出现一个对话框，以供用户输入信息或改变某些设置。
- 命令选项后带"▶"：表示选择该命令后将引出下级菜单。
- 命令选项后带"(X)"：括号内会出现不同的字母，表示带下划线的字母为该命令的热键，该菜单弹出时可以按下对应字母键来执行这个命令。
- 命令选项后带有组合键：表示组合键为该命令的快捷键，但按下这组组合键时将直接执行该命令。

（3）工具栏

工具栏一般位于菜单栏的下方，它是为了加快操作而设置的。工具栏上包含了一系列的命令按钮，每个按钮代表一个命令，这些命令往往是菜单命令中最常用到的命令。例如，单击工具栏上的"剪切"按钮，其作用与执行菜单中的"编辑"→"剪切"命令是一样的，显然使用工具栏按钮比使用菜单方便得多。

（4）地址栏

地址栏显示的是当前窗口中的内容所处的位置，可以是本机中的位置如"C:"、"D:"等，也可以是 Internet 上的某个地址。

（5）工作区

工作区一般位于地址栏的下方，用于显示和处理工作对象。在 Windows XP 中有些应用程序会在左侧或右侧出现任务窗格。

滚动条：位于窗口的底部或右侧，当窗口的工作区中容纳不下要显示的信息时，窗口右侧或底部就会出现滚动条，分别称为垂直滚动条和水平滚动条。

对于垂直滚动条，单击滚动条上、下的箭头按钮时，可以向上或向下移动；滚动条中的滑块的大小表示了当前显示的内容与全部内容的比例，拖动滑块可以使窗口快速定位到需要的位置；单击滑块的上下方的空白处，可使窗口中的内容向上或向下滚动一屏。水平滚动条的使用方法与垂直滚动条类似。

如果使用键盘进行操作，则可使用键盘上的 ↑、↓、←、→ 4 个方向键进行上、下、左、右的移动显示，使用 Page Up 或 Page Down 键可以进行向前或向后的翻页。

边框：位于窗口的四周，用于体现窗口的范围，是窗口的边界，对于大多数的窗口可以通过拖动边框来改变窗口的大小。

（6）状态栏

状态栏位于窗口的最下面，用于显示当前窗口中的一些状态信息。当鼠标移过或选择了某些对象时,经常可以看到关于这个对象的一些信息,用来帮助操作者了解相关对象。

2. 窗口的基本操作

在 Windows 的桌面上可以同时打开多个窗口,打开的多个窗口可以互相覆盖,但是只能有一个是活动窗口,即当前用户正在进行操作的窗口,该窗口的标题栏将显示为高亮的深蓝色背景,而其他窗口为非活动窗口,标题栏显示为淡蓝色背景。

针对窗口可以采用不同的操作配合用户不同的需要。

(1) 移动窗口

在 Windows 桌面上打开多个窗口时,为了防止窗口间相互覆盖,可以移动窗口。移动窗口有两种方法:一种是将鼠标指向标题栏,按住左键,拖动窗口到所需位置释放鼠标左键即可。另一种方法是需按控制菜单下的"移动"命令,鼠标指针改变为 4 个方向箭头的形状,此时按键盘上的↑、↓、←、→4 个方向键可以进行上、下、左、右的移动,移动到需要的位置按 Enter 键结束移动。

(2) 改变窗口大小

当鼠标指针移动到边框位置时,指针形状会变成双向箭头(↔或↕),这时,如果按住鼠标左键拖动鼠标,便可以在相应方向上改变窗口的大小,使窗口改变宽度或高度。当把鼠标指针移动到窗口的 4 个边角位置时,鼠标的↔、↕指针会变成对角方向的双向箭头(↖或↗)形状,拖动鼠标可以沿对角线方向改变窗口的大小。

(3) 排列窗口

除了采用前面介绍的方法来改变窗口的大小或把它移动到合适的位置外,用户还可以使用命令来布置窗口。方法是:右击"任务栏"的空白处弹出如图 2-9 所示的快捷菜单。

图 2-9 "任务栏"的快捷菜单

其中"层叠窗口"是使所有打开的窗口一个叠一个的显示,如图 2-10 所示。

图 2-10 窗口层叠排列

"纵向平铺窗口"是使所有打开的窗口纵向排列占满整个桌面,如图2-11所示。

图2-11　窗口纵向排列

"横向平铺窗口"使所有打开的窗口横向排列占满整个桌面。

(4) 窗口之间的切换

如果同时打开了若干个窗口,这样就需要在窗口之间进行切换,即改变当前窗口。一般有以下3种方法。

- 部分可见窗口切换:要切换为当前窗口的非活动窗口在桌面上有部分可见,这种情况只需单击其可见部分,则该窗口被切换为当前窗口。
- 使用任务栏:单击任务栏上对应窗口的代表按钮,这个窗口立即变为当前窗口。
- 使用组合键:按 Alt＋Tab 键可以选择要切换的窗口,选择结束后释放 Alt 键即可。

2.2.5　操作应用程序

对于应用程序的操作主要有启动、退出和切换应用程序,其中切换应用程序就是切换窗口,参照前面介绍切换窗口的方法就可以了。

1. 启动应用程序

启动应用程序的方法有如下几种。

(1) 在桌面上执行应用程序

如果桌面上有应用程序图标,双击桌面应用程序图标即可执行该应用程序。

（2）通过"开始"按钮菜单启动应用程序

大多数正常安装的应用程序，在"开始"菜单中的"所有程序"菜单中都建有一个程序组或放置一个图标，用鼠标选择"开始"→"所有程序"，再找到相应软件的程序组，单击对应的应用程序项就可以启动该应用程序了。

（3）通过"开始"菜单下的"运行"命令启动应用程序

用鼠标选择"开始"→"运行"命令，在弹出的对话框中输入应用程序的文件名，或通过"浏览"按钮选择应用程序，最后单击"确定"按钮即可启动该应用程序。

（4）通过"资源管理器"或"我的电脑"执行应用程序

打开"资源管理器"或"我的电脑"窗口，选择应用程序所在的盘符和文件夹，再双击应用程序名即可启动该应用程序。

（5）执行应用程序的快捷图标

有些应用程序在桌面上建有快捷图标，而没有快捷图标又比较常用的软件可以参照前面介绍的方法建立快捷方式，这些快捷方式是指向相应的应用程序的，所以可以通过在桌面上双击快捷方式来启动应用程序。

（6）自动启动应用程序

自动启动应用程序是指在启动 Windows 的同时启动，每次都要执行的应用程序。若要自动启动应用程序，需要将引用程序的快捷方式添加到 Windows 的"开始"→"所有程序"→"启动"组下，才可以使系统自动启动该应用程序。

将应用程序添加到"启动"组的方法如下：

① 右击"开始"菜单，在弹出的快捷菜单中选择"打开"命令，桌面上弹出"开始菜单"文件夹。

② 双击其中的"程序"文件夹，窗口变为"程序"文件夹窗口。

③ 双击其中的"启动"文件夹，窗口变为"启动"文件夹窗口，这个文件夹就对应"开始"菜单中的"启动"组。

④ 将准备好的图标拖入此文件夹或参照前面介绍的在桌面上建立快捷方式，在此文件夹中建立相应应用程序的快捷方式即可。

做好以上步骤后选择"开始"→"所有程序"→"启动"，应该在"启动"组中出现刚建立的快捷方式。以后在每次启动 Windows XP 时就可以自动启动此应用程序了。

2. 关闭应用程序

关闭应用程序与应用程序的最小化不同，如果将应用程序最小化，在任务栏上还可以看到代表该应用程序的按钮，表示程序还处于运行状态，但是没有在桌面上显示窗口。而关闭应用程序将结束应用程序的运行状态，在任务栏上代表该应用程序的按钮将消失。

关闭应用程序的有如下几种方法：

① 在应用程序窗口中的菜单栏选择"文件"→"退出"命令。

② 双击应用程序窗口中的控制菜单按钮。

③ 单击应用程序窗口右上角的"⊠"按钮。

④ 按 Alt＋F4 键。

2.2.6 剪贴板操作

剪贴板是一个在程序和程序之间传递信息的内存临时缓冲区,剪贴板只能保存当前剪切的信息,可以是文字、图形图像、声音等信息。如果一条新的信息被复制到剪贴板,原来在剪贴板上的信息就被替换,若没有新的信息替换,原来的信息将一直保存,直到退出Windows 系统。

1. 剪贴板的基本操作

剪贴板的基本操作有 3 个:剪切、复制和粘贴。剪切的作用是将选中的信息保存到剪贴板,被选中的内容消失;复制的作用是将选中的信息保存到剪贴板,但被选中的内容还保留;粘贴的作用是将剪贴板中保存的信息插入到当前位置。通过剪切和粘贴或复制和粘贴的组合可以完成信息的移动和信息的复制。

(1) 移动信息

移动信息的操作过程是:选中信息、剪切、定位、粘贴。

移动信息可以使用应用程序窗口中的菜单、工具栏按钮、快捷键、快捷菜单等方法来实现。

使用菜单的方法如下:

- 选中信息。
- 选择"编辑"→"剪切"命令,此时被选对象消失或成灰色显示,表示当前内容已经被保存到剪贴板,并且此对象将消失。
- 定位到目标位置。
- 选择"编辑"→"粘贴"命令,在当前位置出现刚才剪切的信息。

使用工具栏的方法如下:

- 选中信息。
- 单击"🔏"剪切按钮。
- 定位到目标位置。
- 选择"🔳"粘贴按钮。

使用快捷键的方法如下:

- 选中信息。
- 按 Ctrl +X 键执行剪切。
- 定位到目标位置。
- 按 Ctrl +V 键执行粘贴。

使用快捷菜单的方法如下:

- 选中信息。
- 在选中的信息范围内右击,在弹出的快捷菜单中选择"剪切"命令。
- 定位到目标位置。
- 右击,在弹出的快捷菜单中选择"粘贴"命令。

因为剪切命令已经将所选信息保存到剪贴板,所以可以多次定位并粘贴,每粘贴一次都可以在目标位置放置一份剪贴板保存的信息。

(2) 复制信息

复制信息的操作过程是:选中信息、复制、定位、粘贴。

复制信息可以使用应用程序窗口中的菜单、工具栏按钮、快捷键、快捷菜单等方法来实现。

使用菜单的方法如下:

- 选中信息。
- 选择"编辑"→"复制"命令。
- 定位到目标位置。
- 选择"编辑"→"粘贴"命令,在当前位置出现刚才剪切的信息。

使用工具栏的方法如下:

- 选中信息。
- 单击"🖺"复制按钮。
- 定位到目标位置。
- 选择"🖺"粘贴按钮。

使用快捷键的方法如下:

- 选中信息。
- 按 Ctrl +C 键执行复制。
- 定位到目标位置。
- 按 Ctrl +V 键执行粘贴。

使用快捷菜单的方法如下:

- 选中信息。
- 在选中的信息范围内右击,在弹出的快捷菜单中选择"复制"命令。
- 定位到目标位置。
- 右击,在弹出的快捷菜单中选择"粘贴"命令。

对于所复制到剪贴板的信息可以多次定位并粘贴,每粘贴一次都可以在目标位置放置一份剪贴板保存的信息。

2. 将整个屏幕或当前窗口复制到剪贴板

Windows 提供了两种特殊的剪贴板操作,可以将整个屏幕或者当前窗口复制到剪贴板。如果再将复制到剪贴板的屏幕或当前窗口粘贴到"画图"应用程序窗口,则可对图形进行编辑或修改,并且可以保存为文件。

(1) 复制整个屏幕到剪贴板

按键盘上的 Print Screen 键,即可将整个屏幕复制到剪贴板。

(2) 复制当前窗口到剪贴板

按住 Alt 键再按一下 Print Screen 键,即可将当前窗口复制到剪贴板。

选择"开始"→"所有程序"→"附件"→"画图",打开"图画"应用程序窗口,再用"粘贴"命令将剪贴板中的屏幕或窗口信息复制到"画图"中,对其进行编辑、修改,最后可将修改结果保存成图片文件。

2.2.7 系统帮助

在 Windows XP 中,系统为用户提供了一个帮助学习使用 Windows XP 的资源,它包括各种实践建议、教程和演示。可使用搜索特性、索引或目录查看所有 Windows 的帮助资源,甚至包括那些 Internet 上的资源。Windows XP 中的帮助系统以 Web 页面的风格显示帮助内容,具有一致性的帮助系统的风格、组织和术语,拥有较少的层次结构和大规模的全面索引,对于每一个问题还增加了"相关主题"的链接查询等功能。

1. 打开帮助和支持中心

选择"开始"菜单中的"帮助和支持"命令或按下 F1 键,即可打开"帮助和支持中心",如图 2-12 所示。另外,在 Windows XP 的很多窗口,如"资源管理器"、"网上邻居"等的"帮助"菜单下,选择"帮助和支持中心"命令,都可以打开帮助窗口。

图 2-12 "帮助和支持中心"窗口

"帮助和支持中心"窗口中的各部分的使用方法如下。

(1)"搜索"功能

在位于屏幕上方的"搜索"栏中输入要搜索的关键字,如"浏览器",然后单击"➡"按钮,开始搜索过程,搜索结束后显示与搜索关键字相关的内容,如图 2-13 所示,在左边的窗格中选择用户需要的标题,右边窗格中显示相关的内容。

(2)选择一个帮助主题

此方式采用 Web 方式为用户全面介绍 Windows XP 的功能特点,对于初次使用 Windows XP 的用户和想全面概括了解 Windows XP 功能的用户非常有帮助。

(3)请求帮助

在连网的情况下,Windows XP 用户可以使用"远程协助"功能获得朋友或者计算机

图 2-13　搜索关键字

专家的在线指导,实时地解决操作中遇到的问题。

（4）选择一个任务

针对某些任务,Windows XP 的用户可以在帮助系统的引导下一步一步地完成这些任务。

（5）您知道吗?

当用户连接到 Internet 时,该区域将显示实时帮助和支持信息的链接,把 Windows XP 的帮助和支持中心扩大到 Internet 上。

2. "索引"形式的联机帮助

单击"帮助和支持中心"窗口中的"索引"按钮,即出现一个按字母顺序列出的主题条目列表,这是一种传统的按主题索引的编排方式,很多应用程序的帮助系统也采用了这种方式。

在窗口左边的"索引"窗格内的"输入要查找的关键字"输入框中输入需要帮助查找的问题的关键字,如"浏览器",系统将会立即定位到与"浏览器"相关的条目中,如图 2-14 所示,双击本条目下的子标题,可以在右边的窗格中看到具体的帮助内容。

3. 在窗口和对话框中获得帮助

在窗口或对话框中,Windows XP 提供了大量的提示性信息,在操作过程中用户可能不明白窗口或对话框中某些对象的含义,或者要连接某一选项的功能,这时只需要进行简单的操作就可以获得提示或帮助。

① 显示提示性帮助信息:将鼠标指针指向某一对象,稍等一会,系统就会显示出该对象的简单说明。

图 2-14　搜索相关索引

② 用问号标记获得帮助信息：在 Windows XP 中几乎每一个对话框窗口右上角都有一个"?"按钮，单击该按钮后，鼠标指针变为"↳?"形状，此时单击对话框中需要获得帮助的具体项目，就会弹出一个提示框，提示内容是关于该项目的帮助信息。

③ 使用鼠标右键获得帮助：在对话框中，将鼠标指针指向要获得帮助的具体项目，右击后弹出"这是什么?"，单击它系统将弹出与该项目相关的帮助信息。

2.3　文件及文件夹管理

　　文件是按一定形式组织的一个完整的、有名称的信息集合，是计算机系统中数据组织的基本存储单位，而操作系统的一个基本功能就是数据存储、数据处理和数据管理，即文件管理。文件中可以存放应用程序、文本、多媒体数据等信息。

　　计算机中外存储器中可以存放很多文件。为便于管理文件，把文件进行分类组织，并把有着某种联系的一组文件存放在磁盘中的一个项目下，这个项目称为文件夹或目录。文件夹就是存放文件和子文件夹的容器，子文件夹中还可以有它的下级子文件夹，这样逐级展开，整个文件夹结构（或称目录结构）就呈现一种树状的组织结构，因此也称其为"树形结构"。

　　"资源管理器"中的左侧窗格显示的文件夹结构就是树形结构。整棵树有一个根，在 Windows XP 中，"桌面"就是文件夹树形结构的根，根下面的系统文件夹有"我的电脑"、"我的文档"、"网上邻居"、Internet Explorer 和"回收站"等，如图 2-15 所示。

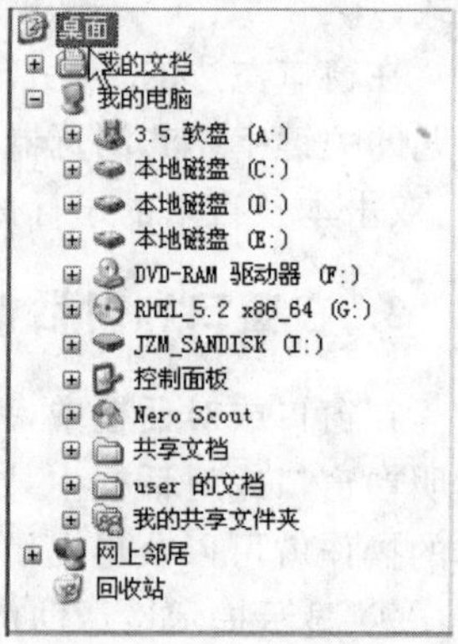

图 2-15　树形结构

2.3.1 文件和文件夹

在 Windows XP 中采用文件和文件夹来对各种信息进行组织和管理,首先,在文件管理中包括一些规则需要用户了解。

1. 文件

文件是 Windows XP 中最基本的存储信息的单位。文件可用来保存各种信息,这些信息既可以是文档,如用户自己编辑的文章、信件和图形等,也可以是可执行的应用程序。这些信息最初是在内存中建立的,然后为其赋予的相应文件名存储到磁盘上。文件的物理存储介质通常是磁盘、光盘、U 盘等。文件的基本属性包括文件名、大小(占用存储空间的大小)、类型、创建和修改时间等。

2. 文件名

一个磁盘可以存放许多文件,为了区分它们,对于每一个文件,都必须给它们取名字,即文件名。当存取某个文件时,只要在命令中指定其文件名,就可以把它存入或取出,实现"按名存取"。

文件名由主文件名和扩展名两部分组成。它们之间以"."分割。格式为:

主文件名.扩展名

主文件名是文件的主要标记,而扩展名则用于表示文件的类型。Windows XP 规定,主文件名必须有,而扩展名是可选的,不是必须有的。

在 Windows XP 中文件名的命名要遵守如下规则:

- 文件名最多可达 255 个字符,就是说在 Windows XP 中,可以使用长文件名,不再局限于 DOS 的 8.3 格式命名规定。
- 文件名中可以包含有空格。例如,The Document.doc 是一个合法的文件名。
- 文件名中不能包含的字符:?、\、"、*、<、>、|、:、/。
- 主文件名中允许多次使用"."符号,例如 hdd.html.win.zip,其中最后一个"."后面的 zip 才是文件的扩展名。
- 系统可以保留用户为文件名指定的大、小写英文字符,但是对于大、小写字符不加以区分,例如 Document.doc 和 document.doc 被系统认为是同一个文件。
- 文件名可以使用汉字。

3. 文件类型

为了更好地管理文件,系统将文件分成若干类型,每种类型有不同的扩展名与之对应。文件类型可以是应用程序、文本、声音、图像等,如程序文件主要有.com、.exe、.bat 等,文本文件有.txt,声音文件有.wav、.mp3 等,图像文件有.bmp、.jpg 等。每种类型的文件都可以对应一种图标,因此区别一个文件的类型既可以根据文件的扩展名也可以根据文件的图标来进行。表 2-1 中是一些常见的扩展名及其对应的图标。

表 2-1　文件类型、扩展名、图标对应表

扩 展 名	图 标	文 件 类 型	扩 展 名	图 标	文 件 类 型
.com		命令	.ppt		PowerPoint 文件
.exe		应用程序文件	.hlp		帮助文件
.bat		批处理文件	.htm		网页文件
.txt		文本文件	.wav		波形文件
.bmp		位图文件	.zip		压缩文件
.doc		Word 文档	.avi		视频文件
.xls		Excel 工作簿	.jpg		图片文件

4. 文件的属性

一个文件包括两个部分内容,一是文件所包含的数据;二是有关文件本身的说明信息,即文件属性。每一个文件都有一定的属性,不同文件类型的"属性"对话框中的信息也各不相同,如文件夹的类型、文件路径、占用的磁盘空间大小、修改和创建时间等。一个文件通常可以有只读、隐藏、存档等几个属性。

5. 路径

在多级目录的文件系统中,用户要访问某个文件时,除了文件名外,一般还需要知道该文件的路径信息,即文件放在哪个盘的哪个文件夹下。所谓路径是指从磁盘的根目录到目标文件夹之间所经过的各个文件夹的名称,两个文件夹名之间用分隔符"\"分开。在使用"资源管理器"时可以在地址栏中看到类似这样的路径:C：\Documents and Settings \user\My Documents。这个例子表明当前文件夹是 My Documents,它是 user 的子文件夹,而 user 又是 Documents and Settings 的子文件夹,Documents and Settings 是 C 盘下的一级子文件夹。

6. 一个特殊的文件夹"我的文档"

"我的文档"是一个特殊的文件夹,它是安装系统时建立的,用于存放用户的文件。它是文件存储的默认文件夹。要打开"我的文档",可以单击"开始"菜单按钮,选择"我的文档"或双击桌面上的"我的文档"图标即可。

2.3.2　资源管理器的操作

Windows XP 中的资源管理器可以用来查看和管理计算机上所有的软件和硬件资源,还可以调用各种应用程序。

1. 资源管理器的启动

启动资源管理器程序可以采用如下方法。

方法一：选择"开始"→"所有程序"→"附件"→"资源管理器"命令。

方法二：右击"我的电脑"图标，再单击弹出的快捷菜单中的"资源管理器"命令。

方法三：右击"开始"菜单按钮，再单击弹出的快捷菜单中的"资源管理器"命令。

2. 资源管理器窗口

资源管理器的窗口中的工作区又分为左右两个窗格，左窗格显示计算机中所有文件夹的树形结构，为文件夹窗格，可以查看所有文件夹。文件夹的前面有"＋"号的表示该文件夹含有子文件夹，且处于折叠状态，双击文件夹名或单击"＋"号可以展开该文件夹，下一级子文件夹全部显示出来，此时"＋"号变为"－"号。同样，再次双击文件夹名或单击"－"号可以折叠此文件夹。

资源管理器的工作区右侧为内容窗格，当打开某个文件夹时，该文件夹包含的所有子文件夹和文件都将显示在此窗格中。

资源管理器窗口主要由标题栏、菜单栏、标准工具栏、地址栏、文件夹窗格、内容窗格和状态栏等组成，如图 2-16 所示。

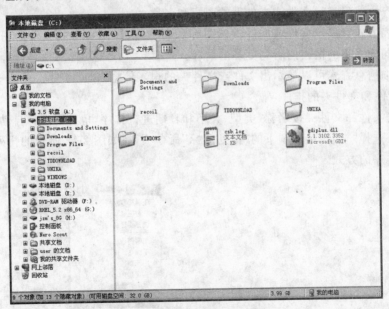

图 2-16　资源管理器窗口

3. 资源管理器窗口的管理

资源管理器窗口的管理包括如下操作。

（1）调整窗格的大小

通过移动两个窗格间的共用边框可以改变左右两个窗格的大小。方法是将鼠标指针移动到共用边框上,此时鼠标指针变为水平方向双向箭头,按住左键向左、右拖动即可改变两个窗格的大小。

（2）显示或隐藏工具栏

工具栏可以在窗口中显示,也可以隐藏起来。若要显示工具栏,可以选择"查看"→"工具栏"命令,再从工具栏子菜单中选择要显示的工具栏,被选中的工具栏在其左端出现"√"标记。若要隐藏已显示的工具栏可以使用同样的方法,在标有"√"标记的菜单项中再做一次操作,"√"标记将被取消,工具栏隐藏。

（3）显示或隐藏状态栏

一般情况下状态栏为显示状态。若需要隐藏,可以选择"查看"→"状态栏"命令,将其左端的"√"标记取消。同样的操作可以让任务栏再次显示出来。

（4）改变显示方式

资源管理器为用户提供了查看文件和文件夹的多种显示方式。在标准按钮栏中单击"▥"查看按钮,或选择"查看"菜单,选择如图 2-17 所示的下拉菜单中的任意一种方式。

这几种方式的作用如下：

- 缩略图方式便于用户观看文件的大概版式和图片的内容。
- 平铺方式适用于了解文件粗略信息。
- 图标方式只显示文件或文件夹的图标和名称。
- 列表方式只显示文件或文件夹的图标和名称,但比图标方式显示的图标小,可以在同样大小的窗格内看到更多的内容。
- 详细信息方式可以显示出文件或文件夹的很多信息。

（5）文件和文件夹的排序

可以将文件和文件夹按名称、类型、大小和日期进行排序,也可以选择自动排列。

方法是选择"查看"菜单项下的"排列图标"命令项,在如图 2-18 所示的排列图标子菜单中选择排序的方式。

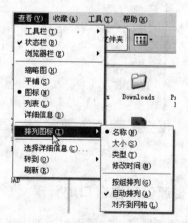

图 2-17　查看方式　　　　　　　　图 2-18　排列图标子菜单

4. 文件和文件夹的操作

文件和文件夹的操作主要包括文件和文件夹的创建、保存、重新命名、复制、移动和删除等操作。

1) 选定文件或文件夹

在 Windows 中进行操作之前必须选定操作对象,然后选择执行的操作命令。例如,文件或文件夹的复制、删除、移动等操作,都需要先选定才能进行操作。因此,选定操作是很重要的。选定文件或文件夹的方法有以下几种:

(1) 选定单个文件或文件夹

单击所要选定的文件或文件夹。

(2) 选定多个连续的文件或文件夹

单击所要选定的第一个文件或文件夹,然后按住 Shift 键,再单击最后一个文件或文件夹。释放 Shift 键,选择完成。

(3) 选定多个不连续的文件或文件夹

单击要选定的第一个文件或文件夹,然后按住 Ctrl 键,再逐个单击其他要选择的文件或文件夹。在此过程中如果出现错选,只要不放开 Ctrl 键,单击错选的文件或文件夹,错选的内容将从选择范围中去除。释放 Ctrl 键选择完成。

(4) 选定当前文件夹下的所有文件和文件夹

按 Ctrl+A 键可以选定当前文件夹下的所有文件和文件夹。

如果要取消选择,单击任意一个文件或文件夹即可。

2) 复制文件或文件夹

复制文件或文件夹是一种常用的操作,可以使用以下几种操作方法。

(1) 使用菜单

使用菜单复制文件或文件夹的操作步骤如下:

• 选中要复制的文件或文件夹。
• 选择"编辑"菜单中的"复制"命令。
• 定位到要复制的目标位置。
• 选择"编辑"菜单中的"粘贴"命令。

快捷菜单中都有剪贴板操作命令,一般为了操作速度比较快,都选用快捷菜单中的剪贴板命令。

(2) 使用工具栏按钮

使用工具栏按钮复制文件或文件夹的操作步骤如下:

• 选中要复制的文件或文件夹。
• 单击工具栏中的"复制"按钮。
• 定位到要复制的目标位置。
• 单击工具栏中的"粘贴"按钮。

(3) 使用快捷键

使用快捷键复制文件或文件夹的操作步骤如下:

- 选中要复制的文件或文件夹。
- 按 Ctrl+C 键。
- 定位到要复制的目标位置。
- 按 Ctrl+V 键。

(4) 使用鼠标拖动

使用鼠标拖动复制文件或文件夹的操作步骤如下：

- 在左侧窗格中将目标文件夹处于展开状态。
- 在源文件夹中选中要复制的文件或文件夹。
- 先按 Ctrl 键，再将鼠标指针放于被选中的文件或文件夹上拖动到左侧窗格中的目标文件夹上，释放鼠标完成复制。

3) 移动文件或文件夹

移动文件或文件夹的操作方法与复制操作类似，其区别是移动操作是将选中的文件或文件夹从原位置移走，而复制操作选中的文件或文件夹仍保留在原位置。

(1) 使用菜单

使用菜单移动文件或文件夹的操作步骤如下：

- 选中要移动的文件或文件夹。
- 选择"编辑"菜单中的"剪切"命令。
- 定位到要移动的目标位置。
- 选择"编辑"菜单中的"粘贴"命令。

(2) 使用工具栏按钮

使用工具栏按钮移动文件或文件夹的操作步骤如下：

- 选中要移动的文件或文件夹。
- 单击工具栏中的"剪切"按钮。
- 定位到要移动的目标位置。
- 单击工具栏中的"粘贴"按钮。

(3) 使用快捷键

使用快捷键移动文件或文件夹的操作步骤如下：

- 选中要移动的文件或文件夹。
- 按 Ctrl+X 键。
- 定位到要移动的目标位置。
- 按 Ctrl+V 键。

(4) 使用鼠标拖动

使用鼠标拖动移动文件或文件夹的操作步骤如下：

- 在左侧窗格中将目标文件夹处于展开状态。
- 在源文件夹中选中要移动的文件或文件夹。
- 先按 Shift 键，再将鼠标指针放于被选中的文件或文件夹上拖动到左侧窗格中的目标文件夹上，释放鼠标完成移动。

4）删除文件或文件夹

（1）使用菜单

使用菜单删除文件或文件夹的操作步骤如下：

- 选中要删除的文件或文件夹。
- 选择"文件"菜单中的"删除"命令。
- 系统显示确认文件或文件夹删除对话框，单击"是"按钮，将文件删除到回收站。

（2）使用 Delete 键

使用 Delete 键删除文件或文件夹的操作步骤如下：

- 选中要删除的文件或文件夹。
- 按 Delete 键，系统显示确认文件或文件夹删除对话框，单击"是"按钮，将文件删除到回收站。若在按住 Shift 键的时候再按 Delete 键，则文件或文件夹从计算机中删除，而不存放到回收站。

（3）使用鼠标直接拖动到回收站

- 选中要删除的文件或文件夹。
- 直接将要删除的文件或文件夹拖动到回收站图标中。
- 系统显示确认文件或文件夹删除对话框，单击"是"按钮，将文件删除到回收站。

5）给文件或文件夹改名

给文件或文件夹改名的方法有以下几种。

（1）使用菜单

使用菜单给文件或文件夹改名的操作步骤如下：

- 选中需要改名的文件或文件夹。
- 选择"文件"菜单中的"重命名"命令。
- 在名称框中输入新的名称，然后按 Enter 键。

（2）使用鼠标

使用鼠标给文件或文件夹改名的方法如下：

- 将鼠标单击要改名文件或文件夹图标。
- 稍等（防止系统将两次单击变成一次双击），再在图标下的名字处单击，此处出现光标，表示处于可编辑状态。
- 输入一个新名称后按 Enter 键。

6）创建文件夹

创建新文件夹的操作步骤如下：

- 在资源管理器左侧窗格中，单击选定需要新建文件夹的位置。
- 选择"文件"菜单中的"新建"命令，在下级菜单中单击"文件夹"命令。
- 在右边的窗格中出现"新建文件夹"图标，并且文件夹名称处于可编辑状态，输入新的名称按 Enter 键即可。

5. 搜索文件和文件夹

在实际操作中往往会遇到这种情况，用户想使用某个文件或文件夹，但不知道该文件夹或文件存放位置,此时可以利用"搜索"命令来查找。

要启动"搜索"命令,有以下两种常用的方法。

方法一:单击"开始"菜单按钮,在菜单中选择"搜索"命令。

方法二:在"我的电脑"或"资源管理器"窗口中的工具栏上单击 🔍搜索 按钮。

启动搜索功能后,系统弹出如图 2-19 所示的"搜索结果"窗口。

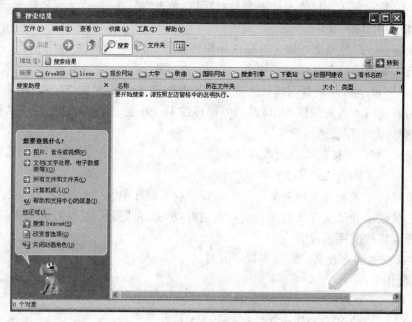

图 2-19 "搜索结果"窗口

在窗口中,Windows XP 提供了一个搜索向导来帮助用户进一步完成对文件和文件夹的搜索。搜索文件和文件夹的操作步骤如下。

① 在"搜索结果"窗口中的左侧窗格的"您要查找什么?"选项区域中单击"所有文件和文件夹",左侧的窗格变为如图 2-20 所示的"搜索助理"窗格。

② 在"全部或部分文件名"文本框中,输入要查找的文件或文件夹名称(允许使用通配符"?"或"＊")。也可以在"文件中的一个字或词组"文本框中输入要搜索的文件中包含的文字内容(例如查找在文档中含有"北京"的文件)。

③ 在"在这里寻找"下拉列表框中确定搜索的范围。如果列表中没有要符合要求的范围,可以单击最下面的"浏览"来确定查找范围。

④ 通过下面的"什么时候修改的?"、"大小是?"、"更多高级选项"的设置可以进一步缩小搜索范围。

⑤ 设定好了所有的项目后,单击"搜索"按钮,系统将在指定范围内搜索符合条件的文件或文件夹,并在右边的窗格中显示搜索结果。

图 2-20 "搜索助理"窗格

2.3.3 回收站

回收站是用来存放已经被删除的文件或文件夹。可以在回收站将误删除的文件进行恢复,可以清除回收站中的文件,也可以清空回收站。回收站的大小有限制,若回收站的文件超过回收站的存储空间,则系统将按文件的存放顺序将先放入的文件永久删除。

1. 打开回收站

打开回收站可以使用如下方法。
方法一:在桌面上双击"回收站"图标。
方法二:在"资源管理器"左侧的窗格中,单击选择"回收站"。

2. 恢复删除的文件或文件夹

在"回收站"中恢复删除的文件或文件夹的方法是:打开"回收站"窗口,选中要恢复的文件或文件夹,然后在左侧窗格中选择"还原此项目"。则文件被恢复。

3. 删除文件或文件夹

在"回收站"中删除文件或文件夹的方法是:打开"回收站"窗口,选中要删除的文件或文件夹,然后单击"文件"菜单中的"删除"命令即可。文件或文件夹被从系统中删除后不能再恢复。

4. 清空回收站

清空回收站是将回收站中的内容全部删除,操作方法是在左侧的窗格中选择"清空回收站"命令即可。当回收站内无内容时,此命令不显示。

2.4 Windows XP 的实用工具

Windows XP 中一般安装了一些实用工具,它们包括:辅助工具、系统工具、通讯工具、娱乐工具等,这些实用工具都可以在"开始"→"所有程序"→"附件"菜单中找到,以下简单介绍其中的几个软件。

2.4.1 记事本

记事本是一个纯文本编辑器,记事本常用来查看或编辑文本文件(txt),它还可用于编辑简单的文档或创建网页,但不能处理诸如字体大小、字型、字体等格式。它仅支持基本的文件格式,所能支持的文本也不能太大,但是它运行速度快,占用空间小、显得小巧玲珑,很实用。

"记事本"的启动方法是,单击"开始"→"所有程序"→"附件"→"记事本",记事本程序窗口被打开,如图 2-21 所示。

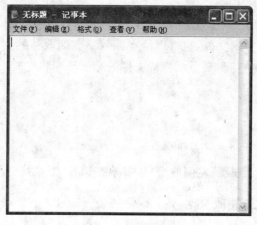

图 2-21 "记事本"窗口

2.4.2 写字板

写字板是 Windows XP 系统在"附件"中提供的另一个文本编辑器,与记事本相比写字板可以创建比较复杂的文档,即可创建和编辑带格式的文件,可以提供字处理软件的大部分功能。如更改整个文档或文档中的某些字的字体、字号,可以在文本中插入项目符号、可以插入图片等。

2.4.3 计算器

使用"计算器"可以具有通常手持计算器进行标准运算的全部功能。"计算器"可用于基本的算术运算。同时它还具有科学计算器的功能,例如对数运算和阶乘运算等。用户在运行其他 Windows 应用程序时如果需要进行相关运算,可以随时调用计算器。若要把计算结果直接调到相关的程序中,在"计算器"窗口中选择"编辑"菜单中的"复制"命令,通过剪贴板功能,在目标应用程序窗口将计算结果粘贴到需要的位置。

通过"开始"→"所有程序"→"附件"→"计算器"命令可以打开计算器窗口,再选择"查看"菜单中的"科学型"命令,则可以看到如图 2-22 所示的科学型计算器窗口,在此用户可以进行很多像统计、对数、阶乘等复杂运算。

Windows 中计算器的使用方法与一般计算器基本相同。通过鼠标单击各个按钮就相当于用手指按手持计算器的按键,另外用户也可以使用数字小键盘配合鼠标进行计算。

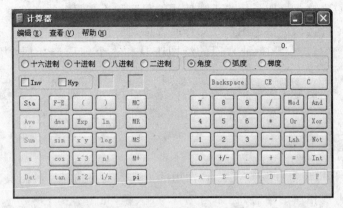

图 2-22　科学型计算器窗口

2.4.4　画图

在 Windows XP 中，系统提供了一个位图绘制程序，称为画图。用户可以用它创建简单精美的图画。这些图画可以是黑白或彩色的，并可以存为位图文件（bmp）。还可以用"画图"程序查看和编辑照片。利用"画图"程序用户可以创建商业图形、公司标识、示意图以及其他类型的图形等。还可以用"画图"程序处理其他格式的图片，例如 jpg、gif 等。用户可以将"画图"中打开的图片粘贴到其他文档中，也可以将其作为桌面背景。

1. 认识"画图"界面

当用户使用画图程序时，通过"开始"→"所有程序"→"附件"→"画图"命令打开如图 2-23 所示的"画图"界面。

图 2-23　画图窗口

下面来简单介绍一下程序界面的构成。

- 标题栏：在这里标明了用户正在使用的程序和正在编辑的文件。
- 菜单栏：此区域提供了用户在操作时要用到的各种命令。
- 工具箱：它包含了 16 种常用的绘图工具和一个辅助选择框，为用户提供多种选择。
- 调色板：它由显示多种颜色的小色块组成，用户可以随意改变绘图颜色。
- 绘图区：处于整个界面的中间，为用户提供画布。

2. 工具箱

在"工具箱"中，为用户提供了 16 种常用的工具。当每选择一种工具时，在下面的辅助选择框中会出现相应的信息，比如当选择"放大镜"工具时，会显示放大的比例，当选择"刷子"工具时，会出现刷子大小及显示方式的选项。用户可自行选择，各种工具的作用如图 2-24 所示。

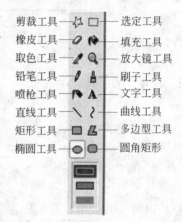

图 2-24　工具箱中的工具

裁剪工具：利用此工具，可以对图片进行任意形状的裁切，单击此工具按钮，按下左键不松开，对所要进行的对象进行圈选后再松开手，此时出现虚框选区，拖动选区，即可看到效果。

选定工具：此工具用于选中对象，使用时单击此按钮，拖动鼠标左键，可以拉出一个矩形选区对所要操作的对象进行选择，用户可对选中范围内的对象进行复制、移动、剪切等操作。

橡皮工具：用于擦除绘图中不需要的部分，用户可根据要擦除的对象范围大小，来选择合适的橡皮擦，橡皮工具根据背景而变化，当用户改变其背景色时，橡皮类似于刷子的功能。

填充工具：运用此工具可对一个选区内进行颜色的填充，来达到不同的表现效果，用户可以从颜料盒中进行颜色的选择，选定某种颜色后，单击改变前景色，右击改变背景色，在填充时，一定要在封闭的范围内进行，否则整个画布的颜色会发生改变，达不到预想的效果，在填充对象上单击填充前景色，右击填充背景色。

取色工具：此工具的功能等同于在颜料盒中进行颜色的选择，运用此工具时可单击该工具按钮，在要操作的对象上单击，颜料盒中的前景色随之改变，而对其右击，则背景色会发生相应的改变，当用户需要对两个对象进行相同颜色填充，可采用此工具，能保证其颜色的绝对相同。

放大镜工具：当用户需要对某一区域进行详细观察时，可以使用放大镜进行放大，选择此工具按钮，绘图区会出现一个矩形选区，选择所要观察的对象，单击即可放大，再次单击回到原来的状态，用户可以在辅助选框中选择放大的比例。

铅笔工具：此工具用于不规则线条的绘制，直接选择该工具按钮即可使用，线条的颜色依前景色而改变，可通过改变前景色来改变线条的颜色。

刷子工具：使用此工具可绘制不规则的图形，使用时单击该工具按钮，在绘图区按下左键拖动即可绘制显示前景色的图画,按下右键拖动可绘制显示背景色图画。用户可以根据需要选择不同的笔刷粗细及形状。

喷枪工具:使用喷枪工具能产生喷绘的效果,选择好颜色后,单击此按钮,即可进行喷绘,在喷绘点上停留的时间越久,其浓度越大,反之,浓度越小。

文字工具:用户可采用文字工具在图画中加入文字,单击此按钮,然后在绘图区中拖动鼠标出现矩形框,这时"查看"菜单中的"文字工具栏"命令便可以使用了,单击此命令,就会弹出"文字工具栏",用户在文字输入框内输完文字并且选择后,可以设置文字的字体、字号,给文字加粗、倾斜、加下划线,改变文字的显示方向等。

直线工具:此工具用于直线线条的绘制,先选择所需要的颜色以及在辅助选择框中选择合适的宽度,单击直线工具按钮,拖动鼠标至所需要的位置再松开,即可得到直线,在拖动的过程中同时按 Shift 键,可以画出水平线、垂直线或与水平线成 45°的线条。

曲线工具:此工具用于曲线线条的绘制,先选择好线条的颜色及宽度,然后单击曲线按钮,拖动鼠标至所需要的位置再松开,然后在线条上选择一点,移动鼠标则线条会随之变化,调整至合适的弧度即可。

矩形工具、椭圆工具、圆角矩形工具,这 3 种工具的应用基本相同,当单击工具按钮后,在绘图区直接拖动即可拉出相应的图形,在其辅助选择框中有 3 种选项,包括以前景色为边框的图形、以前景色为边框背景色填充的图形、以前景色填充没有边框的图形,在拉动鼠标的同时按 Shift 键,可以分别得到正方形、正圆、正圆角矩形工具。

多边形工具:利用此工具用户可以绘制多边形,选定颜色后,单击工具按钮,在绘图区拖动鼠标左键,当需要弯曲时松开手,如此反复,到最后时双击鼠标,即可得到相应的多边形。

3. 图像及颜色的编辑

在画图工具栏的"图像"菜单中,用户可对图像进行简单的编辑。

① 在"翻转和旋转"对话框内,有 3 个复选框:水平翻转、垂直翻转及按一定角度旋转,用户可以根据自己的需要进行选择,如图 2-25 所示。

② 在"拉伸和扭曲"对话框内,有拉伸和扭曲两个选项组,用户可以选择水平和垂直方向拉伸的比例和扭曲的角度,如图 2-26 所示。

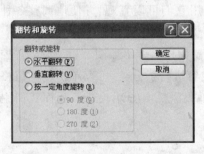

图 2-25 "翻转和旋转"对话框

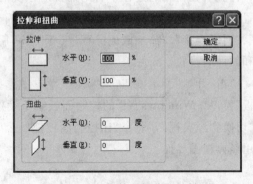

图 2-26 "拉伸和扭曲"对话框

③ 选择"图像"下的"反色"命令,图形即可呈反色显示。

④ 在"属性"对话框内,显示了保存过的文件属性,包括保存的时间、大小、分辨率以及图片的高度、宽度等,用户可在"单位"选项组下选用不同的单位进行查看,如图 2-27 所示。

4. 颜色的编辑

生活中的颜色是多种多样的,在调色板中提供的色彩也许远远不能满足用户的需要,当"颜色"菜单中为用户提供了选择的空间,执行"颜色"→"编辑颜色"命令,弹出"编辑颜色"对话框,用户可在"基本颜色"选项组中进行色彩的选择,也可以单击"规定自定义颜色"按钮自定义颜色然后再添加到"自定义颜色"选项组中,如图 2-28 所示。

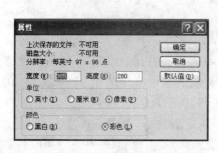

图 2-27 "属性"对话框

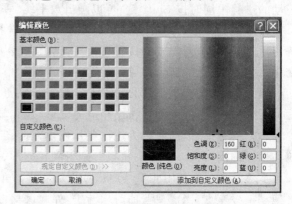

图 2-28 "编辑颜色"对话框

当用户的一幅作品完成后,可以设置为墙纸,还可以打印输出,具体的操作都是在"文件"菜单中实现的,用户可以根据提示操作直接执行相关的命令。

2.5 Windows XP 系统设置

计算机在使用的过程中有时需要对系统的软、硬件环境进行适当的改动,即进行系统设置。对系统进行设置的工具主要在"控制面板"中,"控制面板"中包含了如"系统"、"显示"、"网络连接"、"添加或删除程序"等工具,用户利用它们可以直观、方便地调整各种硬件和软件的设置。

单击"开始"菜单按钮,从"开始"菜单中选择"控制面板",弹出如图 2-29 所示的"控制面板"窗口。Windows XP 的控制面板按所设置的内容进行了分类,可以单击左侧窗格中的"切换到经典视图"命令,让控制面板把一个一个地设置工具显示出来。后面我们主要使用经典视图界面。

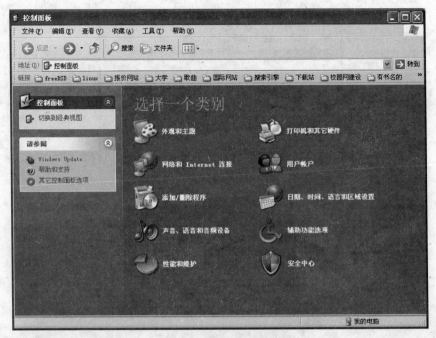

图 2-29 "控制面板"窗口

2.5.1 显示环境设置

"显示"属性设置工具用于改善用户界面的总体外观,如桌面主题、自定义桌面、修改各种显示设置等。主题决定了背景、屏幕保护程序、窗口字体、在窗口和对话框中的颜色和三维效果、图标和鼠标指针的外观和声音。用户也可以更改各个元素来自定义主题。

用户可以用其他方式来自定义桌面,例如,将 Web 内容添加到背景中,或者选择您想要显示在桌面上的图标,可以为监视器指定颜色设置、更改屏幕分辨率以及设置刷新频率。如果您正使用多个监视器,则可以为每个显示指定单独的设置。

打开"显示"属性设置工具有如下方法。

- 方法一:在控制面板中,切换到经典界面视图,双击"显示"图标可以打开如图 2-30 所示的"显示属性"窗口。
- 方法二:在桌面上的空白区域右击,在弹出的快捷菜单中选择"属性"命令,同样可以打开如图 2-30 所示的"显示属性"窗口。

1. 主题

"显示属性"窗口打开后,默认为显示"主题"选项卡,主题是桌面背景、声音、鼠标形状、窗口格式等的综合设置。在"主题"下拉列表框中选定一种主题设置,然后单击"确定"按钮,完成"主题"设置。

图 2-30 "显示 属性"窗口

2. 桌面

单击"桌面"选项卡,可以指定要在桌面上显示的图片以及图片显示的方式,如拉伸、居中或平铺,也可以更改背景的颜色。如果在背景列表中没有感兴趣的图片,用户可以通过单击"浏览"按钮,选择把保存在硬盘中的图片或照片作为屏幕的背景图片。

单击"自定义桌面"按钮,可以打开一个桌面项目窗口,在其中,可以通过设置使在Windows XP 的桌面上默认不显示的"我的文档"、"网上邻居"、"我的电脑"、"Internet Explorer"4 个常用图标显示出来。

3. 屏幕保护程序

设置了屏幕保护程序后,可以减少屏幕损耗和保障系统安全。当用户暂时不使用计算机(没有操作键盘和鼠标)而又没有关机时,经过一定的时间,屏幕保护程序自动启动,在屏幕上显示屏幕保护程序的动态图像,使屏幕不是总显示同一副图像,从而起到保护屏幕,使显示器不容易老化的作用。若在屏幕保护程序启动后不希望其他人使用自己的计算机,可以设置用户口令,当需要恢复使用状态时要求输入用户口令,起到了保障系统安全的目的。

"屏幕保护程序"的显示界面如图 2-31 所示。

其中"屏幕保护程序"部分的下拉列表框中可以选择用户感兴趣的不同风格的屏幕保护程序,当选择完后在窗口上半部分屏幕预览中会显示此屏幕保护程序的预览图;单击"设置"按钮,可以对屏幕保护程序进行适当的设置,使它更符合用户的个人风格;单击"预览"按钮可以立即在屏幕上展示用户选择和设置好的屏幕保护程序;其中的"等待"框中输入在计算机空闲多少分钟后进入屏幕保护状态;"在恢复时使用密码保护"复选框的作用

图 2-31　"屏幕保护程序"选项卡

是,当选择了此复选框后,系统从屏幕保护状态恢复到使用状态时,会提示用户输入用户密码,只有输入正确才可以使用计算机。

在"监视器的电源"部分,单击"电源"按钮可以调整对于显示器和主机的电源设置,在用户不使用电脑时降低计算机的耗电量。

4. 外观

用于设置桌面上各种元素的外观。该选项能够增大窗口标题、图标标签和菜单的字体。字体大小选项基于当前主题、视觉样式和配色方案。而对于某些主题、演示或方案,用户可能只有一种字体大小可以选择。

5. 设置

在"设置"选项卡中,用户可以设置显示器的分辨率和颜色,屏幕分辨率决定了显示器显示的信息量。设置较低的分辨率(如 800×600),屏幕内容显示的信息量相对较少,例如对于大多数网页需要移动横向滚动条才能看全,但是内容本身如文本、照片等却显示得比较大。高分辨率的设置可以显示更多的信息,但屏幕项目却显示得比较小。拖动"屏幕分辨率"的滑块向多的方向就可以提高分辨率,反之则降低分辨率。

2.5.2　添加或删除程序

虽然在 Windows 中提供了一些附属的应用程序,但是作为一个操作系统,它主要的功能是为各种应用程序的运行提供一个基本的环境,因此用户经常要在 Windows 中安装符合自己需要的应用程序,例如工作需要的软件、学习软件、娱乐软件等各种软件。当软件不再被需要或软件有故障时,又需要将相应的软件从系统中卸载以腾出空间做其他用途。

1. 安装应用程序

安装应用程序之前应仔细阅读该软件的安装使用说明书,了解软件的功能是否是用户需要的软件,必须弄清楚软件的安装环境,即必须知道这个软件是否是基于 Windows XP 开发的,在 Windows 下能否正常运行,如有不清楚的地方应该与软件的开发商联系弄清细节。

不同应用软件的安装方法也不完全相同,但大多数应用软件都是用安装程序来完成安装任务的。安装程序的可执行文件一般采用以下名称:setup. exe 或 install. exe。

在控制面板中的"添加或删除程序"工具中的"添加新程序"可以帮助用户安装新的应用程序,但是一般用户在安装应用程序时可以通过"资源管理器"定位到软件的安装程序,直接运行安装程序,所以在"添加或删除程序"工具中的"添加新程序"不常用。

2. 卸载应用程序

用户可以将不再使用的应用程序从系统中删除,但是不能简单地删除应用程序所在的文件夹或只删除软件的快捷方式,而是要用卸载的方法。卸载时系统不但将软件的快捷方式、所在的文件夹删除,在安装软件时记录在系统中的相关内容一并删除,如果用户仅是删除了应用程序所在的文件夹,系统在运行时由于系统中对此软件的相关记录并没有删除,可能会调用到此软件的功能,此时由于相关文件夹已经删除,系统可能会出现严重的故障,甚至导致整个系统崩溃。

所以对于正常安装的应用软件,应该采用卸载的办法,才能将软件从系统中删除而不影响到系统的正常运行。在"添加或删除程序"工具中的"更改或删除程序"功能就是用于卸载软件的工具,图 2-32 所示为"更改或删除程序"界面。

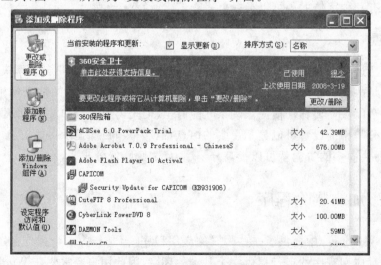

图 2-32　"更改或删除程序"界面

在此界面中单击需要卸载的软件,其中所选软件的右下角会出现"更改/删除"按钮,单击此按钮,系统会弹出一个卸载软件的向导,按照向导的引导操作就可以将软件卸载。

另外有些软件在安装好后在"开始"菜单中建立了此软件的程序组,如果此程序组中有卸载工具,也可以使用此卸载工具卸载软件。

2.5.3 系统维护工具

为了使 Windows 能够安全高效地运行,Windows 中提供了一些系统维护工具,例如,磁盘清理、磁盘碎片整理等工具,利用这些工具来维护系统,有利于使系统保持在一个良好的状态。

1. 磁盘清理

在计算机使用过程中,由于各种原因,系统将会产生许多"垃圾文件",如系统使用的临时文件、"回收站"中保留的已经删除的文件、Internet 缓存文件以及一些可删除的不需要的文件等。随着时间的积累,这些垃圾文件也越来越多,他们占据了大量的磁盘空间并影响计算机的运行速度,因此必须定期清理。磁盘清理程序就是系统为清理垃圾文件而提供的一个实用程序。

磁盘清理程序的使用方法如下。

① 依次选择"开始"→"所有程序"→"附件"→"系统工具"→"磁盘清理"命令,系统显示如图 2-33 所示的"选择驱动器"对话框。

② 通过单击"驱动器"下拉列表框可以选择需要清理的驱动器,单击"确定"按钮后系统进行计算,经过一段时间后计算结束,屏幕上出现如图 2-34 所示的计算结果,将可以清理的内容分门别类的列出来。

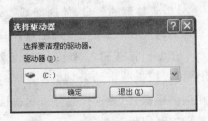

图 2-33 "选择驱动器"对话框   图 2-34 可以进行清理的内容

③ 在此对话框中"选择要删除文件"中的某个类别后单击下面的"查看文件"按钮,可以查看相应类别中都有哪些文件。

④ 通过勾选"要删除文件"中的某些类别前的复选框选中要删除的文件类别,然后再单击"确定"按钮,系统会出现一个需要用户确认的对话框,确认后系统执行清理,将所选类别的文件从磁盘中清除。

2. 磁盘碎片整理

在使用磁盘过程中,用户经常要创建和删除文件及文件夹、安装新软件或从Internet下载文件,经过一段时间后,磁盘上就会形成一些物理位置不连续的文件,这就形成了磁盘碎片。通常情况下,计算机存储文件时会将文件存放在足够大的第一个连续可用存储空间上。如果没有足够大的可用空间,计算机会将尽可能多的文件数据保存在最大的可用空间上,然后将剩余数据保存在下一个可用空间上,并以此类推。不管如何存放数据,计算机系统都能找到并读取数据,但零碎存储的文件读写数据的速度都会比较慢。

当磁盘中的大部分空间都被用做存储文件和文件夹后,有些新文件则被存储在磁盘的碎片空间中。删除文件后,再存储新文件时剩余的空间将随机填充。

磁盘中的碎片越多,计算机的文件输入/输出系统性能就越低。

"磁盘碎片整理程序"可以分析磁盘、合并碎片文件和文件夹,以便每个文件或文件夹都可以占用单独而连续的磁盘空间,并将最常用的程序移到访问时间最短的磁盘位置。这样系统就可以更有效地访问文件和文件夹,以及更有效地保存新的文件和文件夹,以便提高程序运行、文件打开和读取的速度。

使用磁盘碎片整理程序的方法有下列几种。

- 方法一:选择"开始"→"所有程序"→"附件"→"系统工具"→"磁盘碎片整理程序"命令。
- 方法二:右击桌面上的"我的电脑"图标,在弹出的快捷菜单中单击"管理",在弹出的"计算机管理"窗口的左侧窗格中单击"磁盘碎片整理程序",右侧窗格中就是正在运行的磁盘碎片整理程序的界面。
- 方法三:在打开的"资源管理器"窗口中右击需要进行整理碎片的磁盘,在弹出的快捷菜单中选择"属性"命令,屏幕弹出本地磁盘属性,在其中的"工具"选项卡中选择"碎片整理"中的"开始整理"按钮,可以打开磁盘碎片整理程序。

磁盘碎片整理程序的窗口如图 2-35 所示,选中要分析或整理的磁盘,如选择 C 盘,单击"碎片整理"按钮,系统开始整理磁盘。磁盘碎片整理的时间比较长,在整理磁盘前一般要先进行分析以确定磁盘是否需要进行整理。所以,单击"分析"按钮,系统开始对当前磁盘进行分析,分析完成后出现"磁盘分析"对话框,用户可以根据分析结果来决定是否对磁盘进行整理。另外,在对磁盘进行整理时不要读写相应的磁盘,因为这样会导致每次读写后磁盘碎片整理程序都要重新分析磁盘,使得完成整理的时间延长。

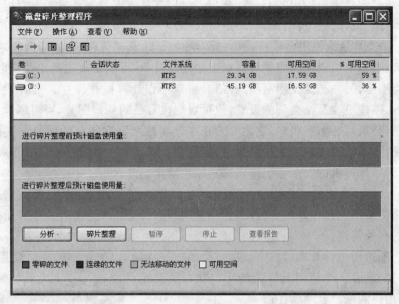

图 2-35 "磁盘碎片整理程序"窗口

2.5.4 用户管理

Windows XP 是一个多用户多任务的操作系统,但在某一时刻只能有一个用户使用计算机,也就是在使用计算机中允许与他人共用一台计算机。但是为了避免用户之间互相干扰,可以为每个用户设立账号,每个用户使用计算机时需要输入自己的账户名和密码,系统为每个账户进行系统设置,个人文件夹、程序、数据等分别保存,互相隔离。

在安装 Windows XP 系统后第一次启动时系统要求用户创建一个新账户,第一个账户将被默认为计算机的管理员。系统提供一个具有计算机管理员权限的账户,如图 2-36

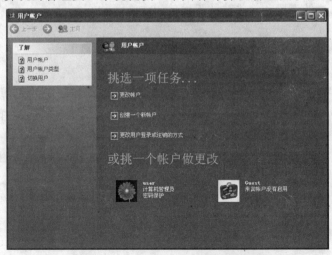

图 2-36 "用户账户"窗口

所示,另外还有一个未被启用的 Guest 账户。可以在系统安装完成后,利用计算机管理员账户登录本计算机,通过"控制面板"中的"用户账户"工具来添加、删除或修改用户账户。

Windows XP 系统将用户账户分为三类,一类是计算机管理员账户,拥有对本机资源的最高管理权限,可以创建和删除计算机上的用户账户,可以更改用户的账户名、图片、密码和账户类型等;另一类是受限制用户账户,可以操作计算机并保存文档,但不可以安装软件或硬件,不能更改系统文件的设置,但可以更改自己的账户图片,可以创建、更改或删除自己的密码;最后是来宾账户,它是专为在本计算机上没有账户的用户设置的,不能安装软件或硬件,不能更改系统文件的设置,不能更改来宾用户类型,可以更改来宾账户的图片,通常为了计算机的安全考虑都将来宾账户禁用。

Windows XP 系统的用户管理内容,主要包括创建账户、设置密码、修改账户等内容。对于多个用户使用一台计算机的情况,建议将用户进行适当的分类并授予相应的权限,保证计算机的有效使用。

当用户不再使用计算机后都应该把自己的账户注销,以防止别的用户使用自己的账户登录系统。最后一个使用计算机的用户执行关机操作,关机时用户的账户自动就注销了。

注销账户的方法是:首先选择"开始"→"注销",此时屏幕弹出如图 2-37 所示的"注销"对话框。

单击"注销"按钮,系统会将用户打开的文件关闭,回到 Windows XP 的欢迎画面,等待下一位用户登录。

图 2-37 "注销 Windows"对话框

2.5.5 中文输入法

用户要熟练地使用计算机,对敲击键盘的指法和中文输入法的熟练掌握都是必须具备的基本功,这里只讨论输入法,对于指法读者可以参照其他关于指法训练的图书资料。下面将讨论输入法的设置和输入法的界面使用方法两种方面。

1. 输入法的设置

进入输入法的设置界面一般有两种方法。

- 方法一:选择"开始"→"控制面板"命令,在控制面板中选择"区域和语言选项",在弹出的窗口中选择"语言"选项卡,再单击"详细信息"按钮,就弹出"文字服务和输入语言"对话框,如图 2-38 所示。
- 方法二:右击任务栏右侧的语言栏的图标,在弹出的快捷菜单中选择"设置"命令,即可弹出"文字服务和输入语言"对话框。

每个用户在使用计算机时习惯使用的输入法各有不同,用户可以根据自己的习惯添加或删除输入法。

在图 2-38 所示界面的"默认输入语言"下拉列表框中,包括了在"已安装的服务"中列出的输入法,可以选择其中之一作为默认输入法。通常不要改变默认的选项,当前的"美式键盘"代表敲击键盘输入的是英文字母,而不是输入中文字符。

(1) 添加输入法

要添加输入法,首先必须在计算机中已经安装了该输入法,对于 Windows 中已经存在的输入法不用再次安装,可以直接添加。

添加输入法的方法如下。

① 单击图 2-38 所示界面里的"添加"按钮,屏幕上弹出"添加输入语言"对话框,如图 2-39 所示。

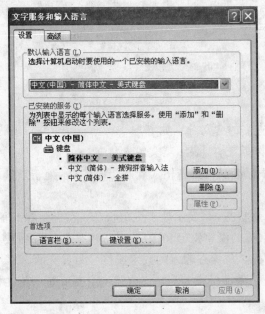

图 2-38 "文字服务和输入语言"对话框

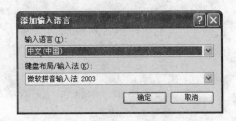

图 2-39 "添加输入语言"对话框

② 单击"键盘布局/输入法"下拉列表框,从中选择一种需要添加的输入法后单击"确定"按钮。

③ 返回到"文字服务和输入语言"对话框,在"已安装的服务"中刚才选择的输入法出现了,此时需要单击"应用"或"确定"按钮才能保证输入法被真正添加并可以使用。

(2) 删除输入法

删除输入法的操作比较简单,在图 2-38 所示的"文字服务和输入语言"对话框中"已安装的服务"列表框中选择要删除的输入法,再单击"删除"按钮,可将输入法从列表中删除,最后单击"应用"或"确定"按钮刚才的删除操作就生效了。

2. 输入法的使用

(1) 输入法的选择

单击任务栏上的语言指示器,将出现如图 2-40 所示的输入法选择菜单,单击要选择的输入法即选择了相应的输入法。

使用鼠标选择输入法相对比较慢,采用键盘是一个很好的选择,每次按键盘左侧的

Ctrl＋Shift 键都可以切换一种输入法。一般选择了一种输入法后往往希望直接在这个输入法和英文字母输入状态之间直接切换,这时可以使用 Ctrl＋空格键操作,每按一次就改变一次状态。

(2) 输入状态条

每种输入法出现后一般都跟随出现一个状态条,熟悉状态条中每个部分的作用有助于我们提高输入的速度,状态条如图 2-41 所示。

图 2-40　输入法选择菜单

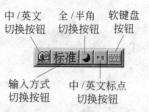

图 2-41　输入法状态条

用户可以通过单击它们来切换状态,它们的含义分别如下。

- 中/英文切换按钮:表示中文输入状态,A 表示英文输入状态。
- 输入方式切换按钮:标准 表示处于标准汉语拼音输入状态,双打 表示处于双打汉语拼音输入状态。
- 全/半角切换按钮:表示处于半角状态,表示处于全角状态。在全角状态下,输入的所有符号和数字等同为双字节的汉字符号和数字,显示出来的符号和数字明显比英文的符号和数字占位要大,半角状态输入的数字或符号为英文的。
- 中/英文标点切换按钮:表示处于中文标点符号输入状态,表示处于英文标点符号输入状态。
- 软键盘按钮用于开启软键盘。

(3) 软键盘的使用

Windows XP 软键盘提供了 13 种动态键盘,动态键盘为用户输入一些特殊的符号如制表符、希腊字母、数字符号等提供了方便。打开软键盘的方法是:单击输入法中的软键盘按钮,软键盘即被打开,右击软键盘图标弹出如图 2-42 所示的动态键盘选择菜单,在相应的动态键盘上单击,软键盘显示成相应的动态键盘状态,单击某个键或按键盘输入相应的符号。

PC键盘	标点符号
✔希腊字母	数字序号
俄文字母	数学符号
注音符号	单位符号
拼　音	制表符
日文平假名	特殊符号
日文片假名	

图 2-42　动态键盘选择菜单

2.6　Windows Vista 介绍

Windows Vista 是微软公司发布的最新版本的操作系统。登录 Windows Vista 首先展现在眼前的是 Vista 的桌面,虽然桌面依然包括桌面背景、桌面图标、任务栏、开始菜单、系统托盘等,但是这些桌面元素都经过了重新设计,不同于 Windows 以前其他版本的风格,具有很强的新鲜感。

2.6.1　桌面与外观

Windows Vista 的桌面如图 2-43 所示。

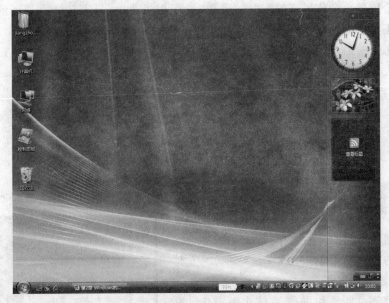

图 2-43　Windows Vista 的桌面

在桌面元素方面,最大的改变是微软采用了新的命名方式:

- 使用了多年的"我的电脑"变成了"计算机"。
- "我的文档"图标被"用户"图标取代,而原来的"我的文档"文件夹移至"用户"文件夹内,变成了子目录,并改名为"文档"。之前喜欢将个人文件拖曳进"我的文档"的用户可能在开始时会有些不习惯,在 Windows Vista 中,将文件拖曳进"用户"文件夹并不意味着其将保存在"文档"目录中,"文档"在用户文件夹的下一层。
- 在 Windows 桌面中存在多年的 IE 图标消失了,对以前习惯于通过 IE 图标的右键属性来更改 IE 设置的用户是一个遗憾,不过在快速启动栏中还是有 IE 图标的,对于使用 IE 浏览并没有太大的影响。

在 Windows Vista 的桌面右侧增加了边栏,其中可以放置很多有意思的小工具。

在 Windows Vista 的桌面中,之前由第三方软件如 Google 桌面或 Yahoo! Widgets 实现的边栏与小工具被集成进来,这使得桌面元素更为丰富,在桌面上提供了一些额外的功能,但客观地说来,尤其对屏幕不够大或显示分辨率不够高的用户而言,却要占去宝贵的屏幕空间,也许有些用户不得不把它们关掉,但是由于计算机配置提高,尤其是显示器提供的分辨率普遍提高,对于大多数用户来讲这些小工具还是很有用的。

从使用角度来看,添加新的小工具操作相当简单,对边栏进行相应的设置与调整也非常轻松,只需在其中单击右键,更改属性窗口的设置即可,如设定是否启动时加载边栏、调整边栏位置、显示小工具的数量等。

初接触 Windows Vista 时,许多用户可能会感到奇怪:无论是打开资源管理器还是其他工具如控制面板,均看不到窗口上方显示类似在以前版本的 Windows 系统中必不可少的"文件"菜单,在 Windows Vista 的默认设置中,这些菜单是隐藏的,过去通过菜单执行的任务如今由工具栏提供,或者在相应选择项的快捷菜单里。

如果希望显示经典风格的"文件"菜单,操作相当简单,只需按一下 Alt 键,菜单栏便会显示在工具栏上,再次按下 Alt 键,则会将其关闭。

如果愿意的话,也可以改变 Windows Vista 的默认设置,永久显示菜单栏,具体操作步骤为依次单击工具栏中的"组织"→"布局"→"菜单栏"。

不过,当习惯了 Windows Vista 的默认操作风格后,便会发现隐藏菜单栏的设置是一个很好的选择。

2.6.2　开始菜单

与 Windows XP 相比,Windows Vista 所做的改进体现在系统的方方面面。不过,当登录进入 Windows Vista 后,相信用户首先感觉到的便是迥然不同的开始菜单,如图 2-44 所示。

传统的"开始"菜单按钮被圆(球)状的立体按钮取代,显得非常漂亮。

"开始"菜单所使用的屏幕尺寸固定化。在之前的 Windows 系统中,如果应用程序层次较深的话,当通过"所有程序"查找相应的软件时,出现的多层菜单往往会迫使用户满屏幕地移动鼠标,而在 Windows Vista 中,这种难受的操作终于结束了,鼠标无须超出开始菜单的范围就可以方便地访问多级菜单了。

Windows Vista 开始菜单比较明显的改变还在于,其中内置了一个标准的搜索框,不仅可以帮助用户快速地找到所需的文档如 Word 文件、浏览过的网页,更重要的是,用户可以在此输入想要运行的程序名称,甚至是名称的前几个字母,只要输入,搜索便即时进行,帮助用户迅速地定位到相应的程序。例如用户可以输入"Word",

图 2-44　Windows Vista 的开始菜单

其上方变成一个搜索结果列表,其中列出了 Microsoft Word,此时只要按 Enter 键就可以启动 Word 进行文字编辑。尽管图形界面、鼠标操作的好处是毋庸置疑的,但是对于操作较为熟练的用户而言,键盘输入会大大的提高操作速度。在 Windows Vista 中,开始菜单内置的搜索框则让这些用户如鱼得水。而且,与之前的系统如 Windows XP 中的运行输入框相比,其优势在于:第一,步骤更为简单,不必再进行诸如"开始"→"运行";第二,很多时候甚至不必输入应用程序执行文件的全称,也能够找到相应的程序,简化了键盘输入过程。

在 Windows Vista 开始菜单中的关机按钮预设为睡眠而不是传统意义上的关机。这可能导致不少用户感到不习惯。当用户想要关机时，则必须用鼠标单击"锁定"旁边的下拉菜单，从下拉菜单中选择真正的"关机"，这个操作让人感觉不太容易适应。对大部分用户而言，当工作完成了不再使用计算机才会选择"关机"按钮，同时会离开计算机并切断电源而不是进入睡眠。即使对于笔记本用户这也不是一个适合的选择，因为合上笔记本的盖子显然比按这个按钮更方便。而对台式机而言，让很多劣质 PC 进入睡眠状态就等于让它们死机，因为将它们从休眠状态唤醒往往是不可能的。不过用户可以很方便地通过更改电源选项中的相应设置来将"开始"菜单中的关机按钮调整为真正的"关机"。

2.6.3　资源管理器

初看起来，Windows Vista 中的资源管理器似乎并没有太大的变化，除了我们上面所提到的隐藏的菜单栏。不过，如果您仔细地观察一下，便会发现新的资源管理器带来的根本性变化，资源管理器的界面如图 2-45 所示。

图 2-45　资源管理器

在资源管理器的左上角，是醒目的"前进"、"后退"按钮，再加上它与地址框的位置关系让人首先想到了浏览器。而在其旁边的向下箭头则分别给出浏览的历史记录；在其右边的地址框则不仅给出当前目录的位置，而且其中的各项均可点击，帮助用户直接定位到相应层次。在地址框的右边则是功能强大的搜索框，在这里用户可以输入任何想要查询的搜索项。

在其下的工具面板则可视作新形式的菜单，其标准配置包括"组织"、"视图"，其中"组织"项用来进行相应的设置与操作，而"视图"则用于确定内容的显示方式。根据文件夹具体位置不同，在工具面板中还会出现其他的相应工具项，如浏览回收站时，会出现"清空回收站"、"还原项目"的选项；而在浏览图片目录时，则会出现"放映幻灯片"的选项；浏览音乐或视频文件目录时,相应的播放按钮则会出现。

主窗口的左侧窗格由两部分组成,位于上方的是收藏夹链接,如文档、图片等,其下则是树状的目录列表,值得一提的是目录列表中显示的内容自动居中,这样在浏览长文件名或多级目录时不必再拖动滑块以查看具体名称。另外,目录列表面板可折叠、隐藏,而收藏夹链接面板则无法隐藏。

2.6.4 系统设置

按照以往的传统,在 Windows Vista 中,有关系统设置方面的操作同样被控制面板统一管理。与 Windows XP 相比,Windows Vista 的控制面板功能更为复杂,尽管根据功能与操作对象而重新设计的分类列表视图比 Windows XP 中的更精细,但许多用户在初接触时仍不免会有走进了"迷宫"的感觉。

传统的"添加/删除程序"在 Windows Vista 中更名为"卸载或更改程序",如图 2-46所示,显然这个名字更名符其实,因为毕竟很少有用户使用这个界面来添加或安装应用程序。同时,给出的相应程序信息也更详细了些,如软件开发商、安装时间、占用空间大小等。另外值得一提的是,在 Windows Vista 中,系统安装的更新与补丁被单独整合在另一个视图中,而不再与应用程序混在一起,这也使得卸载页面更为简洁,同时,避免像在之前的 Windows 系统中那样,"添加/删除程序"中充斥更新与补丁,用户往往需拖动上下滑块仔细寻找才能发现待卸载的程序。要查看、卸载已安装的补丁或更新,只需点击左侧任务面板中的"查看已安装的更新"即可。而要卸载或更改 Windows 组件,则可通过右侧任务面板中的"打开或关闭 Windows 功能"链接,出现的管理界面与 Windows XP 类似。

图 2-46 "卸载或更改程序"窗口

与默认程序相关的设置则彻底独立出来，用户可在此设置默认的浏览器或邮件客户端、设置打开特定文件所使用的 Windows 程序以及自动播放的有关设定等。

桌面显示方面的设置则被统一纳入到"个性化"中，而不像之前在 Windows XP 的桌面右键属性中那样把所有设置都放进同一个标签窗口，也许有些用户在初接触时可能会有些不习惯，多用几次便能找到进行特定设置应通过哪个分类进入。

2.7　习　　题

1. 思考题

(1) 在 Windows XP 中，关闭窗口和最小化窗口有什么不同？

(2) 剪贴板是什么？针对剪贴板的操作有哪些？

(3) 如何在多个任务间进行切换？

(4) 如何对文件进行复制、移动、删除和恢复？

(5) 对于不再需要的软件是否可以直接将其所在文件夹删除？为什么？

2. 选择题

(1) 在 Windows XP 中，对文件和文件夹的管理是通过（　　）来实现的。

A. 对话框　　　　B. 剪贴板　　　　C. 资源管理器　　　　D. 控制面板

(2) 直接删除文件使其不进入回收站的正确操作是（　　）。

A. "编辑"中的剪切　　　　　　　　B. "文件"中的删除

C. 按 Delete 键　　　　　　　　　D. Shift＋Delete 键

(3) 有关桌面正确的说法是（　　）。

A. 桌面的图标都不能移动　　　　　B. 桌面不能打开文档和可执行文件

C. 桌面的图标不能排列　　　　　　D. 桌面的图标能自动排列

(4) 在资源管理器中创建文件夹的命令是在（　　）菜单中？

A. 文件　　　　B. 编辑　　　　C. 查看　　　　D. 插入

(5) 用鼠标拖曳（　　），可以移动窗口的位置。

A. 标题栏　　　　B. 菜单栏　　　　C. 窗口边框　　　　D. 窗口边角

3. 填空题

(1) 在 Windows 中，由于各级文件夹之间有包含关系，使得所有文件夹构成_____状结构。

(2) 在 Windows 中的回收站窗口中选定要恢复的文件，单击"文件"菜单中的_____命令，恢复到原来位置。

(3) 在 Windows 中，选定多个不相邻文件的操作是：单击第一个文件，然后按住_____键的同时，单击其他待选定的文件。

(4) 在 Windows 中，若要删除选定的文件，可直接按_____键。

(5) 当用户打开多个窗口时，只有一个窗口处于_____状态，称为当前窗口，并且这个窗口覆盖在其他窗口之上。

第 **3** 章　字处理软件 **Word** 应用

　　文字处理是计算机在办公自动化中的一个很重要的应用，文字处理软件 Word 2007 是中文 Office 2007 系列套装软件之一。它充分利用 Windows 的图形界面，让用户迅速创建信函、报表、报告等各种类型的文档，轻松处理文字、数据、图形等对象，达到所见即所得的效果。

　　本章主要内容：

- 办公自动化软件 Office 2007 与中文 Word 2007
- 中文 Word 2007 的基本操作
- 文字的录入与编辑
- 基本格式设置
- Word 中应用对象
- 插入其他对象
- 表格
- 工具
- 打印

3.1　办公自动化软件 Office 2007 与中文 Word 2007

　　Microsoft Office 2007 是微软公司办公自动化软件的最新版本，它汇集了文字处理（Word）、电子表格（Excel）、演示文稿（PowerPoint）、数据库（Access）、网页制作工具（FrontPage）、项目管理软件（Project）等常用软件以及一系列功能强大的实用工具，是目前最为流行的软件系列。Microsoft Office 2007 以全新的界面以及更加强大的功能面世，比起旧版本有了极大的提高。

3.1.1　中文 Word 2007 的特点

1. Microsoft Office Word 2007 的工作界面

Microsoft Office Word 2007 全新的用户界面美观而实用，新的用户界面以"面板"和

"模块"形势替代了 Microsoft Office 旧版本的"文件菜单"和"按钮"形势,运用"面板"和"模块"可以使界面更加直观,用户操作更加快捷方便。

2. Microsoft Office Word 2007 的多种文档模式

用户在"新建文档"对话框的界面中可以发现与旧版本的 Word 有很大程度的改变,除了原有的"空白文档"以外,还增加了"新建博客文章"和"书法字帖"等新功能。

用户在"新建文档"选项卡的"以安装的模板"中还能够发现很多的功能模板,例如信函、报告、简历和传真等模板,用户可以选定特定的模板,这样可以节省编辑文档格式所花费的时间,提高工作效率。与此同时,在确保网络连接正常的情况下,通过 Microsoft Office Online 可以找到很多特色模板,例如名片、贺卡、发票、报表和简历等模板,用户可以通过右侧的"预览"窗口找到自己需要的模板,这些模板将帮助用户简便快捷的编辑出个性化 Word 文档。

3. Microsoft Office Word 2007 的输入法

当用户安装了 Microsoft Office 2007 后,单击"输入法"按钮,用户可以发现原有 Microsoft Windows XP 自带的"微软拼音输入法 2003"自动更新为"微软拼音输入法 2007"(见图 3-1),与以前的输入法版本相比,"微软拼音输入法 2007"字词库得到了更新,而且更加智能。

4. Microsoft Office Word 2007 的文档保存格式

新发布的 Microsoft Office 2007 改变了部分文档格式,在 Word 文档中默认的保存格式为 docx,而旧版本 Word 文档的默认保存格式为 doc,改变格式后的文档占用空间将有一定程度的减小。

5. Microsoft Office Word 2007 的隐藏工具栏

新发布的 Microsoft Office 增加了一个"隐藏工具栏"(见图 3-2),当用户将需要修改的文字或段落选中后,将会发现在文字或段落的右上角出现了一个工具栏,并且随着鼠标箭头的移近,工具栏的透明度逐渐降低,在这个"隐藏工具栏"中包括了用户经常应用的字体和段落工具栏的选项,使用起来方便快捷,可以大幅度增加用户的工作效率。

图 3-1 微软拼音输入法 2007

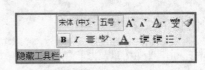

图 3-2 Word 2007 的隐藏工具栏

6. Microsoft Office Word 2007 的稿纸设置

Microsoft Office Word 2007 新推出了稿纸设置功能,用户可以设计制作稿纸模板,格式中包括"方格式稿纸"、"行线式稿纸"、"外框格式稿纸"3 类。

7. Microsoft Visual Studio Tools

安装完 Microsoft Office 2007 后,在程序菜单中你会发现除了新增的 Microsoft Office 2007 以外,还有 Microsoft Visual Studio 2005 程序插件,可以编写出特定功能的插件,插入文档中,从而满足用户的特定功能。

8. Microsoft Office Word 2007 的审阅功能

在"审阅"选项卡中最主要的选项就是"新建批注"和"文档保护"选项。应用"新建批注"选项,用户可以对文档进行重点批注。而应用"文档保护"选项,可以设置访问权限,可以禁止复制或修改文档中的内容。

3.1.2 中文 Word 2007 的新功能

Office 2007 是微软公司推出的最新版本的办公自动化软件,它是 Office 产品史上最具创新与革命性的产品。与以前的版本相比,Word 2007 增加了几项新功能。

1. 博客撰写与发布功能

Word 2007 提供了直接发布博客的功能,使得不计其数的网友不用登录网站就可以发布图文并茂的日志。

2. 强大的 SmartArt 结构图制作工具

SmartArt 图示库包括组织结构图、循环图和射线图等,Word 2007 提供的这项新功能可用于演示流程、层次结构、循环关系等结构图的制作。

3. 强大的数据图表功能

通过 Word 2007 可以实现对一些数量庞大的数据进行处理。Word 2007 在数据图表方面做了很大的改进,在某些情况下,它完全可以作为 Excel 的替代品,甚至可以在数据图表的装饰和美化方面进行专业级的处理。

4. 优化的文本框工具

Word 2007 为我们提供了三十多种文本框样式,这些样式主要在排版位置、颜色、大小等方面有所区别,用户可以根据需要选择其中一种。

5. 编辑公式的方法

为了方便用户编辑数学公式，Word 2007 在这方面进行了改进。在 Word 2007 中，不用插入公式编辑器，就可以直接插入公式，并且还可对公式的样式进行选择。另外，还可以编辑化学方程式、复杂公式等。

6. 全新的图片编辑功能

Word 2007 改进了图片编辑器，Word 2007 中的图片编辑器已经可以媲美专业的图片处理软件了。它可以支持的图片文件格式达到 23 种。

3.2　中文 Word 2007 的基本操作

本节主要介绍 Word 2007 的启动和退出、Word 2007 的操作界面、Word 2007 的帮助功能以及文件的新建、保存、打开、关闭等基本操作。

3.2.1　Word 2007 的启动与退出

在 Word 2007 中，启动和退出 Word 2007 是最基本的操作，只有进入 Word 2007 的编辑界面，才能对文档进行编辑。

1. 启动 Word 2007

Word 2007 是 Office 2007 的组件，安装完成 Office 2007 后，就可以启动其中的组件了。各组件的启动和退出操作基本是相同的。

Word 2007 的启动与早期 Word 版本启动的常用方法相同，具体的操作步骤如下：

单击"开始"按钮，选择"程序"选项，从弹出的子菜单中选择 Microsoft Office 选项，并选择 Microsoft Office Word 2007 命令，即可启动 Word 2007。另外，还可以通过双击桌面上 Word 快捷方式图标或双击计算机中存在的 Word 文档，也可启动 Word 2007。

2. 退出 Word 2007

当完成对文档的编辑后，关闭 Word 文档时我们可以使用以下 3 种方法：

① 单击 Word 窗口右上角的"关闭"按钮。

② 单击 Word 窗口左上角的 Office 按钮，在打开的下拉菜单中选择"关闭"选项。

③ 在 Office 按钮的下拉菜单中，单击"退出 Word"按钮（见图 3-3）。

3.2.2　Word 2007 界面介绍

Word 2007 启动后，就可进入 Word 2007 的工作界面，如图 3-4 所示，这个窗口由很

图 3-3　Office 按钮的下拉菜单

多部分组成,它包括 Office 按钮、快速访问工具栏、标题栏、功能选项卡和功能区、帮助按钮、选项组、文档区、状态栏以及滚动条等。

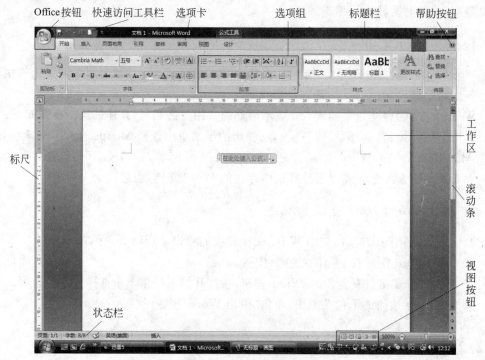

图 3-4　Word 2007 界面

　　　　　　　　大学计算机应用基础

1. Office 按钮

在 Word 2007 中，Office 按钮取代了旧版本 Word 中的"文件"菜单，它位于 Microsoft Office Word 2007 文档的左上角。

单击 Office 按钮，将看到与 Microsoft Office 早期版本相同的"打开"、"保存"、"打印"等基本命令（见图 3-3）。不过，Office 2007 提供了更多的命令，如"发布"、"转换"等命令，其中使用发布功能可以撰写和发布博客，通过它大大拉进了 Word 2007 与网络之间的距离。

2. 快速访问工具栏

Office 按钮右侧是快速访问工具栏，它为我们提供了经常用到且希望永远显示的工具按钮，如"保存"按钮、"撤销"按钮和"重复"按钮等，单击它们可执行相应的操作。

当 Word 2007 第一次被打开时，快速访问工具栏在 Office 按钮右边，其中只有几个固定的快捷按钮，如"保存"和"撤销"按钮等。为了方便快捷地对文档进行编辑，用户可以向快速访问工具栏（见图 3-5）中添加所需的选项，具体的操作步骤如下：

单击快速访问工具栏右边的下拉按钮，打开一个下拉菜单。在打开的下拉菜单中选择"其他命令"选项，打开"Word 选项"对话框，如图 3-6 所示。在"Word 选项"对话框左侧选择"自定义"选项卡，再单击"从下列位置选择命令"按钮，打开一个下拉列表框。从打开的下拉列表框中选择"开始选项卡"选项。在下边的列表框中选择"剪切"选项，单击"添加"按钮，"剪切"选项就被添加到右面的列表框中了。单击"确定"按钮，即完成了快速访问工具栏的自定义。

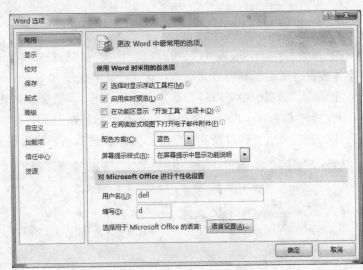

图 3-5　快速访问工具栏　　　　　　　　　图 3-6　"Word 选项"对话框

3. 标题栏

标题栏包括文档名称、程序名称以及右上角的控制按钮组（左边的是"最小化"按钮、中间的是"向下还原"按钮、最右边的是"关闭"按钮)。

单击"最小化"按钮,可以把 Word 窗口缩小到任务栏上。

单击"向下还原"按钮,把 Word 窗口还原为原来的大小。

这时,该按钮变为"最大化"按钮,再次单击它,就会让 Word 窗口重新充满整个屏幕。

4. 功能选项卡和功能区

功能选项卡和功能区是相对应的关系。在功能选项中单击某个子选项卡即可打开相应的功能区,在功能区中有许多自动适应窗口大小的工具栏,其中为用户提供了常用的命令按钮或列表框。功能选项卡包括"开始"、"插入"、"页面布局"、"引用"、"邮件"、"审阅"、"视图"等7个标准选项卡。Word 文档的基本操作都是通过功能选项卡和功能区实现的,所以下面详细介绍一下这部分内容,以后用起来就会得心应手了。

选项卡菜单栏可以分为多个"组",每个组又由一个或多个选项组成。如"开始"选项卡菜单栏(见图3-7)是由"剪贴板"、"字体"、"段落"、"样式"、"编辑"等5个选项组组成的,每个选项组里又有不同的选项。在这个选项卡里基本上可以对文字进行所有的基本操作,如设置文本的字体、字号、颜色等,还可以设置标题的样式。

图 3-7 "开始"选项卡

在"开始"选项卡里,还可以进行查找、替换、复制、粘贴等操作,这使得对文档中的某些字体或符号的编辑变得极其简单。

在"插入"选项卡中可以进行基本的插入工作,丰富文档的内容。可以说文档中除文字(不包括艺术字)外,其他的文档内容基本上都是在"插入"选项卡中实现的。如文档中的图片、图表、页眉页脚以及超链接等。"插入"选项卡中的选项组和选项如图3-8所示。

图 3-8 "插入"选项卡

"页面布局"选项卡由"主题"、"页面设置"、"稿纸"、"页面背景"、"段落"和"排列"6个选项组组成。通过这6个选项组,可以对所编辑的文档进行设置操作。如文档的段落格式、页面背景、稿纸的形式等设置都是在这个选项卡中实现的。"页面布局"选项卡中的选项组和选项如图3-9所示。

图 3-9 "页面布局"选项卡

"引用"选项卡包括"目录"、"脚注"、"引文与书目"、"题注"、"索引"和"引文目录"6 个选项组,如图 3-10 所示。采用这个选项卡可以对编辑的文档做一些辅助性说明,使文档的内容更加清晰明了。

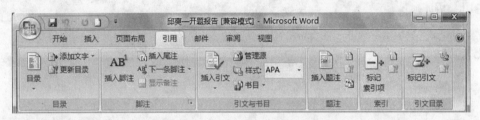

图 3-10 "引用"选项卡

"邮件"选项卡包括"创建"、"开始邮件合并"、"编写和插入域"、"预览结果"和"完成"5 个选项组,如图 3-11 所示。通过这个选项卡可以不进入网络,直接在 Word 中发送邮件很方便。

图 3-11 "邮件"选项卡

"审阅"选项卡包括"校对"、"中文简繁转换"、"批注"、"修订"、"更改"、"比较"和"保护"7 个选项组,如图 3-12 所示。这个选项卡用于对已经完成的文档进行修订、标注等。另外,在"审阅"选项卡中的"校对"选项组可以完成对 Word 文档的校对、翻译等工作,使用"校对"选项组中的选项可以翻译一个词语、一个句子,也可以翻译整个文档。"中文简繁转换"选项组可以对文档进行中文简体和繁体之间的转换。

最后介绍一下"视图"选项卡。"视图"选项卡包括"文档视图"、"显示/隐藏"、"显示比例"、"窗口"和"宏"5 个选项组。通过"视图"选项卡可以以不同的视图方式查看文档,另外"宏"选项组也有很重要的意义。"视图"选项卡及其选项组如图 3-13 所示。

由于选项卡菜单栏占据了整个窗口的大部分,可以通过双击任意一个选项卡菜单把该选项卡菜单栏隐藏起来。

图 3-12 "审阅"选项卡

图 3-13 "视图"选项卡

5. 帮助按钮

在功能选项卡的右端有一个帮助按钮,单击它可以打开相应组件的帮助窗口,在其中可以查找到用户需要的帮助信息,如图 3-14 所示。

图 3-14 "Word 帮助"窗口

6. 文档编辑区

文档编辑区是 Word 窗口的主要组成部分,它位于程序窗口的中心位置,以白色显示。文档编辑区就是输入文本、编辑文档的区域,用户对文本进行的各种操作结果都显示在该区域中。

7. 状态栏和视图栏

状态栏位于窗口最底端,它显示了当前文档的页数、总页数、字数、当前文档检错结果和输入法状态等内容。

在状态区域右侧是视图栏,它包括视图按钮组、当前页面显示的比例和调节页面显示比例的控制杆。单击不同的视图按钮可使用不同的视图模式查看文档内容。

8. 滚动条

窗口右边和底部配有滚动条,把鼠标放在滚动箭头上并按下不放,就能逐一移动窗口里的文档;单击滚动箭头("前一页"或"下一页")一次,就会向前或向后翻一页。沿着长方条滑动的小方框叫"滚动框"或"滑标",它显示了当前窗口在整个文档中的相对位置。

3.2.3 Word 2007 的帮助功能

和其他 Windows 应用程序一样,用户可以轻松地利用 Word 2007 提供的帮助系统来获得所需的帮助信息。使用 Office Word 提供的帮助系统的具体操作步骤如下:

单击选项卡所在行右侧的"Microsoft Office Word 帮助"按钮,即可打开"Word 帮助"对话框,如图 3-14 所示。根据需要在"Word 帮助"对话框中选择自己需要的帮助内容,如单击"激活 Word"超链接,可以看到"主题'激活 Word'"选项区。在"主题'激活 Word'"选项区中,选择"激活 Microsoft Office 程序"选项,用户就可以查看到如何激活 Microsoft Office 程序的相关内容了。

3.2.4 文件的新建、保存、打开与关闭

1. 创建文档

启动 Word 2007 后,系统自动建立一个名字为"文档 1. docx"的空文档,用户可以在工作区中输入内容,其内容可以是文字、表格、图片等各种对象。然后存入磁盘中,于是就建立了一个新文档。创建新文档有两种方法。

(1) 利用 Office 按钮来创建文档,具体的操作步骤如下:

单击 Office 按钮,打开一个下拉菜单。在打开的下拉菜单中选择"新建"选项,打开"新建文档"对话框。单击"创建"按钮,即可创建一个新的文档。

（2）利用"快速访问工具栏"来创建新文档，具体的操作步骤如下：

单击"快速访问工具栏"右侧的下拉按钮，打开一个下拉菜单。在打开的下拉菜单中单击"新建"选项，"新建"按钮出现在快速访问工具栏中。单击快速访问工具栏中的"新建"按钮，即可完成一个新文档的创建。

除了创建空白文档外，用户还可以新建特殊文档，如发布博客、练习书法或写文章等，新建它们的方法略有不同，具体的操作步骤如下：

单击 Office 按钮或选择"新建"命令，打开"新建文档"对话框，如图 3-15 所示。在"模板"栏中选择"空白文档和最近使用的文档"选项。单击中间窗格中的"新建博客文章"按钮。单击"创建"按钮即可。

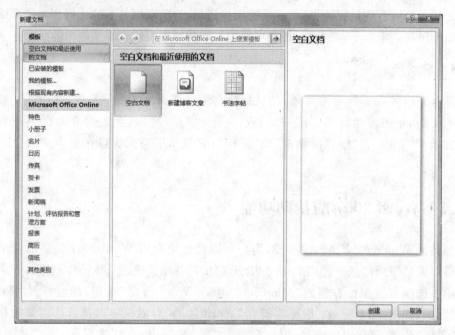

图 3-15 "新建文档"对话框

如果是首次使用 Word 2007 来制作博客文档，系统将提示用户注册博客账号，用户可按照提示将已经申请好的博客账号注册到 Word 2007 中。

Word 创建新文档总是以某一种模板为基础。通常使用的是系统默认的模板，即 Normal 模板，该模板中定义了普通文档的基本格式，也可以利用其他的模板来建立如信件、报告、传真等格式的新文件。

2. 文档的保存

首次将文档内容存储到磁盘上时，要给该文档重新命名，尽量不要用临时文档名"文档 1"等作为文件名。文件名可以是中文，也可以是英文，最好既简单又能反映文档的内容。保存文档分两种情况，一是保存编辑的文档，二是另存备份文档。

（1）保存编辑的文档

保存编辑的文档的具体操作步骤如下：

在当前的文档中单击"快速访问工具栏"中的"保存"按钮，打开"另存为"对话框，如图 3-16 所示。在"保存位置"下拉列表框中选择文档的存储位置。在"文件名"下拉列表框中输入具体的文件名。在"保存类型"下拉列表框中选择文档类型如"Word 97-2003 文档"。最后单击"保存"按钮，即可将文档保存到指定位置处。

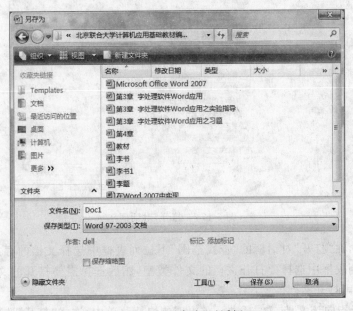

图 3-16 "另存为"对话框

（2）备份文档

一般情况下，对于一些重要的文档，用户应当做一个或多个备份，备份文档的具体操作步骤如下：

单击 Word 2007 左上角的 Office 按钮。在打开的下拉菜单中选择"另存为"命令，其余步骤同保存编辑的文档一样。在此不再赘述。

3. 打开文档

打开文档就是将 Word 文档调到内存并显示在屏幕的工作区内，打开 Word 文档的方法有很多种。

（1）在已打开 Word 2007 的情况下打开 Word 文档

在用户已经打开 Word 2007 的情况下，如果需要用到其他类型的 Word 文档，也可将所需的文档打开，具体的操作步骤如下：

单击 Word 2007 左上角的 Office 按钮。在打开的下拉菜单中选择"打开"命令，打开"打开"对话框，如图 3-17 所示。选择文档所在的位置，并选择所需的 Word 文档，单击"打开"按钮，即可打开所需的文档。

（2）在没有打开 Word 2007 的情况下打开 Word 文档

如果要在没有启动 Word 2007 的情况下打开所需文档，方法有两种：

① 启动 Word 2007，单击 Word 2007 左上角的 Office 按钮。在打开的下拉菜单中选

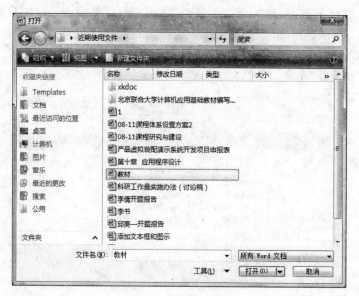

图 3-17 "打开"对话框

择"打开"命令,在"打开"对话框的"查找范围"下拉列表框中选择文档的存放位置,在"文件类型"下拉列表框中选择要打开文档的文件类型,然后选择需要打开的文档,最后单击"打开"按钮即可打开文档。

② 用鼠标指向该文档,右击鼠标,在出现的快捷菜单中,选择"打开"选项。

4. 关闭文档

在编辑完文档并保存后,可以关闭文档以减小内存占用空间。这时用户可以关闭一些文档,来提高 Word 的性能。

如果文档修改后没有保存,Word 在关闭文档时会弹出提示对话框,提示用户是否保存文件。

关闭一个文档的具体操作步骤如下:

定位到要关闭的文档,单击 Office 按钮,在打开的下拉菜单中单击"退出 Word"按钮,即可退出程序,或单击文档窗口"关闭"按钮,当前文档将被关闭。

3.3 文字的录入与编辑

编辑 Word 文档的第一步就是录入文字,然后才是对文档进行编辑修改。本节主要介绍有关文字的录入与编辑修改操作。

3.3.1 文字的录入

Word 2007 的主要功能就是对文本进行输入和编辑,而文本的录入是文本编辑最基本的操作,掌握它是学习文字编排的关键。录入总是从插入点开始,在新建空文档中,插入点通常位于首行首列。随着文本的录入,插入点自动后移,被录入的文本同时在屏幕上显示,可以分别利用鼠标和键盘来定位插入点的位置。

1. 输入文字

新建一个文档后,编辑窗口内就会出现一个闪烁的光标,用户输入的文字会插入到光标所在的位置上,同时光标会自动向右移动。输入到 Word 中的文字可能是英文,也可能是中文。如果要录入的文字是汉字,可以切换到汉字输入状态。当输入到每行的结尾时,Word 会自动换行。输入文字时若按下 Enter 键即会插入一个段落标记,并将光标移动到新的一段的行首。

中文和英文的输入法不同,两种输入法不能同时使用,因此录入一篇既含中文又含英文的文档时必须交替使用这两种输入法。

(1) 输入英文

启动 Windows 后,它默认的状态是英文输入状态(在任务栏的右边有一个键盘形状的图标),处于英文输入状态时,可以在文档中输入英文字符或数字。

(2) 输入中文

如果要输入中文汉字,需要把英文输入状态转换为汉字输入状态。转换的方法为:

用鼠标单击键盘形状的按钮,会出现 3.1.1 节中图 3-1 所示的输入法菜单。从中选择 Word 2007 自带的一种输入法"微软拼音输入法 2007",这时就可以输入汉字了。

按下键盘上的任意键后,文字将被输入到光标所在的位置。当输入的文字满一行时,Word 会自动从当前行移到下一行,这称为整字换行;也可以在需要的地方使用 Enter 键来强制执行。当你输入完一整段文字后,重新输入另一段时,也需要按 Enter 键换行。

2. 输入标点符号

若一篇文档只有文字而没有标点符号,阅读起来就会觉得很费力,且还可能引起误解。常用标点符号的输入可直接从键盘上输入,个别标点符号可配合 Shift 键来完成输入。

3.3.2 文字的选择

在 Word 中编辑文档要遵循"先选择,后操作"的原则,即在执行操作之前,必须指明操作对象,然后才能执行具体操作。如删除、移动和修改等操作是编辑 Word 文档过程中常用的编辑操作,但在执行这些操作之前应先对文档进行选定操作。选定操作是指用鼠标选中需要修改的文字,而用鼠标单击并拖曳是选择文本最常用的方法。下面介绍光标及其移动。

光标所在的位置在 Word 中称为插入点或者当前位置。光标移动是指光标在 Word 文档编辑区内的水平、垂直或滚屏运动。

我们常用的移动光标的快捷键,如表 3-1 所示。

表 3-1　移动光标的快捷键

快 捷 键	功　　能	快 捷 键	功　　能
↑	将光标上移一行	Page Down	将光标后移一页屏幕
↓	将光标下移一行	Home	将光标移到所在行的行首
←	将光标左移一个字	Ctrl＋Home	将光标移到当前文档的起点
→	将光标右移一个字	End	将光标移到所在行的行尾
Page Up	将光标前移一页屏幕	Ctrl＋End	将光标移到当前文档的终点

在对某段文字进行处理之前,需要先选择它们,然后再对它们进行处理。通过鼠标、键盘或者两者的结合操作,可以选定连续文本或者非连续文本,区域选定的常用方法如表 3-2 所示。

表 3-2　区域选定的常用方法

功　　能	操　　作
选择一个单词	双击一个单词上任何一处
选择整行	将鼠标移到该行的行首,当鼠标指针变为 时,单击鼠标左键
选择整个句子	按住 Ctrl 键的同时单击该句子的任何一处
选择整个段落	将鼠标移到该段段首,当鼠标指针变为 时,双击鼠标左键
选择整个文档	按 Ctrl＋A 键
选择文档的大部分	只需单击要选部分的起点,然后移动到该部分的终点,按下"Shift"键的同时再次单击鼠标左键
选中矩形区域	按下 Alt 键的同时用鼠标圈选所需区域
非连续区域	先选定一个区域,按住 Ctrl 键,再选定所需的其他区域

3.3.3　文字的编辑

Word 的主要功能就是可以方便地进行输入和编辑文本的操作。现在我们就来介绍一些文档的基本编辑操作,包括文本的删除、复制、移动、撤销和查找替换等操作。

1. 删除操作

删除操作就是将不需要的内容或输入过程中输入错误的内容,使用键盘命令将其去掉。常用删除文字的方法有以下 3 种:

（1）使用 Delete（删除）键

删除所选的内容,此内容可以是文字、图片或标点符号等。

（2）使用 Back Space（退格）键

当光标呈现插入点状态时,每次按下 Backspace 键后,插入点左边的文字就会被删除。

（3）覆盖

利用新的数据或者文本直接替换所选内容的方法称为覆盖。覆盖操作可以减少操作步骤，提高编辑速度。

2. 复制操作

对于文档中重复部分内容的输入，可通过复制、粘贴操作来完成，通过这样的操作可大大提高编辑文本的效率。使用复制操作首先要选中要复制的内容，此时被选中的文字呈突出显示状态，可使用 4 种方法对文本进行复制操作。

① 在"开始"选项卡中的"剪贴板"选项组中，单击"复制"按钮。

② 单击鼠标右键，在弹出的快捷菜单中选择"复制"选项。

③ 按 Ctrl＋C 键对选中的文字或段落进行复制。

以上 3 种方法执行后，把插入点移动到文本要复制的目标位置，然后在"开始"选项卡中的"剪贴板"选项组中，单击"粘贴"按钮（或者按 Ctrl＋V 键），文本就复制到指定的位置了。

④ 利用鼠标拖曳的方法完成复制操作。具体操作步骤是：先选定要复制的对象，再将鼠标指向它，当指针变为空心箭头时，按下 Ctrl 键的同时按住鼠标左键并拖动鼠标至要插入"副本"的位置，松开鼠标左键和 Ctrl 键即可。

3. 移动操作

移动操作就是使用剪贴板将文本从文档的某处移到另外的地方，与使用复制操作相同，首先选中要移动的文本，然后对选中的文本进行剪切操作，可以使用下列 4 种方法进行剪切操作：

① 在"开始"选项卡中的"剪贴板"选项组中，单击"剪切"按钮。

② 单击鼠标右键，在弹出的快捷菜单中选择"剪切"选项。

③ 按 Ctrl＋X 键对选中的文字进行剪切。

以上 3 种方法执行后，把插入点移动到文本要移动的目标位置，然后在"开始"选项卡中的"剪贴板"选项组中，单击"粘贴"按钮（或者按 Ctrl＋V 键），文本就移动到指定的位置了。

④ 利用鼠标拖曳的方法完成移动操作。具体操作步骤是：先选定要移动的文本对象，再将鼠标指向它，当指针变为空心箭头时，按住鼠标左键拖动到目标处后松开鼠标左键即可。

4. 撤销操作

撤销操作就是将编辑过程中的上一步操作进行撤销，然后继续对文档进行操作。方法是单击快速访问工具栏上的"撤销"按钮，文档即可恢复到上一步的状态。

5. 恢复操作

执行撤销操作后,可以通过单击快速访问工具栏上的"恢复"按钮来更正撤销操作,直到恢复成未做撤销操作前的状态。并不是所有的操作都可以撤销,如保存文档操作。另外,如果在执行"撤销"操作后又执行了其他操作,"恢复"操作就不能恢复被撤销的操作了。

3.3.4 文字的查找、替换与定位

在输入一篇较长的文档后,经检查发现把一个重要的字或词全都输错了,如把"图像"都写成了"图象",如果对其逐个修改会花费大量的时间和精力。为此,Word 提供了强大的查找和替换功能,能很快地解决这个问题。

通过 Word 提供的查找和替换功能可查找文档中存在的一个字、一句话、一段内容或者一些符号,还可以根据需要来替换某个内容。

1. 文字的查找

查找文字的具体操作步骤如下:

在当前的 Word 文档中,将光标定位到文档开头,单击"开始"选项卡。在"编辑"选项组中单击"查找"按钮,打开"查找"下拉菜单。在"查找"下拉菜单中,选择"查找"选项,打开"查找和替换"对话框,如图 3-18 所示。在"查找内容"文本框中输入要查找的具体内容。单击"在以下项中查找"下拉按钮,打开一个下拉菜单。在打开的下拉菜单中选择"当前所选内容"选项,查找结果。

图 3-18 "查找和替换"对话框中"查找"选项卡

2. 文字的替换

在当前的 Word 文档中,将光标定位到文档开头,单击"开始"选项卡。在"编辑"选项组中单击"替换"按钮,打开"查找和替换"对话框,在"查找内容"文本框中输入要查找的具体内容,在"替换为"文本框中输入要替换的内容。单击"更多"按钮,打开"查找和替换"对话框的扩展栏,如图 3-19 所示。在"搜索选项"选项区中选择所需选项。单击"替换"按钮,可以替换指定内容,而单击"全部替换"按钮,则替换所有指定内容。单击"关闭"按钮,

则退出"查找和替换"对话框。

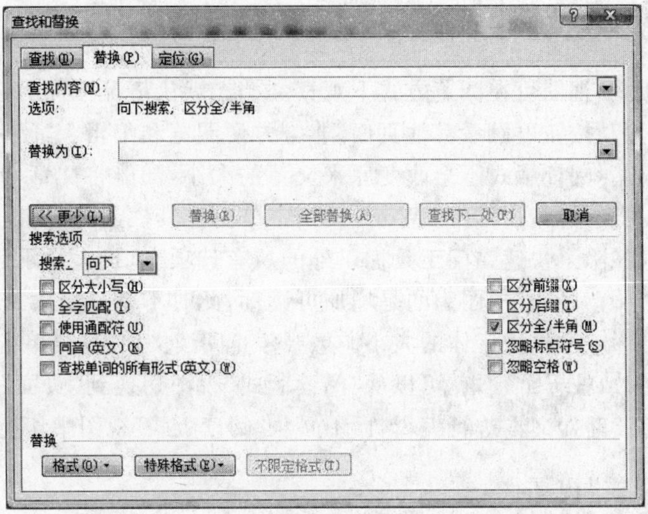

图 3-19 "查找和替换"对话框中"替换"选项卡

3. 定位

在当前的 Word 文档中,将光标定位到文档开头,单击"开始"选项卡。在"编辑"选项组中单击"查找"按钮,打开"查找"下拉菜单,在"查找"下拉菜单中,选择"转到"选项,打开"查找和替换"对话框,此时被选中的是"定位"选项,如图 3-20 所示。用户可利用其定位"页"、"行"等内容。单击"关闭"按钮,则退出"查找和替换"对话框。

图 3-20 "查找和替换"对话框中"定位"选项卡

3.3.5 文档视图

1. "页面"视图

"页面"视图就是我们平时编辑文档时的方式,它可以显示出页面大小、布局,编辑页眉和页脚,查看、调整页边距,处理分栏及图形对象。在"页面"视图中可以"查看打印出来的页面",同时也允许编辑。通过该视图可观察文档打印出来的样子。该视图在检验文档的最终外观时非常有用。

2．"阅读版式"视图

单击"阅读版式"视图可在阅览方式下观察文档。默认情况下同时显示两页（允许多页），通过鼠标的滚动按钮可翻看其他页面，非常方便阅览和编辑。"阅读版式"视图最适合长篇文章的阅读。阅读版式不会改变原来文章的大小，却能将文章自动分成多屏。要使用"阅读版式"视图只需在打开的 Word 文档中单击工具栏上的"阅读"按钮即可。"阅读版式"视图会隐藏除了快速访问工具栏以外的所有选项卡，扩大显示区，方便用户进行审阅编辑。使用"阅读版式"视图为的是增加可读性，此时不管是增大或减小文本显示区域的尺寸，都不会影响文档中字体的大小。想要停止阅读文档，只要单击"阅读版式"工具栏上的"关闭"按钮或按 Esc 键，就可以从"阅读版式"视图切换到"页面"视图。如果要修改文档，可以在阅读时对文本进行编辑，而不必从"阅读版式"视图中切换出来。

3．"Web 版式"视图

"Web 版式"视图可以预览具有网页效果的文本，它能将文档在屏幕上显示为 Web 页。在这种方式下，你会发现原来换行显示两行的文本，重新排版后在一行中就全部显示出来了。使用"Web 版式"视图可快速预览当前文本在浏览器中的显示效果，便于进一步的编辑。

在"Web 版式"视图中，需要注意在"Web 版式"视图中，不能在文档中插入页码；"Web 版式"视图可用于制作 Web 网页；"Web 版式"视图在浏览器中显示时，可以自动分页；在"Web 版式"视图中不显示标尺，也不分页，所以没有分页线。

4．"大纲"视图

"大纲"视图用于为文档列出大纲和组织文档。在"大纲"视图下既可查看文档的主标题，也可显示整个文档。

5．"普通"视图

"普通"视图可用于基本的输入和编辑操作，它显示的是一个简单的文档版本，如果行编号打开了，就必须进入"普通"视图来查看。

除了上述介绍的 5 种视图方式以外，还有两种视图方式是我们经常用到的，它们分别是"文档结构图"和"打印预览"。

"文档结构图"是一个位于文档窗口左侧的纵向窗格，此窗格显示文档标题的大纲。它非常适合文档的输入和排版，使读者对文档的结构一目了然。它与"大纲"视图一样采用层次结构来管理文档，能够显示文档的标题列表。使用"文档结构图"可以对整个文档进行快速浏览，同时还能够跟踪用户在文档中的位置，具体的操作步骤如下：

打开"视图"选项卡，在"页面"视图中编辑文档。选中一个标题。单击"开始"选项卡。在"样式"选项组中选择一个标题样式选项，选中的文字将被设置为该标题样式。使用同样的方法，用户可以将其他的标题也设置为相应的样式。而后选择"视图"选项卡，在"显示/隐藏"选项组中,选中"文档结构图"复选框,此时在文档窗口左侧将打开纵向窗格显示"文档结构图",如图 3-21 所示。单击左侧纵向窗格中的"缩略图"选项,可浏览页面的内容。

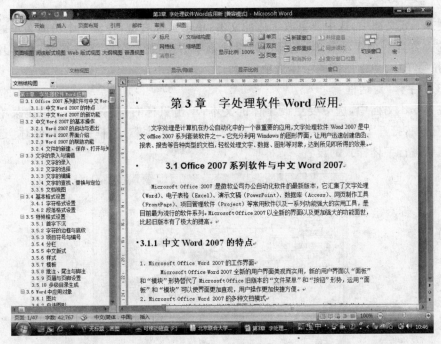

图 3-21　文档结构图

3.4　基本格式设置

录入好文档的内容后,需要对文档进行外观设计和排版操作,即对文档进行格式化。Word 通过格式化字符、格式化段落和格式化页面来分别修饰文档的不同部分。

3.4.1　字符格式设置

字符的格式包括对字符的字体、字号、颜色、字形、间距等项的设置。如果不对文本的格式进行设置,既不可能突出重点,也毫无美观可言。因此,选择合适的格式内容,不仅可以美化文档,也可让文档层次清晰、轻重分明。

1. 设置字体

字体是指文字的标准外观形状。在 Word 文档中,输入的文本默认为"宋体",若要更改字体,可以通过"字体"选项组、"字体"浮动菜单和"字体"对话框这 3 种途径对字体进行设置。

（1）"字体"选项组

在 Word 文档中，选中要更改字体的文本；在"开始"选项卡的"字体"选项组中，单击"字体"下拉按钮；在打开的"字体"下拉菜单中，单击所需的字体选项即可。

（2）"字体"浮动菜单

在 Word 文档中，选中要更改字体的文本；单击鼠标右键，弹出一个快捷菜单，在快捷菜单的上方有一个浮动菜单；在弹出的浮动菜单中，单击"字体"下拉按钮；在打开的"字体"下拉菜单中，单击所需的字体选项即可。

（3）"字体"对话框

在 Word 文档中，选中要更改字体的文本；单击鼠标右键，弹出一个快捷菜单，单击"字体"选项，打开"字体"对话框，如图 3-22 所示，在"字体"对话框中选择"字体"选项卡，根据需要进行字体样式的设置。

图 3-22 "字体"对话框

2. 设置字号

字号是指文字的标准大小。在 Word 文档中，输入文本的默认字号为"五号"。一般情况下，字号有两种表示方法：一种是汉字字号，另一种是磅数，用阿拉伯数字表示。

其实两种表示方法的实际效果基本上是相同的，只是在使用的领域和使用者的习惯方式上存在着不同。

设置文字字号的方法有如下 3 种。

① 在"开始"选项卡的"字体"选项组中，单击"字号"下拉按钮；在弹出的"字号"下拉菜单中可以选择字号的大小。

② 在"字体"对话框中也可以设置字号的大小。

③ 单击鼠标右键，在弹出的快捷菜单上方出现的"字体"浮动菜单中可以设置字号的大小。

大学计算机应用基础

3. 设置字形

字形是指文字的显示效果,有"常规"、"倾斜"、"加粗"和"加粗倾斜"4 种状态,在 Word 文档中,输入文本的默认字形为"常规"状态。

字形的设置方法与设置字号一样,同样有 3 种方法。

① 在"开始"选项卡的"字体"选项组中,单击各个状态按钮,就可以设置字形了。

② 在"字体"对话框中可以设置字形。

③ 单击鼠标右键,在弹出的快捷菜单上方出现的"字体"浮动菜单中,单击各个状态按钮来设置字形。

4. 设置字体颜色

字体颜色是指字体的标准显示色彩。在 Word 文档中,输入文本的默认显示颜色是黑色,有时为了突出显示某些文字,可以将其设置成其他颜色。

设置字体颜色的具体操作步骤如下:

选中需要改变颜色的文本;在"字体"选项组中单击"字体颜色"下拉按钮,打开"字体颜色"下拉菜单;单击所需的颜色块;若在下拉列表框中没有需要的颜色,可以选择"其他颜色"选项,打开"颜色"对话框,如图 3-23 所示;在"颜色"对话框的"标准"选项卡中,根据需要对字体颜色进行选择;若仍没有需要的颜色,可在"颜色"对话框的"自定义"选项卡中,根据需要对字体颜色进行选择;最后单击"确定"按钮,即可完成字体颜色的设置。

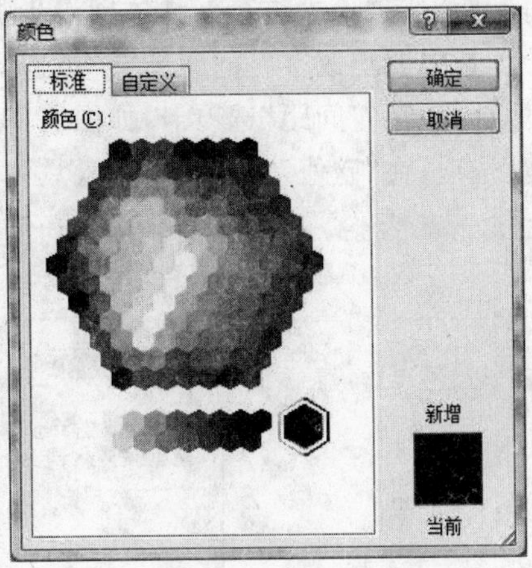

图 3-23 "颜色"对话框

同样也可以在"字体"对话框中设置字体颜色。

5. 其他字符格式设置

在 Word 文档中还可以为选定的字符添加下划线、设置边框、设置底纹等,还可以对字符进行横向缩放。

字符的特殊格式及其设置方法如下。

下划线:即在文本正下方的一条横线,可以单击"字体"选项组中的"下划线"下拉按钮,在下拉菜单中选择下划线的样式。

删除线:即在文本中间出现一条直线,含义是将文本删除,可以单击"字体"选项组中的"删除线"按钮来进行设置。

字符缩放:即改变字符的高宽比例,对字符进行"拉长"或"压扁"处理。字符的高宽比例以百分数来表示,字符默认的高宽比例默认为 100%。在"字体"选项组中,单击"字符缩放"按钮,可以实现字符的缩放。

上标和下标：即文字的特殊效果，主要用在数学公式和化学方程式中，可以单击"字体"选项组中"上标"按钮或"下标"按钮来进行设置。

字符底纹：即整行文本添加底纹背景，可以单击"字体"选项组中的"字符底纹"按钮来实现。

字符边框：即一组字符或句子周围应用边框，可以单击"字体"选项组中的"字符边框"按钮来实现。

此外，还可以设置许多其他的文字特殊效果，可以在"字体"对话框的"效果"选项组中设置多种文字效果。

6. 设置字符间距

字符间距是指相邻两个字符之间的距离。通过调整字符之间的距离，可以改变一行文本的字数，这是文档编排中常用的一种操作。更改字符间距需要在"字体"对话框的"字符间距"选项卡中进行。具体操作步骤如下：

选中要更改字符间距的文本；选择"开始"选项卡，单击"字体"按钮，打开"字体"对话框，选择"字符间距"选项卡，如图 3-24 所示，单击"间距"文本框右边的下拉箭头，选择"加宽"选项；在"磅值"数值框中输入具体值，输入完成后单击"确定"按钮。

图 3-24 "字符间距"选项卡

3.4.2 段落格式设置

段落是 Word 文档中最重要的组成部分，设置段落可以使文档的结构清晰、层次分明。在设置段落格式时，用户可以根据实际需要为段落设置对齐方式、段落间距、行间距等。

Word 中的段落(结束)标记是回车符。即使是空格,只要末尾出现回车符,则看作是一个段落。段落标记不仅标识一个段落的结束,还存储了该段落的格式。若删除了某段落的段落标记,则同时删除了该段落的格式,使该段落和下一段落合并为一段,且使用下一段落的格式。每按一次 Enter 键,都会插入一个段落标记,同时开始一个新的段落,并且新的段落将继续使用前一段落的格式。

1. 对齐方式

对齐是调整段落在文档中的相对位置的操作。对齐方式是指文本在页面上的分布规则,它有两种类型:水平对齐方式和垂直对齐方式。

(1) 水平对齐

在"开始"选项卡的"段落"选项组中,可以使用下列 5 种方式来完成水平对齐。

左对齐:即将光标定位到要对齐的文本,单击"段落"选项组中的"左对齐"按钮,文本即向左对齐排列。

居中:即将光标定位到要对齐的文本,单击"段落"选项组中的"居中"按钮,将文本居中排列。

右对齐:即将光标定位到要对齐的文本,单击"段落"选项组中的"右对齐"按钮,文本即向右对齐排列。

两端对齐:即将光标定位到要对齐的文本,单击"段落"选项组中的"两端对齐"按钮,同时将文本对齐左边距和右边距,并根据需要增加词间距。Word 中默认的对齐方式为两段对齐方式。

分散对齐:即将光标定位到要对齐的文本,单击"段落"选项组中的"分散对齐"按钮,段落将同时对齐左边距和右边距,并根据需要增加词间距。

以上 5 种水平对齐也可以通过单击"开始"选项卡中的"段落"选项组,单击"段落"按钮,在打开的"段落"对话框中,选择"缩进和间距"选项卡,如图 3-25 所示,在"常规"区域中的对齐方式内完成设置。

(2) 垂直对齐

顶端对齐:以同一行中的所有内容的顶端对齐。

居中:以同一行中的所有内容的水平中轴线对齐。

基线对齐:同一行中的所有内容相对于基线对齐。

底端对齐:以同一行中的所有内容的底端对齐。

自动设置:系统根据实际情况自动决定对齐方式。

只能在"段落"对话框中的"中文版式"选项卡中完成段落垂直对齐方式的设置,具体操作步骤如下。

在"开始"选项卡的"段落"选项组中,单击"段落"按钮,在打开的"段落"对话框中,选择"中文版式"选项卡,如图 3-26 所示,单击"文本对齐方式"下拉列表框,从中可以设置段落的垂直对齐方式。

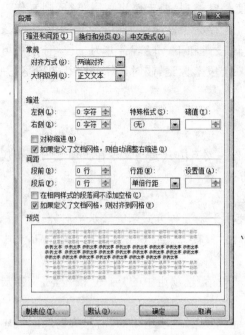

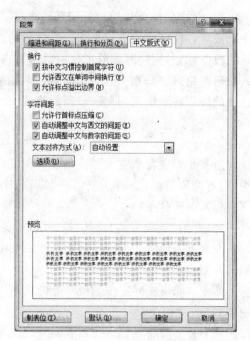

图 3-25 "缩进和间距"选项卡　　　　　图 3-26 "中文版式"选项卡

2. 调整行距

行间距是指一个段落中相邻两行文本之间的垂直距离。Word 中默认的行距为一个行高,当字体发生变化或行中插入了图形时,Word 会自动调整行高。调整行距的具体操作步骤如下。

单击要改变行距的段落,或选中要改变行距的多个段落;在"开始"选项卡的"段落"选项组中单击"行距"下拉按钮,弹出一个下拉列表框;单击相应的数值,即可为选中的段落设置需要的行距。要精确行距,需在选定的段落中右击鼠标,在弹出的快捷菜单中选择"段落"选项,打开"段落"对话框;在"缩进和间距"选项卡中的"间距"选项区中,设置"行距"的类型和值(见图 3-25)。

在行距下拉列表框中有许多选项,它们的作用如表 3-3 所示。

表 3-3　行距下拉列表框中的各选项及其作用

行　　距	作　　用
单倍行距	每一行的行距为该行最大字体的高度加上一点额外的间距,额外间距值取决于所用的字体
1.5 倍行距	单倍行距的 1.5 倍
2 倍行距	单倍行距的 2 倍
最小值	能容纳下本行中最大字体或图形的最小行距
固定值	行距固定,系统不能进行自动调整
多倍行距	单倍行距的若干倍,倍数可以在"设置值"数值框中设定

3. 调整段落间距

段落间距就是段落与段落之间的距离,包括段前间距和段后间距两种。

段落间距的设置需要通过"段落"对话框来完成,具体操作步骤如下。

选择要改变段落间距的段落;单击"段落"选项组旁边的"段落"按钮,打开"段落"对话框;在"间距"选项区的"段前"右边的数值框中设置段前的间距;在"段后"右边的数值框中设置段后的间距;完成后单击"确定"按钮即可。

4. 段落的缩进

缩进是一个段落的首行、左边和右边与页面的左边和右边,以及它们相互之间的距离关系。为段落选择不同的缩进方式可以让段落呈现出不同的层次效果,有利于增强文档的层次感。段落缩进有 4 种方式,如表 3-4 所示。

表 3-4　段落缩进方式

缩进方式	说　明	备　注
左缩进	设置段落左边起始位置离正文左边框的距离	将光标定位在段落除第一行以外的任意行行首,按下键盘上的 Tab 键可以增加左缩进
右缩进	设置段落右边起始位置离正文右边框的距离	
首行缩进	设置段落第一行起始位置与段落左边沿的距离	将光标定位在段落第一行的行首,按下键盘上的 Tab 键可以增加首行缩进
悬挂缩进	设置段落中除了第一行以外所有行的起始位置与第一行起始位置间的距离	

设置缩进的方法有两种:一种是使用"段落"对话框进行设置;另一种是使用"标尺"进行设置。

(1) 使用"段落"对话框

在"段落"对话框中,在"缩进和间距"选项卡的"缩进"选项区中可以设置段落的缩进(见图 3-25)。

(2) 使用标尺

在打开的 Word 窗口中,一般情况下都显示有标尺。若没有显示标尺,可以选择"视图"选项卡,在"显示/隐藏"选项组中选中"标尺"复选框。这时水平标尺和垂直标尺就会同时出现在窗口中。在水平标尺上有几个特殊的小滑块,分别用来调整"左缩进"、"右缩进"、"首行缩进"、"悬挂缩进"、"刻度值"和"制表符按钮"的段落缩进量。

水平标尺中各滑块的功能如表 3-5 所示。

表 3-5　水平标尺中各滑块的功能

缩进方式	作　用
左缩进	控制段落相对于左页边距的缩进量
右缩进	控制段落相对于右页边距的缩进量

缩 进 方 式	作　　用
首行缩进	控制选中段落的第一行相对于左页边距的缩进量
悬挂缩进	控制选中段落除第一行以外的其他行相对于左页边距的缩进量
刻度值	标记文档的水平位置
制表符按钮	制表位的设置标志

除了上述两种对段落缩进进行设置的方法外,还可以在"页面布局"选项卡的"段落"选项组中对缩进的方式和段落间距进行设置。

3.5　特殊格式设置

在基本格式设置的基础上,Word 还可以进行很多其他格式的编排,本节将逐一介绍这些格式的应用。

3.5.1　首字下沉

使用"首字下沉"选项可以给段落增色,它能方便地把段落的第一个字符设置成一个大型的下沉字符,以达到引人注目的效果。

Word 2007 中仍然保留有首字下沉的功能。只不过打开对话框的菜单有所变化。首先将鼠标定位于要设置"首字下沉"的段落中,单击"插入"选项卡的"文本"选项组中的"首字下沉"按钮,打开一个下拉菜单,然后在下拉菜单中选择"首字下沉选项"命令,就可以打开"首字下沉"对话框,如图 3-27 所示,并在"首字下沉"对话框中进行设置。

图 3-27　"首字下沉"对话框

3.5.2　字符的边框与底纹

在 Word 中,为了使文档中的某些文字或段落更加突出和醒目,可以通过在"开始"选项卡的"段落"选项组中单击"边框"下拉按钮,弹出一个下拉列表框;选择"边框和底纹"选项,打开"边框和底纹"对话框,如图 3-28 所示。"边框和底纹"对话框中有 3 个选项卡,它们分别是"边框"、"页面边框"和"底纹"。

"边框"选项卡可以为选定的文本或段落添加边框,它的"设置"选项按钮可以选择边框的类型,利用"线型"、"颜色"、"宽度"列表框来选择边框的线型、颜色和边框线宽度。在"预

图 3-28 "边框和底纹"对话框中的"边框"选项卡

览"选项中,单击某一边或对应的按钮,可设置或取消段落中同一侧的边框线(见图 3-28)。

"底纹"选项卡可给选定的段落添加底纹、设置背景的颜色和图案(见图 3-29)。

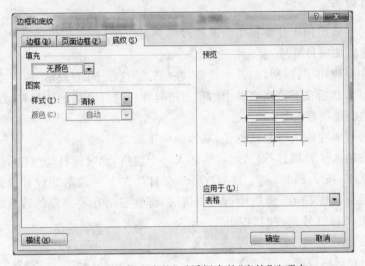

图 3-29 "边框和底纹"对话框中的"底纹"选项卡

"页面边框"选项卡只能给页面添加边框,其中还包含艺术型页面边框(见图 3-30)。

3.5.3 项目符号与编号

在文档中使用编号或项目符号来组织文档,可以使文档层次分明、条理清晰、内容醒目。项目符号是为某些段落添加的标记。编号是指在某些段落前面添加的有一定顺序的数字或字母。Word 2007 不仅具有编号和项目符号的功能,还可以构成多级列表,使文档一目了然。

图 3-30 "边框和底纹"对话框中的"页面边框"选项卡

1. 项目符号

项目符号一般应用于使文档中的某些段落突出显示。

（1）快速添加项目符号

首先选中要应用项目符号的几个段落，在"开始"选项卡的"段落"选项组中单击"项目符号"下拉按钮，然后在下拉列表框中的项目符号库中选择合适的项目符号即可。

（2）自动创建项目符号

项目符号可以在输入时自动创建，具体操作步骤如下：

在段前先输入一种项目符号，然后再输入一个空格，此时就自动创建了项目符号。输入任何所需文字，按下 Enter 键。这时 Word 会自动在下一段落的段首也插入相同的项目符号。以后每次按 Enter 键创建新的段落时，都会自动在下一段的段首添加一个项目符号。要结束项目符号列表时，按下 Back Space 键删除列表中的最后一个项目符号即可。

图 3-31 "定义新项目符号"对话框

（3）使用对话框设置项目符号

若列表框中不存在所需的项目符号，则可以按下列步骤操作：

单击"段落"选项组中的"项目符号"下拉按钮，从下拉菜单中选择"定义新项目符号"命令，打开"定义新项目符号"对话框，如图 3-31 所示，单击"符号"按钮，打开"符号"对话框，如图 3-32 所示，单击选中一种符号。单击"确定"按钮，返回到"定义新项目符号"对话框，再次单击"确定"按钮，应用所选的项目符号。

大学计算机应用基础

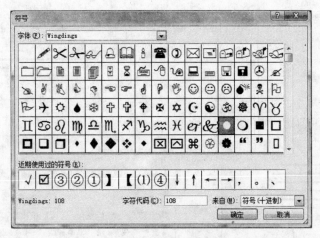

图 3-32 "符号"对话框

2. 项目编号

编号是一种数字类型的连续编号,为文档添加项目编号的方法有 3 种。

(1) 快速添加项目编号

首先选中要应用项目编号的几个段落,在"开始"选项卡的"段落"选项组中,单击"编号"下拉按钮,从编号库中的 8 种不同的编号方式中任选一种即可。

(2) 自动创建项目编号

编号的自动创建于项目符号的自动创建方法一样,此处不再赘述。

(3) 使用对话框设置项目编号

若列表框中不存在所需的编号方式,则可以选择"定义新编号格式"选项,打开"定义新编号格式"对话框,如图 3-33 所示,可以根据需要在"编号格式"文本框中输入想要的编号方式即可。

3. 多级列表

多级列表的使用,能清晰地表现复杂的文档层次。例如我们要创建一个如图 3-34 所示的多级列表,其具体的操作步骤如下:在"开始"选项卡的"段落"选项组中单击"多级列表"下拉按钮,在打开的下拉菜单中选择一种编号类型,若下拉列表框中没有用户想要的编号类型,则可以选择"定义新的多级列表"选项,打开"定义新的多级列表"对话框,在"单击要修改的级别"列表中选择 1,打开"此级别的编号样式"下拉列表框,并按要求选择"一,二,三(简)…"选项,然后将光标定位到"输入编号的格式"文本框中,删除"一"后面的".",并在"一"前录入"第"字,在"一"后录入"章"字,以此类推,分别设置 2 级编号为"一,二,三(简)…",3 级编号为"1,2,3…",4 级编号为"(1),(2),(3)…"。

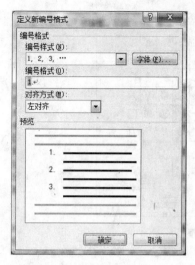

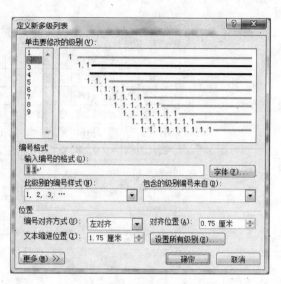

图 3-33　"定义新编号格式"对话框　　　　　图 3-34　"定义新多级列表"对话框

3.5.4　分栏

　　用户可能会看到有的书里的版面设计是一页分成两栏或多栏的,这就是我们要学习的分栏的效果。分栏是指将页面分为横向的多个栏,文档内容在其中逐栏显示。利用"分栏"命令用户可以很方便地设置任意栏数的分栏,并且可以随意地更改各栏栏宽和栏间距。具体的操作步骤如下。

　　在当前文档中,选定需要分栏的文本。选择"页面布局"选项卡,在"页面设置"选项组中,单击"分栏"按钮。单击"更多分栏"命令,打开"分栏"对话框并设置参数,如图 3-35 所示。单击"确定"按钮即可完成分栏。

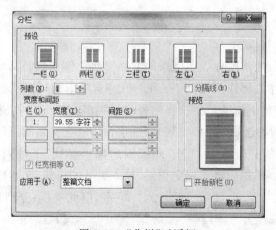

图 3-35　"分栏"对话框

　　若不想要分栏效果,则可以取消分栏。取消分栏的实质就是将栏数设置为 1,取消分

大学计算机应用基础

栏的方法有以下两种：

① 选中需要取消分栏的文本，单击"分栏"按钮，在弹出的列表框中单击"一栏"选项即可。

② 选中需要取消分栏的文本，选择"页面布局"选项卡。在"页面设置"选项组中，单击"分栏"按钮。单击"更多分栏"命令，打开"分栏"对话框，选择"预设"选项区中的"一栏"选项，然后单击"确定"按钮也可达到同样的效果。

3.5.5 中文版式

选中字符，选择"开始"选项卡中"字体"或"段落"选项组，如图 3-36 所示；可以选择相应选项设置"拼音指南"、"带圈字符"、"纵横混排"、"合并字符"和"双行合一"等操作。

图 3-36 "字体"选项组

- "拼音指南"功能是为汉字添加汉语拼音以明确其发音的操作。一次最多只能选定 30 个字符并自动标记拼音。
- "带圈字符"可为所选字符添加外圈。一次操作至多只能将一个汉字或两个连续的英文字母加上外圈。用户还可以选择不同的外圈大小与形状。
- "纵横混排"可以对字符进行纵横混排。
- "合并字符"可以将不超过 6 个的字符合成一个整体，这些字符将被压缩并排列成两行。
- "双行合一"将输入的文字显示为长度相等的上下两行，其高度与一行正常文字高度相同。

3.5.6 样式

所谓样式是指一组字体、字号、段落等格式设置命令的组合，使用样式可以使文档在格式编排上更美观、更统一。

1. 样式的使用

样式包含了对文档中正文、各级标题和页眉页脚的设置，使用了样式后可以自动生成目录和大纲结构图，使文档看起来更加井井有条，使编辑和修改变得更加简单、快捷。

我们可以单击"开始"选项卡，在"样式"选项组内对样式进行设置和使用。我们可以用以下 3 种方法应用样式：

（1）下拉菜单

单击"样式"选项组中的"其他"按钮，将会打开一个下拉菜单，可以在其中选择需要的样式类型。

（2）"样式"窗口

单击"样式"选项组中的"样式"按钮，打开如图 3-37 所示的"样式"窗口，该窗口可以被拖动到编辑窗口的任意位置。

（3）"样式集"菜单

单击"样式"选项组中的"更改样式"下拉按钮，在打开的下拉菜单中选择"样式集"选项，如图 3-38 所示，在其菜单中可以看到 Word 提供的样式类型。

图 3-37 "样式"窗口

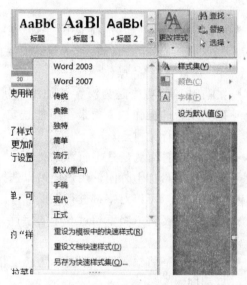

图 3-38 "样式集"选项

2. 修改样式

Word 2007 为我们提供了丰富的样式集，但如果现有的内置样式无法满足用户的要求，可以在某内置的样式基础上进行修改，具体的操作步骤如下：

单击"样式"选项组中的"其他"按钮。在打开的下拉菜单中选择"应用样式"选项，打开"应用样式"窗口。在"应用样式"窗口中单击"样式名"文本框旁边的下拉按钮，可以在下拉菜单中选择样式的类型。单击"修改"按钮修改光标所在段落中应用的样式，打开"修改样式"对话框，如图 3-39 所示。直接以样式的属性按自己的要求进行修改。单击"修改样式"对话框左下角的"格式"按钮，可以进一步对样式的格式进行设置。从弹出的菜单中选择要修改的选项即可。

3. 创建样式

我们可以创建自己需要的样式来充实样式的种类，以便更好地进行文档的编辑。因为在编排文档的时候，经常会遇到需要对某些字、词或句进行重点强调的情况。对于文档中用得较多的特殊设置，若每次使用时都重复一次所有格式的设置，会因为重复劳动让人

大学计算机应用基础

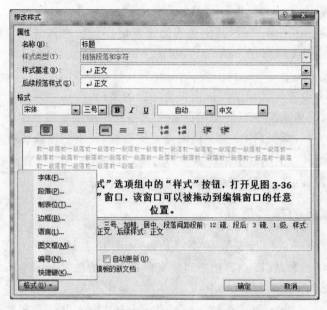

图 3-39 "修改样式"对话框

觉得厌烦和麻烦。要想进行快速的格式设置,有一个好办法就是创建一个新的样式,具体的操作步骤如下:

单击"样式"选项组中的"样式"按钮。在打开的"样式"窗口中单击"新建样式"按钮,打开"根据格式设置创建新样式"对话框。通过"根据格式设置创建新样式"对话框对样式的各个属性进行设置,完成新样式的创建。

4. 清除样式

如果我们的样式库里已经有好多样式了,甚至一些不常用的样式也在里面,这时会为编辑文档造成不便。这种情况下需要清除样式,具体的操作步骤如下:

单击"样式"选项组中的"样式"按钮。在打开的"样式"下拉列表框中选择"标题一"选项,右击鼠标弹出快捷菜单。选择"删除'标题一'"选项,系统弹出一个提示对话框,单击"是"按钮,就完成了样式的删除。

3.5.7 模板

Word 在我们编辑文档的时候为我们提供了多种各式各样的模板,可以利用现成的模板来制作文档,不但文档的质量非常好,而且效率也高得多。

1. 模板的分类

模板决定了文档的基本结构和文档设置,它是文档的基础。一般来说,可以把模板分为两类,即公用模板和文档模板,分别说明如下:

（1）公用模板

公用模板包括 Normal 模板，其中包含的设置适用于所有的文档。例如，启动 Word 时所打开的空白文档就是基于 Normal 模板的公用模板。

（2）文档模板

文档模板所含设置仅适用于以该模板为基础的文档。

处理文档时，通常情况下只能使用保存在文档的附加模板或 Normal 模板中的设置，如果想要所有的文档都可以使用某文档模板中的设置，可以将模板加载为公用模板，这样在运行 Word 时就可以使用其中的设置了。另外，用户可以自己创建模板，还可以修改和复制模板的内容使其更适合特殊的需要。

2. Word 模板的存放位置

Word 的系统向导或模板安装在"X:\Program Files\Microsoft Office\Templates\2052"目录下，其扩展名是.Dotx。用户自定义模板存放的位置会因 Windows 版本的不同而不同；对于 Windows 2000/NT/XP/Vista 用户，自定义模板会存放在"X:\Documents and Settings\用户名\Application Data\Microsoft\Templates"文件夹下；如果使用 Windows 9x/Me，模板会被放置到"X:\Windows\Application Data\Microsoft\Templates"文件夹下（X 为安装 Office 软件的目标盘符）。

3. 使用现成的 Word 模板创建文档

Word 2007 在以前的版本基础上又增添了很多精美实用的模板，这些模板的具体使用方法如下：

单击 Office 选项卡中的"新建"命令，打开"新建文档"对话框。在"新建文档"对话框中的"模板"选项区中单击"已安装的模板"选项，如图 3-40 所示。选中自己需要的模板，在右下角选中"模板"单选项。单击"创建"按钮，即可打开已经套用该模板的新文件，此时就可以创建文档了。

3.5.8 批注、尾注与脚注

用户在审阅文档时，经常会做一些批注和修订，而对于 Word 文档也可以进行这两项操作。批注功能允许协助处理文档的用户提出问题、提供建议、插入备注以及为文档的内容做出一般性解释，而当审阅者逐行查看文档时，就可以使用相应批注进行修订了。

1. 插入批注

批注在审阅者添加注释或对文本提出疑问时十分有用，插入批注的具体操作步骤如下：

在当前文档中，定位插入批注的文本位置，选择"审阅"选项卡，在"批注"选项组中单击"新建批注"按钮。在出现的批注框中输入内容，即可完成批注的插入（见图 3-41）。

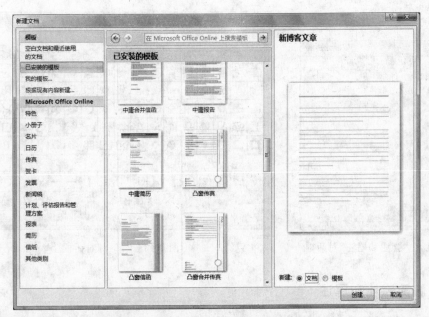

图 3-40 "新建文档"对话框中的"模板"选项区

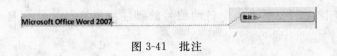

图 3-41 批注

2. 删除批注

要删除所做的批注,需按以下步骤操作。

用鼠标指向该批注,然后单击鼠标右键,弹出一个快捷菜单,在弹出的快捷菜单中选择"删除批注"命令。

3. 插入脚注和尾注

脚注和尾注是用来为文档中的文本提供解释、说明文本或相关参考资料的。脚注通常位于页面的底端,尾注通常位于文档的末尾。脚注或尾注都由两部分组成:注释参考标记和对应的注释文本。注释参考标记是指脚注或尾注中包含的附加信息的数字、字符或字符组合。具体的操作步骤如下。

在当前文档中,用鼠标选中某段落中的相关内容。选择"引用"选项卡,单击"脚注"选项组中的"脚注"按钮,单击"脚注和尾注"按钮,打开"脚注和尾注"对话框,如图 3-42 所示。在"格式"选项区中单击"符号"按钮,打开"符号"对话框,如图 3-43 所示。在"符号"对话框中,选择所需符号。单击"确定"按钮,返回到"脚注和尾注"对话框。在"脚注和尾注"对话框中单击"插入"按钮。插入脚注符号,之后在脚注符号后输入文字。另外,在当前文档中,用鼠标选中某段落中的相关内容。单击"插入尾注"按钮。在"尾注"处输入相关内容,则在该文档的底端出现了尾注。

图 3-42 "脚注和尾注"对话框

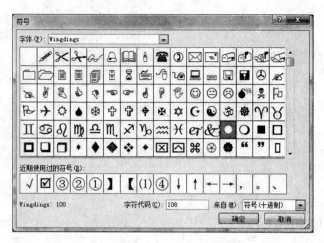

图 3-43 "符号"对话框

4. 删除脚注和尾注

如果插错了或不想在文档中加脚注和尾注了,删除脚注和尾注具体操作方法如下:

删除脚注或尾注时,需要选中要删除的对象,然后按下 Delete 键即可将该项目的标记及内容全部删除。若要删除一个自动编号的脚注或尾注,Word 会自动对其余的脚注和尾注重新编号。

3.5.9 页眉与页脚设置

在一篇文档的页面里,除正文以外,还会有很多对文档起修饰作用或以文档起概括、说明作用的部分,如常用于显示文档名称和页面概括性内容的页眉、页脚。页眉是在文档每一页的顶端插入的文本或者图形,页脚是在文档底部插入的文本或者图形。插入页眉和页脚的具体操作步骤如下:

单击"插入"选项卡,在"页眉和页脚"选项组中就可以进行页眉、页脚的插入了。在刚刚用到的"页眉和页脚工具"下的"设计"选项卡中包括了 5 个主要的选项组。

（1）页眉和页脚

设置页眉、页脚和页码。

（2）插入

设置页眉和页码的类型,可以是日期和时间、文档部件、图片或者是剪贴画。

（3）导航

可进行页眉和页脚的切换,以及各小节的页眉和页脚之间的切换。

（4）选项

可以为首页设置不同的页眉和页脚,为奇偶页设置不同的页眉和页脚及设置是否显示文档内容。

（5）位置

设置页眉和页脚在页面中的位置与对齐方式。

（6）关闭

单击"关闭页眉和页脚"按钮可以关闭"页眉页脚"工具栏。

3.5.10　多级目录生成

新建样式的功能之一就是可以自动生成目录，下面我们为建好的样式的文档自动生成一个目录，其具体的操作步骤如下：

选择"引用"选项卡。在"目录"选项组中单击"目录"按钮，打开一个下拉列表框。在"目录"下拉列表框中选择"插入目录"选项，打开"目录"对话框，如图 3-44 所示。在"目录"对话框中单击"选项"按钮，弹出"目录选项"对话框，如图 3-45 所示。在"目录选项"对话框中分别将"标题一"、"标题二"、"标题三"的级别设置为 1,2,3。单击"确定"按钮，完成目录的提取，生成目录的效果如图 3-46 所示。

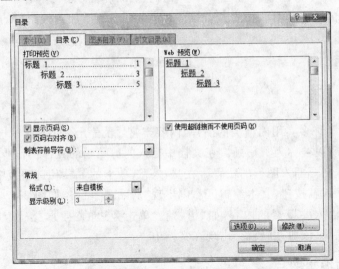

图 3-44　"目录"对话框

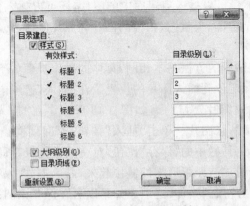

图 3-45　"目录选项"对话框

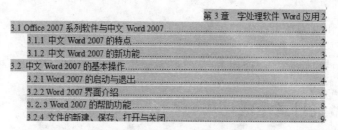

图 3-46　生成目录的效果

3.6　Word 中应用对象

在 Word 文档内可以添加图形来增强文档的效果,图形分为图形对象和图片两种基本类型。图片是基于其他文件创建的图形,他们包括图片文件、扫描图片、照片以及剪贴画等,图形对象包括自选图形和艺术字等。本节主要介绍添加各种图形的方法。

3.6.1　图片

1. 插入剪贴画

Word 自带了许多实用而精美的图片,内容丰富,涵盖了各行各业。这些图片都被放在“剪辑库”中,所以被称为剪贴画。在文档中插入的剪贴画的具体操作步骤如下:

把光标定位到要插入图形的位置。在“插入”选项卡的“插图”选项组中选择“剪贴画”按钮。单击“剪贴画”按钮,文本编辑区右侧出现“剪贴画”窗格,如图 3-47 所示。在“搜索文字”文本框中输入要搜索的内容,如“植物”。单击旁边的“搜索”按钮,出现搜索结果。单击需要的剪贴画,该剪贴画就会出现在文档中。

2. 插入和编辑图片

在 Word 文档中,不仅可以插入剪辑库中的图片,还可以插入保存在各种存储器上的或网上下载的图片,包括位图、矢量图、扫描的图片和照片等。

1) 插入图片

插入图片与插入剪贴画的方法基本相同,具体的操作步骤如下:

在当前文档中,光标定位到插入图片的位置。在“插入”选项卡的“插图”选项组中,单击“图片”按钮,打开“插入图片”对话框,如图 3-48 所示。在“插入图片”对话框中,单击“图片收藏”文件夹,选择一张图片。单击“插入”按钮,返回到文档编辑区,即可完成图片的插入。单击快速访问工具栏中的“保存”按钮,对文档进行保存即可。

如果要使插入中的图片与原图形文件链接起来,需单击“插入”按钮右侧的下拉箭头,然后从下拉菜单中选择“链接到文件”选项。如果以后在保存该图片的文件夹中改动了这个图片,可以使用更新域的快捷键 F9 来更新图片。

图 3-47　"剪贴画"窗格　　　　　　　　图 3-48　"插入图片"对话框

2）编辑图片

在将图片插入到文档中后，可以根据自己的需要对其进行修饰，以达到美观、漂亮的效果。Word 提供了一系列的相关命令可对图片进行编辑。下面是调整图片的几个方法。

（1）调整图片大小

首先要选中要调整大小的图片。单击该图片后，就显示出该图片的尺寸调节控点。拖动左右两边中心的控点可调节图片的宽度，拖动上边或下边的中心控点可调节图片的高度；拖动各角的控点可同时调节图片的宽度和高度。

除了手动拖动来调整图片大小外，也可以使用菜单命令精确调整图片，操作步骤如下：

选中该图片，在菜单栏处将出现"图片工具"栏，选择"格式"选项卡的"大小"选项组，单击右下角的按钮，打开"设置对象格式"对话框的"大小"选项卡，如图 3-49 所示。在"大小"选项卡的"尺寸和旋转"选项区的"宽度"和"高度"数值框中输入一个尺寸。同样在"缩放比例"选项区的"宽度"和"高度"数值框里输入一个百分数。修改完毕后，单击"关闭"按钮即可。

（2）剪切图片

剪切图片的操作步骤如下：

选择要剪切的图片。利用上面的方法，打开"大小"对话框。在"大小"对话框的"大小"选项卡中，在"裁剪"选项区中的各尺寸框内，输入要剪切图片的参数。在完成了所有的更改之后，单击"关闭"按钮。此时，图片就被裁剪了。

图 3-49 "设置对象格式"对话框的"大小"选项卡

（3）使用"格式"选项卡编辑图片

前面我们已经接触到了图片工具的"格式"选项卡，如图 3-50 所示。

图 3-50 "格式"选项卡

我们可以看到它包括了 5 个选项组："调整"、"阴影效果"、"边框"、"排列"和"大小"选项组。下面我们来详细介绍一下各选项组的功能。

"调整"选项组中包括了对图片属性修改的一些操作命令，如图 3-50 所示。其中包含的各个操作的名称和作用如表 3-6 所示。

表 3-6 "调整"选项组中各选项的作用

名 称	作 用
亮度	提高或降低图片的亮度
对比度	提高或降低图片的对比度
重新着色	对图片重新着色，使其具有风格效果，如灰度或褐色色调
压缩图片	压缩文档中的图片，以减小其尺寸
更改图片	更换另一张不同的图片，该图片会继承被替换的图片的格式和大小
重设图片	放弃对此图片的所有修改，图片将重置为第一次被插入时的样子

"阴影效果"选项组中可以设置图片在文档中的样式,如图 3-50 所示。单击"阴影效果"选项组中图片样式区域旁边的下拉按钮,在弹出的下拉菜单中,选择图片的总体外观样式。除此之外可以为图片设置"图片形状"和"图片边框",指定图形轮廓的颜色、宽度和线型。通过"图片效果"按钮可以设置图片的特殊效果,包括阴影、反射、发光、柔化边缘和三维旋转等。

在"排列"选项组中,可以设置图片在文档中的相对位置、环绕方式以及旋转组合等,如图 3-50 所示。"排列"选项组包含的各选项的作用如表 3-7 所示。

表 3-7 "排列"选项组中各选项的作用

名　　称	作　　用
位置	将所选对象放到页面上,文字将被自动设置为环绕对象
置于顶层	将所选对象置于其他所有对象的前面,使此对象的任何部分都不被其他对象遮挡
置于底层	与置于顶层相反,将所选对象置于所有其他对象的下面
文字环绕	更改所选对象的文字环绕方式。若要配置对象,使其能与环绕文字一起移动,可选择"嵌入型"选项
对齐	将所选的多个对象的边缘对齐,也可将这些对象居中对齐,或在页面中均匀的分散对齐
组合	将所选对象组合在一起,设置后可将其作为单个对象处理
旋转	旋转或翻转所选对象

"大小"选项组在前面设置图片大小时已经介绍过,可用来改变图片的大小和剪切图片。

3. 设置图片的版式

上一节将图片看作段落一样进行设置,是因为图片的插入方式均为嵌入式。为了使效果更美观,还可以对图片的版式进行设置,例如使其四周环绕文字,或者浮于文字之上等。

(1) 文字环绕

Word 2007 中提供了 7 种文字环绕方式,它们分别是四周型、紧密型、穿越型、上下型、衬于文字下方、浮于文字上方和嵌入型(默认类型),其作用如表 3-8 所示。

表 3-8 各图片环绕方式的作用

功　　能	操　　作
四周型	文字四周包围图片,可设置图片距正文的上下左右边距
紧密型	文字四周包围图片,正文上下边距不可调,只能改变左右边距
穿越型	图片穿越正文部分,但不打断各行文字的顺序
上下型	图片分割正文为上下两部分
衬于文字下方	图片衬于文字的下方,不遮挡图片上面的文字
衬于文字上方	图片衬于文字的上方,遮挡图片下面的文字
嵌入型	使图片嵌入至正文中

（2）图片的对齐方式

如果图片为嵌入型，可以将其看作一个段落，在"开始"选项卡的"段落"选项组中单击对齐格式按钮即可将其设置为不同的对齐方式。

在 Word 的兼容模式下，即储存格式为.doc 时，如果图片为其他文字环绕形式（不是嵌入型），可以在图片上右击，在弹出的快捷菜单中选择"文字环绕"选项，单击"其他布局选项"命令，在"高级版式"对话框中的"图片位置"选项卡中设置对齐方式，如图 3-51 所示。

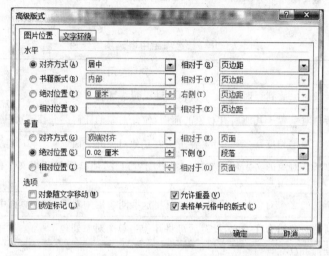

图 3-51 "高级版式"对话框中的"图片位置"选项卡

（3）图片的旋转

要旋转图片，可在选中图片后向要旋转的方向施动图片上的旋转控点，然后单击图片以外的地方退出旋转状态。除此以外，还可以单击"图片工具"下的"格式"选项卡，在"排列"选项组中单击"旋转"下拉按钮。

想要旋转精确的角度，如需自己设置角度，可以选择"其他旋转选项"命令，打开"设置对象格式"对话框的"大小"选项卡，在"旋转"文本框中输入合适的角度，如图 3-49 所示。

3.6.2 自选图形

Word 提供了大量的图形及处理图形的命令，用户可以在"插入"选项卡的"形状"选项组中选择系统提供的线条、基本形状、箭头总汇、流程图、标注和星与旗帜等多个选项区中的图形。

1. 添加绘图画布

创建绘图时，Word 2007 不像以前版本那样会自动添加一个绘图画布。若要 Word 2007 添加自动创建画布的功能，需要进行一定的设置，具体操作步骤如下：

单击左上角的 Office 按钮；在打开的下拉菜单中单击"Word 选项"按钮；在打开的"Word 选项"对话框中，选择左侧的"高级"选项，并勾选"插入'自选图形'时自动创建绘

大学计算机应用基础

图画布（A）"复选框;单击"确定"按钮即可。

2. 绘制规则图形

按下 Shift 键,配合图形绘制命令,如"直线"、"矩形"等,就可绘制出规则图形。绘制规则图形的操作方法如下:

选择"插入"选项卡,在"插图"选项组中,选择要插入的图形,若单击"形状"按钮,可在打开的下拉菜单中,如图 3-52 所示,选择"基本形状"中的某个图形;单击文档中要放置图形的位置;拖动鼠标到合适的位置,屏幕上就出现了所需效果。

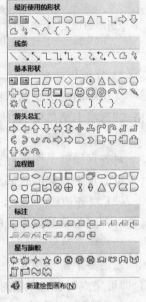

图 3-52　形状列表

3. 绘制曲线和任意多边形

曲线是构成完美文档必不可少的元素,绘制曲线的具体操作步骤如下:

选择"插入"选项卡,单击"插图"选项组中的"形状"按钮,弹出自选图形列表;在列表中单击"线条"下的"曲线"按钮或"任意多边形"按钮;如图 3-52 所示,在页面上依次单击曲线或多边形的各个顶点以确定其位置。在最后一个顶点的位置处双击鼠标,就完成了曲线或任意多边形的绘制。

4. 绘制自由曲线

上面画的曲线是规则的,若想要自己动手绘制曲线则要进行如下操作:

选择"插入"选项卡,单击"插图"选项组中的"形状"按钮,弹出自选图形列表;在列表中单击"线条"选项区中的"自由曲线"按钮;如图 3-52 所示,在页面上拖动鼠标就可以绘制曲线了。

5. 快速绘制水平线

若在 Word 文档中需要绘制水平线,可以采用下面介绍的方法。

- 画一条水平的双实线:在段落开头连续输入 3 个"＝"(等号),然后按 Enter 键。
- 画一条水平的点划线:在段落开头连续输入 3 个"＊"(乘号),然后按 Enter 键。
- 画一条水平的单实线:在段落开头连续输入 3 个"—"(减号),然后按 Enter 键。

6. 编辑图形

对于在文档中绘制的图形,常常需要对其位置、大小等进行调整。具体操作方法如下:

1）选定图形

为了编辑图形,首先需要选定图形,具体操作方法如表 3-9 所示。

表 3-9　选定图形的方法

图 形 选 定	操 作 方 法
单个图形的选定	鼠标移向图形呈现双十字箭头状时,单击鼠标可以选定单个图形
逐个图形的选定	在选定了单个图形的状态下,按下 Tab 键可逐个选定文档中的图形
多个图形的选定	使用 Shift 键或 Ctrl 键配合鼠标单击可以同时选定多个图形,若想取消选定多个图形中的某个图形的选定,仍在按下 Shift 键或 Ctrl 键的同时单击需要取消选定的图形

2) 分布与对齐

文档中的图形绘制结束后,要使图形错落有致、分布有序,需要打开"绘制工具"下的"格式"选项卡菜单中的"排列"选项组,从中选择"对齐"命令。

(1) 对齐页面

对齐页面就是图形对齐的方式,是以页面的边缘为基准的页面,即设置了多个图形相对于页面水平对齐的效果。

(2) 对齐边距

对齐边距就是以设置的页面边距为基准,即对齐边距后的图形位置。

(3) 对齐对象

选定多个需要相互对齐的图形,然后单击"对齐"下拉菜单,选择"对齐所选对象"选项,即可完成对各对象的对齐。

3) 设置图形特效

对于文档中的图形,可以对其设置阴影、三维效果等特殊效果。若为绘制的图形添加阴影的具体操作步骤如下:

在当前文档选定位置处,选择"插入"选项卡,单击"形状"按钮;在打开的下拉菜单中选择一种形状选项;在画布中拖动鼠标,画出一个图形;选择"格式"选项卡,在"阴影效果"选项组中单击"阴影效果"下拉按钮,选择一种阴影样式,即可为图形添加了阴影效果,如图 3-53 所示。

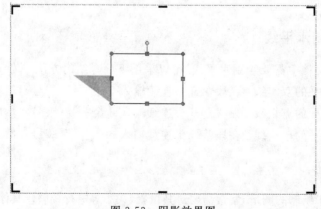

图 3-53　阴影效果图

3.6.3 艺术字

艺术字是特殊效果的文字,如阴影、斜体、旋转和拉伸等。它实际上是图形而非文字,故用户在对它进行编辑时,可按照图形对象的编辑方法进行编辑。

1. 插入艺术字

插入艺术字的具体操作步骤如下:

选择"插入"选项卡,在"文本"选项组中单击"艺术字"按钮,打开"艺术字库"下拉列表框,如图 3-54 所示,单击要选择的艺术字样式,打开"编辑艺术字文字"对话框,如图 3-55 所示,输入所需的文字,单击"确定"按钮,即可完成艺术字的插入。

图 3-54 "艺术字库"下拉列表框

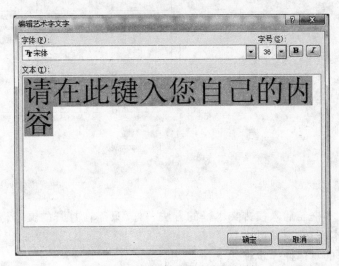

图 3-55 "编辑艺术字文字"对话框

2. 编辑艺术字

对于插入的艺术字,用户还可以对其内容和格式进行编辑和修改。当选中艺术字后,会自动弹出艺术字工具栏,用户可以通过该工具栏的"格式"选项卡中的命令对艺术字进行编辑。编辑艺术字的具体操作步骤如下:

在文档中选中艺术字,单击"形状填充"按钮,任选一种颜色,单击"三维效果"按钮,如图 3-56 所示,单击"透视"选项区下的"三维样式"选项即可。

当然除了以上介绍的方法,用户还可以对艺术字进行其他效果的设置,如添加阴影、进行旋转等。

3. 插入文本框

在当前文档的选定位置处,单击"插入"选项卡,在"文字"选项组中单击"文本框"按钮,打开一个下拉菜单,如图 3-57 所示,选择"绘制文本框"选项(默认为绘制横排文本框),鼠标光标变成十字形状,将鼠标移动到要放置文本框的位置,按下鼠标并拖动它到合适的大小后,松开鼠标,就绘制出文本框形状,将鼠标光标定位到文本框中,输入需要的内容即可完成一个文本框的插入。

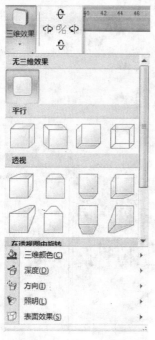

图 3-56 "三维效果"列表

图 3-57 "文本框"样式列表

插入竖排文本框与插入横排文本框的方法一样,只需在打开的文本框下拉菜单中选择"绘制竖排文本框"选项即可。

删除文本框的具体操作步骤如下:

在要删除的文本框上右击图标,出现一个快捷菜单,选择其中的"剪切"选项,该文本框就消失了。

3.6.4　图表

图表实际上就是表格中数据的图形表示,它比数据本身更加易于表现数据之间的关系、更加直观、有趣。在 Word 文档中,为了更形象地表现财务报表中数据的动态变化,可以将表格中的数据以图表的方式显示。

1. 创建图表

在 Word 中建立数据图表的方法有两种：一种是导入图表后修改"数据表"中的数据;另一种是直接创建图表。

（1）导入图表

在 Word 文档中可以根据需要来创建相应的图表,具体的操作步骤如下：

在文档中将光标定位到要插入图表的位置。选择"插入"选项卡,在"文本"选项组中,单击"对象"按钮,打开一个下拉菜单。在下拉菜单中单击"对象"选项,打开"对象"对话框,如图 3-58 所示。在"对象"对话框中选择"新建"选项卡。在"对象类型"列表框中选择"Microsoft Graph 图表"选项。单击"确定"按钮,打开一个带示例数据的"数据表"及其相应的图表。在数据表中按照需要添加或删除行或列,并在单元格中输入文字或数字,图表也会将随之变动。

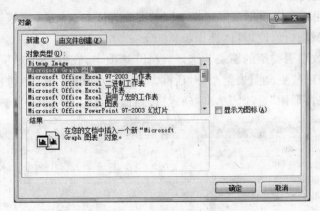

图 3-58　"对象"对话框

（2）直接插入图表

除了使用导入图表的方法外,也可以使用"插入"选项卡中"插图"选项组中的"图表"按钮来创建图表,具体的操作步骤如下：

在文档中将光标定位到要插入图表的位置。选择"插入"选项卡,在"插图"选项组中单击"图表"按钮,打开"插入图表"对话框,如图 3-59 所示。在"插入图表"对话框中,选择"簇状圆柱图"选项。单击"确定"按钮,这时 Excel 2007 将同时被打开。在 Excel 中更改数据表中的各项数据。关闭,这时在 Word 中显示的图表为在 Excel 中修改数据后的样式。

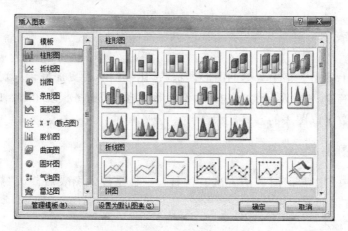

图 3-59 "插入图表"对话框

2. 编辑图表

要对图表的元素进行修改,必须在"图表工具"栏中进行,这就涉及了对图表的编辑操作。为了使图表的功能更加完善,可以使用"图表工具"下的"设计"、"布局"和"格式"这3个选项卡对图表进行编辑。

(1) 更改图表类型

在 Word 中用户可以根据需要选择不同的图表类型,有时因为要表达的重点不一样,需要对图表的类型进行修改,具体操作步骤如下:

选择需要更改图表类型的图表。选择"设计"选项卡,在"类型"选项组中,单击"更改图表类型"按钮,打开"更改图表类型"对话框,如图 3-60 所示。在"更改图表类型"对话框中选择"三维堆积柱形图"选项。单击"确定"按钮即可。

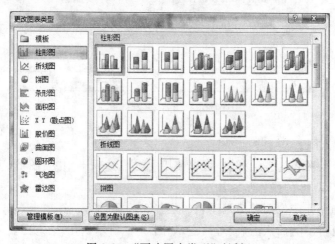

图 3-60 "更改图表类型"对话框

(2) 图表添加文本

在平时的工作中,经常需要在图表中添加一些内容,也就是我们常用的在 Word 中添加文本的操作。它可以使图表显示更多的信息，具体的操作步骤如下：

在当前文档中，单击选中工作表中的图表。选择"布局"选项卡，在"标签"选项组中，单击"图表标题"下拉按钮，打开一个下拉菜单。在下拉菜单中选择"图表上方"选项。单击选中工作表中的图表，选择"布局"选项卡。在"布局"选项卡的"插入"选项组中单击"绘制文本框"按钮，打开一个下拉菜单。在下拉菜单中选择"绘制文本框"选项。此时鼠标变成了十字形状，在图表下方拖动鼠标可绘制一个文本框。在绘制的文本框中输入横坐标的名称，单击"居中"按钮。用同样的方法设置纵坐标的名称。选中横轴上的文本框按Delete键删除。用前面学过的方法插入一个文本框并输入"1,2,3,4"。选中右侧的图表。在"布局"选项卡的"标签"选项组中单击"图例"按钮。在打开的下拉菜单中选择"在顶部显示图例"选项。选中标题文本框，右击鼠标弹出一个快捷菜单。在弹出的快捷菜单中选择"设置图表标题格式"选项，打开"设置图表标题格式"对话框，如图3-61所示。在右侧的"填充"区域中选中"渐变填充"选项。单击"关闭"按钮即可得到最终结果。

图 3-61 "设置图表标题格式"对话框

（3）图表中添加数据

在实际工作中，有时由于疏忽，在创建好图表之后才发现缺少一列，添加一列的具体操作步骤如下：

用前面学过的方法插入一个图表。选择"图表工具"的"设计"选项卡，在"数据"选项组中单击"编辑数据"按钮，打开如图3-62所示窗口。在"编辑数据"对话框中输入"类别5,2.2,3.3,4.4"。单击"关闭"按钮，即可在已存在的图表中添加一列数据。

（4）设置图表选项

"布局"选项卡中包括了设置图表的所有选项，我们可以根据不同的要求，选择不同的效果，具体的操作步骤如下：

单击"图表工具"选项卡中的"布局"选项组，单击"背景"选项中的"布局"选项的"三维旋转"命令。在打开的"设置图表区格式"对话框中的"三维旋转"选项中设置"旋转"的参

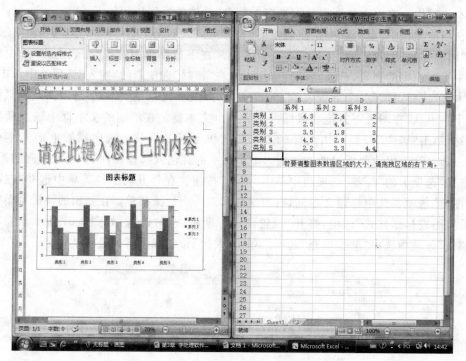

图 3-62 为图表中添加一列数据

数。选择"阴影"选项卡,在"阴影"选项卡中的"颜色"下拉列表框中选择"蓝色"。将"透明度"的参数设置为 28%。将"大小"的参数设置为 105%。在"模糊"、"角度"、"距离"文本框中分别设置数值为"27 磅"、"90°"、"4 磅"。单击"关闭"按钮即可得到所需结果。

3.7 插入其他对象

在 Word 文档中除了添加图片、图形对象以外,还可以插入特殊符号、公式和声音等。

3.7.1 插入符号

在编辑文档的过程中,若需输入一些键盘上没有的特殊符号,例如①、‰、【】等,而使用各种输入法来切换输入特殊字符比较麻烦,则此时可以利用 Word 提供的插入符号和特殊符号的功能。

1. 符号的概念

插入的符号一般包括公式、符号和编号 3 种符号类型,选择"插入"选项卡,在"符号"选项组中可以看到这 3 种选项。

（1）公式

公式就是在学习数学的过程中经常遇到的数学表达式，它由各式各样的数学符号组成。

（2）符号

符号包括货币符号、拉丁符号、数字形式和数学运算符等多种符号类型。

在"插入"选项卡的"符号"选项组中，单击"符号"选项，打开"符号"下拉菜单，其中包含了如版权符号、商标符号、段落标记以及 Unicode 字符等键盘上没有的符号。若没有找到需要的符号，可以在下拉菜单中选择"其他符号"选项，打开"符号"对话框，如 3.5.8 节中图 3-43 所示。

可以通过单击"符号"选项卡中的"字体"下拉按钮，打开"字体"下拉列表框，从中选择插入符号的类型，然后可以方便直接地查找到你要插入的符号。"字体"下拉列表框默认选中的是 Wingdings 选项，若选择"拉丁文本"选项后，将出现"子集"下拉列表框，从中选择"基本拉丁语"选项，可以直接定位到该选项所对应的符号部分。

若是经常使用的符号，则可以为它配置快捷键。单击"符号"选项卡下面的"快捷键"按钮，打开"自定义键盘"对话框，如图 3-63 所示，并对选中的符号设置快捷键。

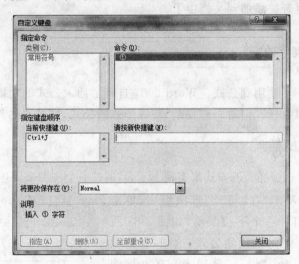

图 3-63 "自定义键盘"对话框

（3）编号

在"项目符号和编号"中已经讲过，此处不再赘述。

2. 特殊符号

特殊符号包括标点符号、特殊符号、数学符号、单位符号、数字序号和拼音等 6 项。在"插入"选项卡的"特殊符号"选项组中，单击"符号"按钮，在打开的下拉菜单中选择"更多"选项，打开"符号"对话框，如图 3-64 所示，打开扩展的符号栏，在这里可以为每个特殊符号指定键盘上对应的按键。下面举例介绍其具体操作步骤。

将光标定位到文档的起始位置，输入文本，在"插入"选项卡菜单的"特殊符号"选项组

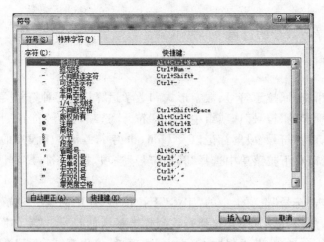

图 3-64 "符号"对话框

中,单击"符号"按钮,在打开的下拉菜单中选择"更多"选项,打开"特殊符号"对话框,在"特殊符号"对话框中选择"拼音"选项卡,选择需要的拼音,单击"确定"按钮,返回文档编辑区域,可以看到拼音被添加到文档中了。

3.7.2　插入数学公式

在文档中,免不了要用到公式。Word 2007 自带了插入公式的功能,对于一些常用的公式类型,它都可以胜任。但对一些复杂、特殊形式的公式,就需要另外的插件了。

1.　一般公式的插入

对于公式,可以通过插入的方式来实现。下面,通过一个实例来讲述具体的操作步骤:

选择"插入"选项卡,在"符号"选项组中,单击"公式"下拉按钮,打开一个下拉菜单,如图 3-65 所示。在下拉菜单中选择"插入新公式"选项,在选项卡菜单栏处将出现一个"设计"选项卡。在文档编辑区中出现的公式文本框中输入具体公式即可。

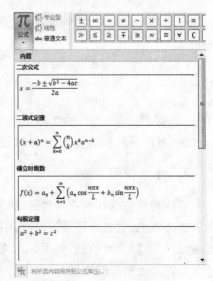

2.　编辑公式

在 Word 2007 中不仅可以插入公式,而且还可以对已经存在的数学公式进行编辑。

对在 Word 文档中直接插入的公式,如果需要修改或删除,方法与编辑文字的方法是完全相同的。而对于用 Math Type 创建的公式,选中它时在 Word 状态栏处将出现提示,"双击可打开 MathType 5.0 Equation",如果需要对这样的公式

图 3-65　"公式"下拉菜单

进行编辑,只需双击该公式,打开 Math Type,在其中对公式进行编辑。

3.7.3 插入媒体文件

在 Word 文档中可以插入影片或声音等媒体文字,双击影片或声音文件的图标将播放该文件。要想在 Word 中播放媒体文件,计算机中必须装有声卡、媒体播放程序和音箱。

插入媒体文件的具体操作步骤如下:

单击要插入媒体文件的位置。选择"插入"选项卡中的"文本"选项组内的"对象"下拉按钮,打开一个下拉菜单,在该下拉菜单中选择"对象"命令,打开"对象"对话框,然后选择"由文件创建"选项卡。单击"浏览"按钮并找到要插入的媒体文件。要将媒体文件作为链接对象插入,请选中"链接到文件"复选框。要将媒体文件在文档内显示为图标。请选中"显示为图标"复选框,如图 3-66 所示。

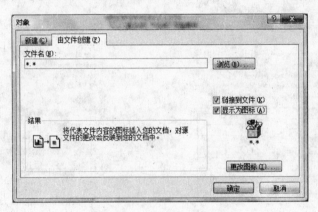

图 3-66 "对象"对话框

3.8 表 格

Word 中的表格是由若干行和若干列组成,行和列交叉构成单元格,单元格是表格的基本组成单位,在单元格中可以添加文字、图形和表格,可以对表格的数据进行排序、统计和计算,还可以将表格与周围文本进行混排等。

3.8.1 插入表格

在文档中添加表格有两类方法:自动制表与手工制表。自动制表可以快速地制作出规则表格,手工制表可以方便地生成各式各样的表格。

1. 快速插入表格

快速插入表格的具体步骤如下:

单击要创建表格的位置；选择"插入"选项卡，可以看到"表格"选项组；单击"表格"按钮，在其下拉列表框中有一个 $10×8$ 的表格列数和行数的选项表，如图 3-67 所示；将光标移动到弹出的选项表中并拖动鼠标，选定所需的行、列数后单击鼠标左键，即可在文档窗口插入选定行数、列数的表格。

2. 使用对话框插入表格

若所需的行、列数超过 $10×8$ 的表格范围，则不能使用上述方法，而需用插入表格的另一种方法，具体步骤如下：

在"插入"选项卡的"表格"选项组中，单击"表格"按钮，打开下拉菜单，选择"插入表格"选项，打开"插入表格"对话框，如图 3-68 所示，在"插入表格"对话框中设置行数和列数，单击"确定"按钮，就出现了一个表格。

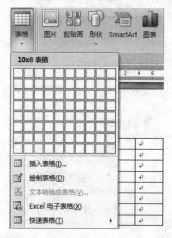

图 3-67　利用"表格"按钮插入表格

图 3-68　"插入表格"对话框

上面两种方法创建的都是规则的表格，若要创建不规则的表格，则可以使用下面的方法。

3. 使用鼠标绘制表格

在 Word 中，系统虽然提供了许多表格样式，用户可以直接使用其自动套用表格的功能完成表格的创建，但是如果想要绘制所需的不规则表格就要自己动手了。具体步骤如下：

单击要绘制表格的位置；选择"插入"选项卡，在"表格"选项组中，单击"表格"按钮；在弹出的下拉菜单中选择"绘制表格"选项；将鼠标移动到文档中，此时鼠标指针改变为笔形；将鼠标移动到文档中需要绘制表格的位置，按下鼠标左键不放并拖动鼠标，就会出现一个表格的虚框，待达到合适的大小后，释放鼠标，即可生成一个表格的边框；在边框的任意位置按住鼠标左键不放且向下、向右或斜向拖动即可绘制表格中的竖线、横线或斜线；按相同的方法绘制出表格的各个边框线。完成表格的绘制后，双击文档的任意位置即可退出绘制表格的状态，光标变回原样。

大学计算机应用基础

3.8.2　表格的基本操作

1. 输入表格内容

创建表格之后,就可以在表格中输入内容了,其方法与在文档中输入文本的方法相同,只需在需要输入内容的单元格中单击,将光标插入到单元格中,然后输入所需文本即可。

2. 编辑表格

在 Word 中创建表格后,还需要对表格进行进一步的编辑,使其能满足不同用户的不同需求。在编辑一个表格之前,必须学会如何选择表格中的单元格,选择单元格的方法与选择正常文本的方法相同。简单地说,就是使用鼠标单击定位一个单元格并拖曳至两个或多个单元格,或者在使用键盘上的左右箭头的同时按住 Shift 键都可以选择单元格。在选择单元格的时候,当移动插入点通过特定单元格中的末尾文本时,相邻单元格的文本也会被选择。

3. 插入和删除单元格

有时为了需要,可能要进行单元格的插入和删除操作。

(1) 插入单元格

具体操作步骤如下:

将光标定位到表格中需要插入单元格的位置;选择"布局"选项卡,单击"行和列"选项组中的"表格插入单元格"按钮;在打开"插入单元格"对话框中,如图 3-69 所示,根据需要选择插入单元格的位置,单击"确定"按钮即可完成单元格的插入。

(2) 删除单元格

具体操作步骤如下:

将光标定位到表格中需要删除单元格的位置;选择"布局"选项卡,单击"行和列"选项组中的"删除"按钮;在打开的下拉菜单中选择"删除单元格"选项,打开"删除单元格"对话框,如图 3-70 所示;根据需要选择删除单元格的方式,单击"确定"按钮即可完成单元格的删除操作。

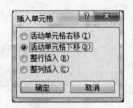

图 3-69 "插入单元格"对话框

图 3-70 "删除单元格"对话框

(3) 插入和删除行、列

当插入行和列时,首先需要打开"布局"选项卡,然后在"行和列"选项组中,选择插入行和列的方式。

删除行和列的操作与删除单元格的操作步骤相同,在"行和列"选项组中单击"删除"按钮,在打开的下拉菜单中选择"删除整行"或"删除整列"选项,即可直接将行或列删除。

3.8.3 表格的边框与底纹

1. 边框和底纹

边框和底纹可以使表格更加清晰、更加美观。边框设置就是设置表格的各种边框,底纹设置就是设置所选文字或段落的背景底色。在"表格工具"下的"设计"选项卡中,如图 3-71 所示,"表样式"选项组就是用来设置边框和底纹的。

图 3-71 "设计"选项卡

2. 设置表格边框

在 Word 中,可以改变表格所用的线型,可以把它们变粗或变细。在选中的单元格处,单击鼠标右键,在弹出的快捷菜单中选择"边框和底纹"选项,打开"边框和底纹"对话框,如图 3-72 所示,在其中进行设置即可。

同样可以在"设计"选项卡中,单击"表样式"选项组中的"边框"按钮,如图 3-73 所示,打开"边框样式"的下拉菜单,在其中进行边框的设置。

图 3-72 "边框和底纹"对话框

图 3-73 "边框样式"的下拉菜单

3.8.4 单元格内文字的格式

1. 设置表格格式

表格也有不同的格式,包括表格的列宽和行高、表格和单元格的对齐方式、斜线的插入、表格边框所用的线型等,用户可以根据不同的需要对表格进行设置。

2. 改变表格的列宽和行高

要改变表格中的列宽和行高,有 3 种方法,分别如下。

(1)使用鼠标进行拖动

将鼠标指针放在单元格、行或列的网格线上就可以调节单元格、行或列的宽度或高度。当鼠标指针放在网格线上时,它会变为一个双向箭头,按下鼠标左键并拖动鼠标到所需的宽度即可。

(2)使用选项卡菜单命令

选择"表格工具"中的"布局"选项卡,如图 3-74 所示,并选择"单元格大小"选项组,在"高度"文本框中输入数值可以改变行高,在"宽度"文本框中输入数值可以改变列宽。

图 3-74 "布局"选项卡

(3)使用右键快捷菜单

选中要修改行高或列宽的行或列,单击鼠标右键,在打开的快捷菜单中选择"表格属性"选项,打开"表格属性"对话框,如图 3-75 所示。在对话框中的"行"和"列"选项卡中设置行高和列宽即可。

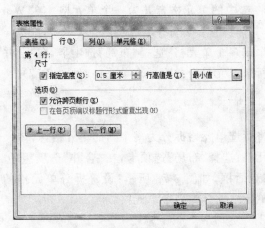

图 3-75 "表格属性"对话框

有时为了让 Word 自身调整行高或列宽到合适的高度或宽度,可以在"表格工具"的"布局"选项卡的"单元格大小"选项组中,单击"自动调整"按钮,在打开的下拉菜单中选择"根据内容自动调整表格"或"根据窗口自动调整表格"选项。

3. 表格及单元格的对齐

在表格中添加完数据后,通常还需对其进行一定的修饰操作,使其更美观,达到想要的效果。

在"表格工具"的"布局"选项卡的"对齐方式"选项组中,可以设置数据的对齐方式、文字方向和单元格边距。也可以通过"表格属性"对话框中的"单元格"选项卡对对齐方式进行设置(见图 3-76)。

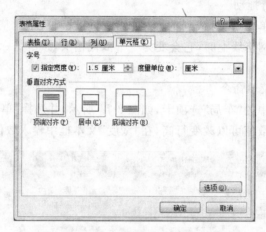

图 3-76　"表格属性"对话框的"单元格"选项卡

3.8.5　单元格和表格的拆分及合并

1. 合并单元格

合并单元格就是将选中的单元格合并为一个单元格。在 Word 中,可以把一组单元格合并为一个单元格,具体操作步骤如下:

选中要合并的两个或多个单元格;选择"布局"选项卡,在"合并"选项组中,单击"合并单元格"按钮,即可将所选单元格合并为一个单元格(见图 3-77)。

2. 拆分单元格

拆分单元格就是将所选单元格拆分为多个新的单元格,具体操作步骤如下:

选中要拆分的单元格;选择"布局"选项卡,在"合并"选项组中,单击"拆分单元格"按钮,打开"拆分单元格"对话框,如图 3-78 所示;设置拆分单元格的行数和列数;单击"确定"按钮,即可将所选单元格拆分为多个单元格。

图 3-77　合并单元格　　　　　　　　　图 3-78　拆分单元格

3. 拆分表格

可以在任何行之间将表格水平拆分。首先定位要拆分的表格下面一行的单元格,然后选择"表格工具"下的"布局"选项卡,在"合并"选项组中,单击"拆分表格"按钮,即可将表格拆分。当需要把一个表格拆分为多个表格时,这个选项就非常有用了。

3.8.6　表格与文字之间的转换

可以将现有的文本转换为表格形式,也可以将存储在表格中的信息转换为文本。

要将文本转换为表格,具体操作步骤如下:

选择要转换得文本;在"插入"选项卡的"表格"选项组中,单击"表格"按钮,在打开的下拉菜单中选择"文本转换成表格"选项,打开"将文字转换成表格"对话框,如图 3-79 所示;设置好各选项,单击"确定"按钮。此时将返回到文档的编辑区域,被选中的文本转换为表格了。

要将表格转换成文本,具体操作步骤如下:

选择要转换得表格;在"布局"选项卡的"数据"选项组中,单击"转换为文本"按钮,打开"表格转换成文本"对话框,如图 3-80 所示;设置好各选项,单击"确定"按钮。此时将返回到文档的编辑区域,被选中的表格转换为文本了。

图 3-79　"将文字转换成表格"对话框　　　　图 3-80　"表格转换成文本"对话框

3.8.7　在表格中使用公式与函数

在表格中可以进行加、减、乘、除、求和、求平均值、求最大(小)值等运算。

1．用菜单输入公式

具体操作：定位插入点到存放结果的单元格中，选择"布局"选项卡，选择"数据"选项组，单击"fx 公式"选项，打开"公式"对话框，如图 3-81 所示，在公式栏中输入计算公式后按"确定"按钮，则在光标所在单元格中显示按公式计算的最终结果。

图 3-81　"公式"对话框

Word 提供了许多种计算函数，可以在"公式"对话框中的"粘贴函数"下拉列表框中选择，如 SUM( )，AVERAGE( )等。在函数后面的括号中可以插入表达式，表达式中除了直接使用数值外，还可以引用单元格地址，单元格地址的表示方式为 A1、B1 等。前面字母表示列号，后面数字表示行号。

函数中当需要使用多个单元格中的数据时，各单元格地址之间用逗号隔开，如 SUM(A1,C1,B5)表示求 A1,C1,B5 三个单元格中数据的和。用冒号连接两个单元格，表示以这两个单元格为对角的矩形区域，如 SUM(A1:B5)表示对 A1 至 B5 区域内的数据求和。

2．直接输入公式

单元格中的公式是以等号开始的，后面可以跟加、减、乘、除等运算符组成的表达式。

3.8.8　表格的排序

在表格中，可对数据进行排序，具体操作步骤如下：

选定要进行排序的数据区域，选择"布局"选项卡，选择"数据"选项组，单击"排序"选项，打开"排序"对话框，如图 3-82 所示，并对其中的关键字、关键字类型、排序方式以及列

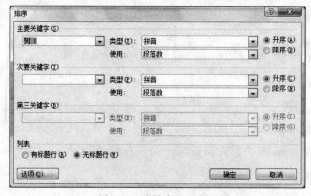

图 3-82　"排序"对话框

　　　　　　　　　　　　大学计算机应用基础

表等项进行设置,设置后单击"确定"按钮即可。

3.9 工 具

3.9.1 拼写和语法检查

拼写和语法检查是 Word 中一个重要的工具。熟练掌握这个工具,能使我们编辑的文档更加精确、更加可靠。

1. 检查拼写和语法错误

在输入文本时,很难保证一次输入的文本的拼写、语法都完全正确。因此,在完成一篇文本的录入后,应当对其进行检查。如果我们逐字逐句地检查,不仅会花费大量的时间和精力,而且也不一定会做到准确无误。因此,Word 2007 为用户提供了很好的拼写和语法检查功能,可以在输入文本的同时检查错误、实时校对,提高了输入的正确性。下面就来介绍如何检查拼写错误,具体的操作步骤如下:

在当前 Word 文档中,选择"审阅"选项卡。在"校对"选项组中单击"拼写和语法"按钮,打开"拼写和语法"对话框,如图 3-83 所示。单击相关按钮,完成校对更正功能。最后 Word 会显示一个框告知拼写检查已经完成。单击"确定"按钮即可。

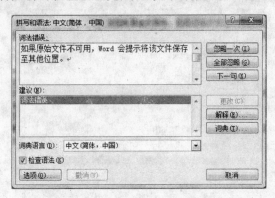

图 3-83 "拼写和语法"对话框

2. "拼写的语法错误"对话框中的选项的作用

- 忽略一次:单击该按钮,忽略特殊拼写单词的当前实例。如果被忽略的错误拼写在文档其他位置也出现了,拼写检查器会继续突出这些实例。
- 全部忽略:单击此按钮,忽略当前特殊拼写单词的全部实例。单击该按钮后 Word 将不突出或询问该错误拼写单词的任何实例。
- 添加到词典:单击"添加到词典"按钮,可以将特殊拼写的单词的当前实例添加到词典中,无须再进行设定,该单词就会被自动添加到自定义的词典中。

- 更改：双击"建议"列表框中的正确单词，或者选择"建议"列表框中的单词后，单击"更改"按钮，可以替换文本。
- 全部更改：选择"建议"列表框中的单词后，单击"全部更改"按钮，被选中的文本及其全部实例将被选择的建议单词替换。
- 自动更正：选择"建议"列表框中的单词后，单击"自动更正"按钮，更正单词被添加到"自动更正"列表中，无须亲手设定，错误拼写单词以及更正单词都会被添加到自动更正列表中。

3.9.2 自动更新

利用"自动更正"功能主要用于输入冷僻字或整个文档中多次重复出现的冗长、复杂的文本串。当然"自动更正"功能还可以完成其他诸多功能。下面就予以介绍。

下面以输入冷僻字为例，介绍"自动更正"功能的具体操作步骤。

第一次输入时通过插入符号的方法输入冷僻字。选定插入的字。单击 Office 按钮，再单击"Word 选项"按钮，打开"Word 选项"对话框，在"Word 选项"对话框中单击"校对"选项，在右侧单击"自动更正选项"按钮，打开"自动更正"对话框，如图 3-84 所示。在"替换"文本框中输入要替换的字，在"替换为"文本框中输入要替换的字自动更正的字。单击"添加"按钮，将其添加到自动更正列表中，最后单击"确定"按钮即可。

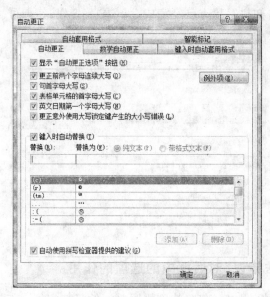

图 3-84 "自动更正"对话框

3.9.3 保护文档

有时一些病毒的入侵会导致文档的意外丢失，还有一些比较重要的文档不希望其他用户使用,这就需要了解文档保护的相关内容。

如果我们不想让其他人读写我们的文档,可以对其进行一定的文档保护。文档保护可以限制用户对文档或者文档的某些部分进行编辑或格式设置,具体的操作步骤如下:

在 Word 中打开要设置的文档,选择"审阅"选项卡,在"保护"选项组中,单击"保护文档"按钮,打开一个下拉菜单。在打开的下拉菜单中选择"限制格式和编辑"选项,在文档编辑区域的右边打开了"限制格式和编辑"窗口,如图 3-85 所示。在"格式设置限置"选项区中选中"限制对选定的样式设置格式"复选框。单击选项下面的"设置"链接,打开"格式设置限制"对话框,如图 3-86 所示。单击"确定"按钮,系统会弹出一个对话框。单击"否"按钮即可。在"限制格式和编辑"窗口中的"编辑限制"选项区中选中"仅允许在文档中进行此类编辑"复选框。单击"更多用户"链接,打开"添加用户"对话框,如图 3-87 所示。设置用户名称。单击"确定"按钮,返回到"限制格式和窗口"窗口。在"启动强制保护"选项区中单击"是,启动强制保护"按钮,打开"启动强制保护"对话框,如图 3-88 所示。设置好密码,单击"确定"按钮。单击快速访问工具栏上的"保存"按钮,保存这种设置。

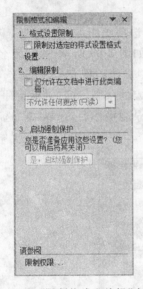

图 3-85 "限制格式和编辑"窗口

图 3-86 "格式设置限制"对话框

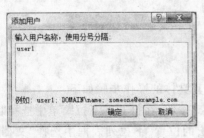

图 3-87 "添加用户"对话框

图 3-88 "启动强制保护"对话框

当下次打开这个文档时，这个文档就是只读文档了，只有输入正确的密码后才能改动它。

3.9.4　宏

宏是一系列组合在一起的 Word 命令和指令，可以完成执行一系列任务的自动化工作。如果需要在 Word 中反复进行某项工作，可以利用宏来自动完成复杂的操作步骤，大大简化工作任务量。

1. 创建宏

运用宏可以使需要多个步骤才能完成的操作，在执行宏命令后一步就能完成。在 Word 中，可以使用宏记录器录制一系列操作来创建宏，也可以在 Visual Basic 编辑器中输入 Visual Basic for Applications（简称 VBA）代码来创建宏，还可以录制一些步骤，然后添加代码来完善其功能。

利用宏记录器来创建宏的具体操作步骤如下：

在当前 Word 文档中，选择"视图"选项卡。单击"宏"选项组中的"宏"按钮。在打开的下拉菜单中选择"录制宏"选项，打开"录制宏"对话框，如图 3-89 所示。在"宏名"文本框中输入宏的名称。在"将宏保存在"下拉列表框中选择"文档的检查（文档）"选项。在"说明"文本框中输入对宏的说明。单击"确定"按钮，开始宏的录制，这时鼠标指针变为磁带状，接着执行包含在"查找和替换"命令中的操作。完成录制操作后，选择"宏"选项组的"宏"下拉菜单中的"停止录制"选项，结束录制过程。

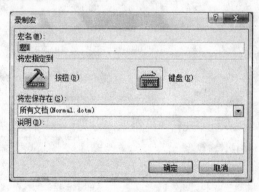

图 3-89　"录制宏"对话框

2. 宏的运行与删除

创建宏是为了更好、更快地进行文档的编辑，其具体的操作步骤如下：

选择"视图"选项卡。在"宏"选项组中单击"宏"按钮，在打开的下拉菜单中选择"查看宏"选项，打开"宏"对话框，如图 3-90 所示。在"宏的位置"下拉列表框中选择"文档的检查（文档）"选项。单击"运行"按钮，Word 将自动执行录制在宏中的各个步骤。

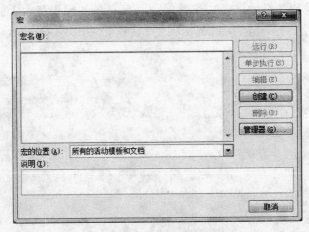

图 3-90   "宏"对话框

"宏的位置"下拉列表框中各选项的作用如表 3-10 所示。

表 3-10   "宏的位置"下拉列表框中各选项的作用

选　　项	说　　明
所有的活动模板和文档	选择这个选项将显示所有活动的模板和文档中的宏
Word 命令	显示出 Word 所有内置命令,可以选择其中的一种命令来运行
(共用模板)	显示共用模板的宏

当不再需要某个宏后,可以将其删除,只需在"宏"对话框中的"宏名"列表框中选定要删除的宏,然后单击"删除"按钮即可。

3.9.5   邮件合并

Word 提供了强大的编辑和发送信函和邮件的功能,并可配合 Outlook 2007 将文档作为电子邮件发送,本节将介绍关于信函和邮件的应用。

在日常生活中,单位经常需要向外发送大量的信函,创建信函的具体操作步骤如下:

选择"邮件"选项卡。在"开始邮件合并"选项组中单击"开始邮件合并"按钮,弹出一个下拉菜单。在下拉菜单中选择"邮件合并分布向导"选项,打开"邮件合并"窗口。在"邮件合并"窗口的"选择文档类型"选项区中选中"信函"单选项,如图 3-91 所示。单击"下一步:正在启动文档"链接。选中"使用当前文档"单选项,如图 3-92 所示。单击"下一步:选择收件人"链接。在"选择收件人"选项区中,选中"使用现有列表"单选项,如图 3-93 所示,单击"浏览"链接项,打开"选取数据源"对话框,如图 3-94 所示,当选择好数据源之后,单击"打开"按钮,将打开"邮件合并收件人"对话框,如图 3-95 所示,单击"确定"按钮。单击"下一步:撰写信函"链接,如图 3-96 所示,单击"其他项目"链接项,打开"插入合并域"对话框,如图 3-97 所示。在"插入合并域"对话框中的选择所需项目。单击"确定"按钮,返回到"邮件合并"窗口。单击"下一步:预览信函"链接,预览信函效果,如图 3-98 所示。

最后单击"下一步：完成合并"链接，如图 3-99 所示。若要编辑每个人的信函，则单击"编辑个人信函"链接项，打开"合并到新文档"对话框，如图 3-100 所示，在其中完成设置即可。

  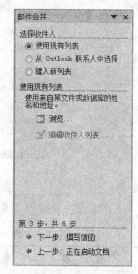

图 3-91 "邮件合并"窗口   图 3-92 "使用当前文档"单选项   图 3-93 "使用现有列表"单选项

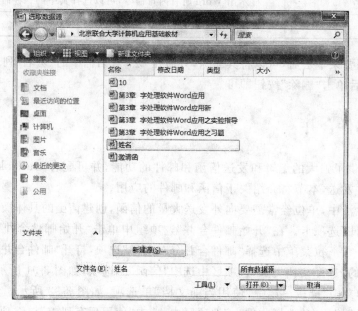

图 3-94 "选取数据源"对话框

在邮件合并第二步的操作过程中有 3 个选项，它们的作用如下。

- 使用当前文档：选中该单选项，然后在文档窗口中输入信函内容，或等到窗口提示时输入。

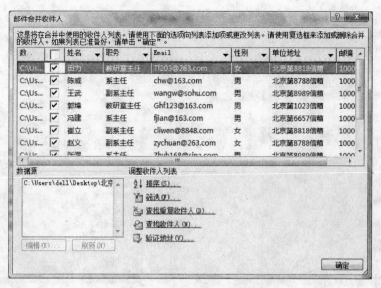

图 3-95 "邮件合并收件人"对话框

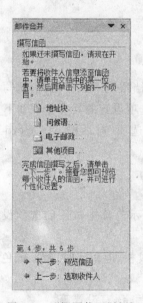

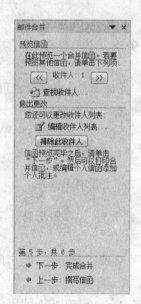

图 3-96 "撰写信函"链接　　　图 3-97 "插入合并域"对话框　　　图 3-98 "预览信函"链接

- 从模板开始：选中该单选项，然后在窗口中的"从模板开始"选项区中单击"选择
  模板"链接，将打开"选择模板"对话框。
- 从现有文档开始：选中该单选项，然后在窗口中部的列表框中选择所需要的其他
  文档，再单击"打开"按钮即可；如果在任务窗格中间列表框中没有显示需要的文
  档，可从中选择"其他文件"选项，然后单击"打开"按钮，在弹出的"打开"对话框中
  选择需要的文档。

图 3-99 "完成合并"链接

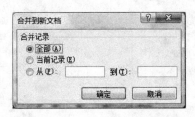

图 3-100 "合并到新文档"对话框

3.9.6 选项设置

通过 Word 选项设置可以设置文档各种操作的属性,如文档默认的保存位置、拼写和语法选项、页面设置、编辑选项及自定义设置等。进行 Word 选项设置的具体步骤如下:

单击 Office 按钮,再单击"Word 选项"按钮,打开"Word 选项"对话框,在"Word 选项"对话框中单击具体选项即可进行各种选项的设置。

1. "常用"选项

"常用"选项用于设置 Word 最常用的选项,如图 3-101 所示。其中常用的选项设置如下。

- 使用 Word 时采用的首选项:包括选择时显示浮动工具栏、应用实时预览、配色方案等。
- 对 Microsoft Office 进行个性化设置:包括用户名、缩写、语言设置等。

2. "显示"选项

"显示"选项用于更改文档内容在屏幕上的显示方式和在打印时的显示方式,如图 3-102 所示。其中常用的选项设置如下。

- 页面显示选项:包括在页面视图中显示页面间空白、显示突出显示标记、悬停时显示文档工具提示等。
- 始终在屏幕上显示这些格式标记:包括制表符、段落标记、对象位置等。
- 打印选项:包括打印在 Word 中创建的图形、打印文档属性、打印隐藏文字等。

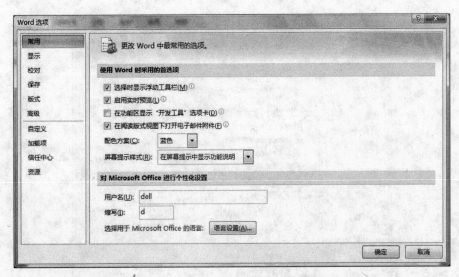

图 3-101　"Word 选项"的"常用"选项

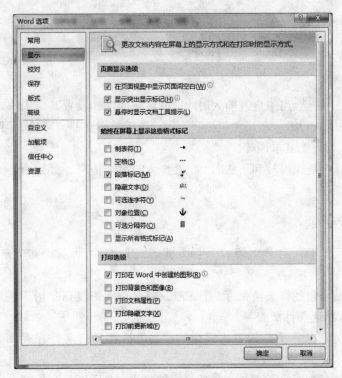

图 3-102　"Word 选项"的"显示"选项

3."校对"选项

"校对"选项用于更改输入时 Word 更正文字和设置其格式的方式,如图 3-103 所示。其中常用的选项设置如下。

图 3-103 "Word 选项"的"校对"选项

- 自动更正选项：用于更改输入时 Word 更正文字和设置其格式的方式。
- 在 Microsoft Office 程序中更正拼写时：包括忽略全部大写的单词、忽略包含数字的单词、标记重复单词等。
- 在 Word 中更正拼写和语法时：包括输入时检查拼写、使用上下文拼写检查、随拼写检查语法等。

4. "保存"选项

"保存"选项用于自定义文档的保存方式，如图 3-104 所示。其中常用的选项设置如下。

- 保存文档：包括将文档保存为此格式、保存自动恢复信息时间间隔、自动恢复文件位置、默认文件位置等。
- 文档管理服务器文件的脱机编辑选项：包括将签出文件保存到、服务器草稿位置等。
- 共享该文稿时保留保真度：包括将字体嵌入文件等。

5. "高级"选项

"高级"选项用于设置使用 Word 时采用的高级选项，如图 3-105 所示。其中常用的选项设置如下。

- 编辑选项：包括输入内容替换所选文字、允许拖放式文字编辑、使用智能段落选

图 3-104 "Word 选项"的"保存"选项

图 3-105 "Word 选项"的"高级"选项

择、保持格式跟踪、输入法控制处于活动状态等。

6. "自定义"选项

"自定义"选项用于自定义快速访问工具栏和键盘快捷键,如图 3-106 所示。

图 3-106 "Word 选项"对话框的"自定义"选项

除了上述所介绍的选项外,还包括一些其他的选项,大家可自行学习,此处不做更细致的介绍了。

3.9.7 多窗口操作

在编辑文档时,常常会参考同一篇文档其他位置的内容,或者参考其他文档的内容。这时,就涉及了 Word 2007 的多窗口操作。

1. 拆分窗口

在编辑文档时,若需要参考同一篇文档其他位置的内容,如果在文档中前后翻来翻去的确很不方便,也不利于连续性写作。此时,就可以利用拆分窗口功能对两处位置的文本进行任意的编排,提高编辑文档的效率。

拆分窗口就是将当前窗口拆分为两部分,可以同时查看文档的不同部分。拆分窗口有以下两种方法。

(1) 通过选项卡菜单拆分窗口

选择"视图"选项卡,在"窗口"选项组中单击"拆分"按钮。执行"拆分"命令后,鼠标指针就会变为双向箭头形状,并带着一根横贯屏幕的深灰色粗直线,移动鼠标时这根直线也跟着一起移动,在将指针移动到合适的地方后单击鼠标左键,这个窗口就会被分为上下两个窗口了,两个窗口中显示的都是当前文档的内容,且可分别在这两个窗口中对显示的内容进行任意的编排操作(见图 3-107)。

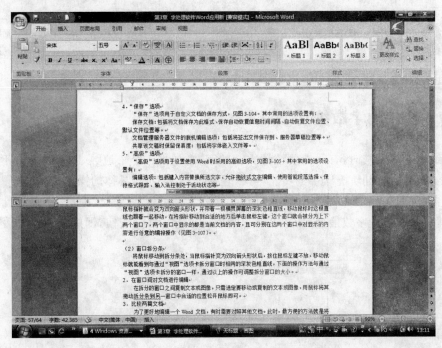

图 3-107　拆分窗口效果图

（2）窗口拆分条

将鼠标移动到拆分条处,当鼠标指针变为双向箭头形状后,按住鼠标左键不放,移动鼠标就能看到与通过"视图"选项卡拆分窗口时相同的深灰色粗直线,下面的操作方法与通过"视图"选项卡拆分的窗口一样,通过以上的操作可调整拆分窗口的大小。

2. 在窗口间对文档进行编辑

在拆分的窗口之间复制文本或图像,只需选定要移动或复制的文本或图像,用鼠标将其拖动拆分条到另一窗口中合适的位置松开鼠标即可。

3. 比较两篇文档

为了更好地编辑一个 Word 文档,有时需要对照其他文档。此时,最方便的方法就是将两个文档进行并排操作,这样易于比较文档的修改之处。Word 2007 提供了这种并排比较功能,具体的操作步骤如下。

在 Word 2007 中打开要并排的两个文档。在其中一个窗口中,选择"视图"选项卡。执行"窗口"选项组中的"并排查看"命令。此时需要并排比较的两个文档就会并排显示在屏幕上,且"并排查看"和"同步滚动"按钮同时处于选中状态,即可以开始比较了。

3.9.8 插入页码

编排好的长文档,为了打印出来后方便整理,通常需要打印出页码。页码也可以当作页眉或页脚的一部分来进行设置,插入页码的具体操作步骤如下。

选择"插入"选项卡中的"页眉和页脚"选项组中的"页码"下拉按钮,在打开的下拉菜单中选择"设置页码格式"选项,在打开的"页码格式"对话框中进行设置,如图 3-108 所示。单击"确定"按钮,即可完成目录页码的设置。

3.9.9 文档的字数统计

当编辑一篇文档时,有时需要统计文档的字数,如果一个个地数,既耗时又数不清楚。利用 Word 提供的自动统计字数功能,可以轻易统计出字数,具体的操作步骤如下。

单击"审阅"选项卡。在"校对"选项组中单击"字数统计"按钮,弹出"字数统计"对话框,在其中可以查看字数信息,如图 3-109 所示。单击"关闭"按钮,即可关闭该对话框。

图 3-108 "页码格式"对话框

图 3-109 "字数统计"对话框

"字数统计"对话框中各项内容的含义如下。

- 页数:文档总页数。
- 字数:Word 以空格识别西文词组,中文不分词组以字符数统计,如"Word 2007 软件"的字符数为 3,而"Word 2007 软件"数为 24。
- 字符数(不计空格):统计所有非空白部分(如半角空格、全角空格等)的字符总数,即实际打印的字符总数。
- 字符数(计空格):统计包括空白部分(如半角空格、全角空格等)的字符总数。
- 段落数:实际打印出来的段落数,空白段落或者由空白部分组成的段落将不会被统计。
- 行数:除最后一个段落(为空白段落)不计数外的文档总行数。
- 非中文单词:英文单词数量,非中文单词+中文符号+朝鲜词单词=字数。
- 中文字符和朝鲜语单词:以字符个数统计中文字符和朝鲜单词而不区分词组。

3.10 打　印

本节主要讲述文档的打印及"页面设置"、"打印预览"等与文档打印相关的设置与操作。

3.10.1 页面设置

为了使自己编辑的文档更规范、更美观,减少后续编辑中的出错情况,就需要对文档的各项参数进行设置,页面设置包括设置纸张的大小、页面边距、文字排列方式以及页面的字符数目等。

一般情况下,通过"页面设置"对话框对页面的各项参数进行设置的。

这个对话框含有"页边距"、"纸张"、"版式"、"文档网格"4 个选项卡,下面逐一介绍这些选项卡所包含的内容。

1. 页边距

页边距是指页面中的正文编辑区域到页面边沿之间的空白区域;边距是指页面上打印区域之外的空白空间。

通常,可在页边距内部的可打印区域内插入文字和图形,但是也可以将某些项目放置在页边距区域中,如页眉、页脚等。在编辑文档的过程中,如果想查看页边距的数据,可以将所编辑的文档切换到页面视图方式,通过标尺直接查看。设置页面边距的具体操作步骤如下。

单击"页面布局"选项卡。在打开的"页面设置"选项组中单击"页边距"按钮,打开"页边距"下拉列表框。在下拉列表框中选择一种模式,即为文档设置页边距。

上述方法是设置页边距的一种方法,如果没有用户想要的模式,用户可以通过单击"自定义边距"按钮,打开"页面设置"对话框来对页边距进行设置。

下面我们就通过"页面设置"对话框来说明为文档设置页边距的方法。

单击"页面设置"选项组,打开"页面设置"对话框,在"页面设置"对话框中选择"页边距"选项卡,如图 3-110 所示,用户可以根据自己的需要在"上"、"下"、"左"、"右"4 个文本框中直接输入具体的边距数值,也可以用鼠标单击文本框右侧的按钮来设置页边距的数值。用户还可以在"页边距"选项区中设置"装订线"和"装订线位置"。而在"纸张方向"选项区内选择纸张的页面方向,用户可以选择"纵向"或"横向"选项。

2. 纸张

默认的纸张大小为 A4 纸,但通过在"页面设置"选项组中进行设置可以改变纸张的大小和方向。具体的操作步骤如下。

单击"页面设置"选项组,打开"页面设置"对话框,在"页面设置"对话框中选择"纸张"

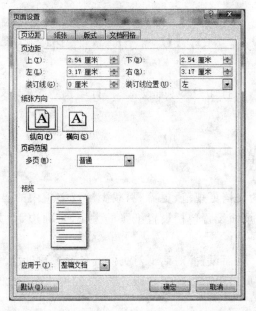

图 3-110 "页面设置"对话框中的"页边距"选项卡

选项卡,如图 3-111 所示,选择"纵向"选项。单击"纸张大小"按钮,打开一个下拉列表框。选择需要的设置,如果没有则可以选择"其他页面大小"选项来进行设置。

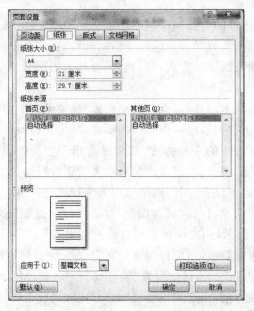

图 3-111 "页面设置"对话框中的"纸张"选项卡

3. 版式

我们在阅读一本书时,常常会发现书首页的页面设置与后续页面的页面设置并不完全一样。比如,有些章节的首页上没有页眉和页脚,而有的书奇数页和偶数页的页眉、页脚不一样,这些都可以在"页面设置"对话框中进行设置。

单击"页面设置"选项组,打开"页面设置"对话框,在"页面设置"对话框中选择"版式"选项卡,如图 3-112 所示。

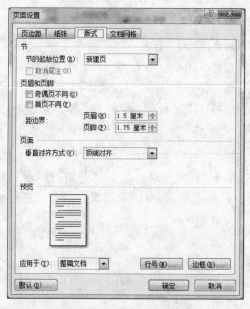

图 3-112　"页面设置"对话框中的"版式"选项卡

在"节"选项区内的"节的起始位置"下拉列表框中可以为文档中的各个节设置起始位置,该列表框中有 5 个选项。

"节的起始位置"下拉列表框中各选项的含义如表 3-11 所示。

表 3-11　"节的起始位置"下拉列表框中各选项的含义

各 个 选 项	作　　用
接续本页	选中该项后,节的开始点将紧接在其前面的内容之后,除了在节的开始和结尾处有节的标记外,在页面视图中就像没有分节一样
新建页	选择该项后,节将从新的一页开始
新建栏	选择该项后,文档中的节会从分栏处开始
奇数页	选中该项后,文档中的节将从奇数页开始,当该节前后的内容在偶数页上结束时,其效果同新建页;如果该节前边的内容在奇数页上结束,该节将跳过一页,创建一个空白页,从下一个奇数页开始
偶数页	类似于奇数页设置,只是该节从偶数页开始

在"页眉和页脚"选项区内,选中"奇偶页不同"复选框,则在需要双面打印的文档中,用户可以分别设置奇数页和偶数页的页眉和页脚。如果勾选"首页不同"复选框,则可以对首页的页眉和页脚与正文中的页眉和页脚分别进行设置。

在"页面"选项区中可以设置文档的垂直对齐方式。

各种垂直对齐方式的说明如表 3-12 所示。

表 3-12　页面的"垂直对齐方式"选项说明

选　项	光 标 位 置
顶端对齐	在页面编辑区域顶部的第一行
底端对齐	在页面编辑区域底部最后一行
居中	在页面编辑区域最中间的一行
两端对齐	以页面编辑区域的顶部第一行为起始位置,当页面中第一段录入完成后,按下 Enter 键,光标将自动跳到该页的最后一行,以此处作为第二段的开始位置,当再次按 Enter 键换行时,第二段将自动调到页面的垂直居中位置,而第三段的起始位置仍在该页的最后一行,以此类推,设置增加段落的位置

在"预览"选项区内,单击"行号"按钮,可以打开"行号"对话框,如图 3-113 所示。这时如果我们选中"添加行号"复选框,就可以对正文中的各行进行编号设置了。

4. 文档网格

单击"页面设置"选项组,打开"页面设置"对话框,在"页面设置"对话框中选择"文档网格"选项卡,如图 3-114 所示。在该选项卡中用户可以为文档设置每行的字符个数,每页的行数、文字的排列方向等。

图 3-113　"行号"对话框　　　　图 3-114　"页面设置"对话框中的"文档网格"选项卡

大学计算机应用基础

3.10.2 打印预览

在预览视图中,显示的是接近文档打印的实际效果。通过预览模式,可以查看文档排版的实际效果,避免各种错误造成纸张的浪费,预览文档的具体操作步骤如下。

单击 Office 按钮选择"打印"选项中的"打印预览"命令,打开"打印预览"视图,如图 3-115 所示。使用滚动条或是"上一页"和"下一页"按钮前后翻看文档。若发现错误,可单击打印预览工具栏上的"关闭打印预览"按钮,返回到页面视图下将错误改正。

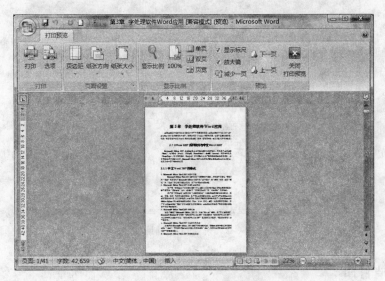

图 3-115 "打印预览"视图

"打印预览"选项卡中某些选项的功能如下。

- "打印"按钮:启动"打印"命令。
- "选项"按钮:可以打开"Word 选项"对话框,可以对要打印的页面进行设置。
- "显示比例"按钮:单击该按钮可以打开"显示比例"对话框,可对将文档按任意比例进行设置,如图 3-115 所示。
- "显示标尺"按钮:勾选该项可以显示标尺,相反如果不勾选该项则隐藏标尺。
- "放大镜"按钮:勾选该项出现一个放大镜可以对页面显示进行放大,如果处于未勾选状态则不显示放大镜。
- "减少一页"按钮:可以将文档减少一页,如果不能则系统会自动弹出一个对话框,如图 3-115 所示。
- "下一页"按钮:单击该按钮可以预览文档的下一页。
- "上一页"按钮:单击该按钮可以预览文档的上一页。
- "关闭打印预览"按钮:单击该按钮可以返回到普通视图对文档进行编辑。

3.10.3 打印

1. 打印文档

前面我们介绍了打印的相关知识,如果只是简单地打印整个文档,则可以单击快速访问工具栏上的"打印"按钮。

若是对打印的文档有诸多要求则需要单击"打印"菜单下的"打印"选项,弹出如图 3-116 所示的"打印"对话框来进行具体的设置。

图 3-116 "打印"对话框

2. 取消打印

取消打印的方法是:如果没有启动后台打印,可直接单击"取消"按钮或按 Esc 键;如果启动了后台打印,就会在 Windows 任务栏右端出现打印机图标,双击该图标,在打开的打印机对话框中选中该任务,然后右击鼠标,从弹出的快捷菜单中选择暂停或取消打印任务。

3.11 习　　题

1. 思考题

(1) 在旧版本的基础上,Word 2007 还支持哪些文档格式?

(2) 如何通过减小图片的大小来减小文档的大小?

(3) 怎样使用 Word 2007 的帮助功能?

(4) 删除单元格与清除单元格的意思是否一样?

(5) 简述样式和模板的区别。

2. 选择题

(1) Word 2007 中的视图一共有( )种。

A. 2　　　　　B. 4　　　　　C. 5　　　　　D. 3

(2) 选择整个文档可应用下列( )快捷键。

A. Ctrl+C　　　B. Ctrl+X　　　C. Ctrl+V　　　D. Ctrl+A

(3) 以下哪个不是对 Word 文档行间距的设置参数( )。

A. 单倍行距　　B. 多倍行距　　C. 固定值　　　D. 分散值

(4) 在 Word 中可以绘制的图形中不包括( )。

A. 直线　　　　B. 射线　　　　C. 矩形　　　　D. 椭圆

(5) 在 Word 2007 中所提供的内置图表类型共( )种。

A. 9　　　　　B. 10　　　　　C. 11　　　　　D. 12

3. 填空题

(1) 文档结构图与_____视图一样采用层次结构来管理文档,能够显示文档的标题列表。

(2) 对齐方式是指文本在页面上的分布规则,一般分为水平对齐方式和_____对齐方式两种类型。

(3) 用户通过_____对话框进行页面的各项设置。

(4) 脚注或尾注都由两部分组成,即注释参考标记和对应的_____。

(5) 在 Word 中,模板分为公用模板和_____模板。

第 4 章　表格处理软件 Excel 应用

4.1　Excel 2007 概述

表格处理软件 Microsoft Office Excel 是 Office 办公软件包中的一员,它以功能强大、使用方便等优点在日常办公、数据统计等方面得以广泛应用。它的主要功能是通过创建电子表格对数据进行统计、分析、管理等。

4.1.1　Excel 2007 的启动与退出

1. 启动 Excel 2007

Excel 2007 的启动方法有很多,下面介绍两种最常用的启动方法。

(1) 通过"开始"菜单启动

启动方法是:选择"开始"菜单中的"程序",选择 Microsoft Office,单击 Microsoft Office Excel 2007。

启动 Excel 2007 后,屏幕上出现如图 4-1 所示的 Excel 2007 操作界面。

(2) 通过双击桌面快捷图标启动

启动方法是:双击桌面上的 Excel 2007 的快捷图标,即可快速启动 Excel 2007。

2. 退出 Excel 2007

(1) 直接退出。单击 Excel 2007 应用程序操作界面右上角的"关闭"按钮 。

(2) 双击 Office 按钮。双击 Excel 2007 应用程序窗口左上角的 Office 按钮 。

(3) 使用快捷键 Alt+F4,即可退出 Excel 2007。

4.1.2　Excel 2007 的操作界面

在 Office 2007 软件包各成员中,并没有延续 Office 2003 以前版本的下拉式菜单,而

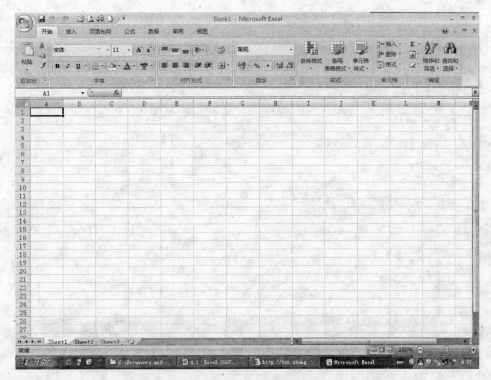

图 4-1　Excel 2007 操作界面

是改用了新颖的、更加人性化的 Ribbon 界面。

　　Ribbon 是指固定式工具栏，例如开始、插入、页面设置等，都显示在屏幕的最上方，而不再是下拉菜单的方式。

　　Excel 2007 启动后，在其界面上主要包括 Office 按钮、标题栏、选项卡、选项组、数据编辑区、滚动条、工作表选项卡和状态栏等，如图 4-2 所示。

1. Office 按钮

　　该按钮位于程序主窗口的左上角，如图 4-2 所示。单击该按钮会弹出如图 4-3 所示的下拉菜单。菜单中仍然存在"保存"、"另存为"、"打开"、"打印"等命令，还增加了 Office 2007 特有的命令，例如"准备"、"发布"等。

2. 快速访问工具栏

　　Office 按钮右侧是快速访问工具栏，如图 4-2 所示，该工具栏为用户提供了在操作中的常用按钮，如"保存"按钮、"撤销"按钮和"重复"按钮等，单击这些按钮可执行相应的操作。

　　当 Excel 2007 第一次被打开时，快速访问工具栏在 Office 按钮右边，其中只有几个固定的快捷按钮，如"保存"、"撤销"等按钮。为了方便快捷地对文档进行编辑，用户可以向快速访问工具栏中添加所需的选项。

第 4 章　表格处理软件 Excel 应用

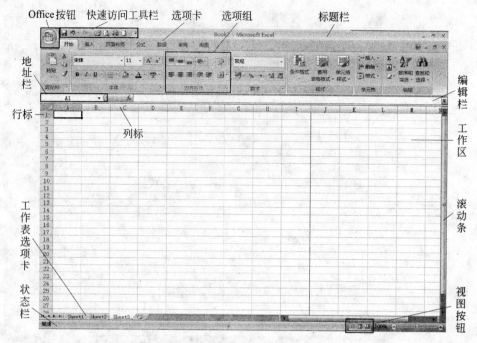

图 4-2　Excel 2007 操作界面

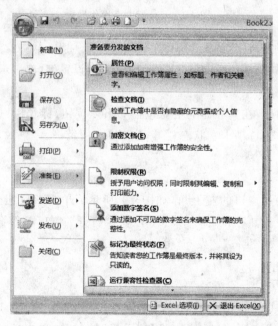

图 4-3　Office 按钮下拉菜单

如果用户要添加其他选项,具体的操作步骤如下:单击快速访问工具栏右边的下拉按钮,打开一个下拉菜单。在打开的下拉菜单中选择"其他命令"选项,打开"Excel 选项"对话框。在"Excel 选项"对话框左侧选择"自定义"选项卡,再单击"从下列位置选择命

大学计算机应用基础

令"按钮,打开一个下拉列表框。从打开的下拉列表框中选择"开始选项卡"选项。若添加"剪切"选项,则在下边的列表框中选择"剪切"选项,单击"添加"按钮,"剪切"选项就被添加到右边的列表框中。单击"确定"按钮即可,如图4-4所示。

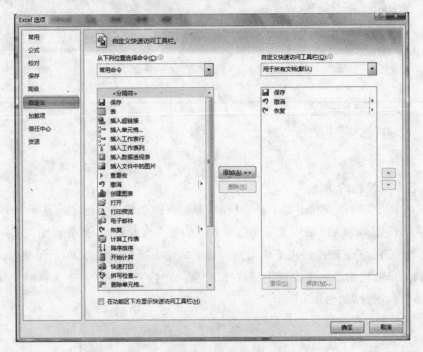

图 4-4　快速访问工具栏下拉菜单

3. 标题栏

标题栏中显示的是当前工作簿的文件名,标题栏右侧的 3 个按钮分别是最小化 ▬、最大化 ▢、关闭 ✖ 3 个按钮。

- 单击"最小化 ▬"按钮,Excel 窗口被缩小到任务栏上为一个选项。
- 单击"最大化 ▢"按钮,Excel 窗口将充满整个屏幕。
- 单击"关闭 ✖"按钮,将退出 Excel 工作窗口。

4. 选项卡

Excel 包括开始、插入、页面布局、公式、数据、审阅、视图等共 8 个选项卡,单击任意选项卡都会相应的显示出该选项卡中的工具选项,图4-5所示为"开始"选项卡的内容。

5. 编辑栏

编辑栏包括名称框、命令按钮和编辑框 3 部分,如图4-6所示。

(1)名称框:用来显示当前活动单元格的地址,可以快速定位到某个单元格上;同时可以修改单元格的名称等。

图 4-5   "开始"选项卡

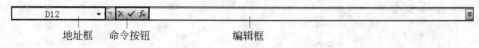

地址框　　命令按钮　　　　　　　　编辑框

图 4-6   数据编辑区

(2) 各命令按钮的功能

当用户单击编辑框或双击某个单元格时,取消按钮和确认按钮才会显示出来。

- 取消按钮 ✖ :该按钮用来取消当前数据的输入或编辑状态,等价于按 Esc 键。
- 确认按钮 ✔ :该按钮用于结束当前数据的输入或编辑状态,等价于按 Enter 键。
- 插入函数按钮 f_x :单击该按钮将弹出"插入函数"对话框,用于选择对单元格进行
  操作的函数,如图 4-7 所示。

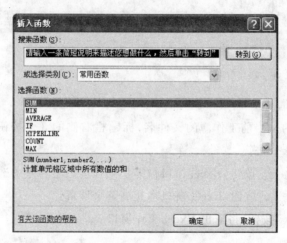

图 4-7   "插入函数"对话框

(3) 编辑框:同于输入、编辑数据和公式,同时可以显示当前活动单元格中的内容。

6. 工作表选项卡

在默认状态下,一个工作簿包含 3 个工作表,默认的工作表名称分别为 Sheet1、Sheet2、Sheet3。工作表选项卡显示了当前工作簿中所包含的工作表。显示为白底的为当前工作表,非当前工作表显示为浅蓝色。

4.2 Excel 2007 中工作簿、工作表
与单元格的基本操作

Excel 工作簿就是一个在 Excel 工作环境下存储并处理数据的文件。每次启动 Excel 2007 后,系统默认打开一个工作簿后含有 3 个工作表,这个工作簿的默认文件名为 Book1,其扩展名为.xlsx,用户可以根据实际的需要更改工作簿和工作表的名称。

4.2.1 工作簿

1. 新建工作簿

新建工作簿有 5 种方法:

① 启动 Excel 之后系统会自动建立一个名为 Book1 的新工作簿。

② 可以单击 Office 按钮中的"新建"命令。

③ 利用快速访问工具栏的"新建"命令也可以直接完成此操作。

④ 利用 Ctrl+N 键也可以新建工作簿。

⑤ 除了利用上述方法建立新的工作簿之外,Excel 2007 还允许使用模板的方式建立新的工作簿。模板是系统预先定义好格式、公式的 Excel 工作簿。Office 按钮中的"新建"命令,在"新建工作簿"对话框中选择"已安装的模板"选项,在系统提供的模板中选择符合用户需要的模板,单击"创建"即可。

2. 保存工作簿

保存工作簿的方法有如下 3 种:

① 单击 Office 按钮中的"保存"命令,如果是第一次保存工作簿,将弹出"另存为"对话框,单击"保存位置"下拉列表框右侧的下拉按钮,选择存放文件的驱动器及文件夹。同时可以单击"保存类型"下拉列表框右侧的下拉按钮,选择所需要的文件类型进行保护。

② 可以利用快速访问工具栏中的"保存"按钮进行保存。

③ 直接利用 Ctrl+S 键也可以进行保存工作簿。

4.2.2 工作表

用户可以根据自己的实际工作需要对工作表进行重命名、插入、删除、移动、复制等操作。

1. 工作表的重命名

Excel 中默认的工作表的名称为 Sheet1、Sheet2、Sheet3,为了从表的名称来反映工作

表内容,就要使用工作表重命名。最简单的操作方法是双击要修改的工作表标签,输入需要修改的名字。

重命名工作表也可以使用快捷菜单进行重命名,在需要重命名的工作表标签上单击鼠标右键,选择"重命名"命令,输入工作表的新名称即可。

2. 插入工作表

如果用户在操作的过程中想在某张工作表之前插入一张新的工作表,首先要选定工作表,在选中的工作表标签上单击鼠标右键,在弹出的快捷菜单中选择"插入"命令,即可在当前选定的工作表之前插入一张新的工作表,并且成为当前活动工作表,如图 4-8 所示。

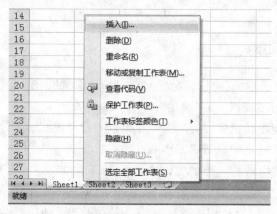

图 4-8　工作表的添加

3. 删除工作表

如果用户在操作的过程中想删除某张工作表,删除的方法为首先选定需要删除的工作表,在选中的工作表标签上单击鼠标右键,在弹出的快捷菜单中选择"删除"命令。请用户注意,一旦选择"删除"命令,所删除的工作表将无法进行恢复,如图 4-9 所示。

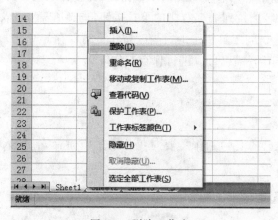

图 4-9　删除工作表

4. 移动或复制工作表

工作表的移动或复制操作可以通过在选中的工作表标签上单击鼠标右键，在弹出的快捷菜单中选择移动或复制工作表命令。在弹出的“移动或复制工作表”对话框中选择工作表将被移动或复制的位置，若是复印工作表，则需选中“建立副本”复选项，然后单击“确定”按钮即可完成工作表的移动或复制，如图 4-10 所示。

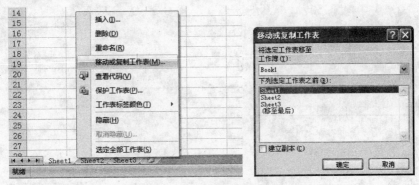

图 4-10　移动或复制工作表

4.2.3　单元格

单元格是 Excel 工作表中的基本单位，每个单元格均由列号和行号唯一确定。例如 C8 单元格，其中 C 为列号，8 为行号。对单元格可以进行选择、复制、移动、合并、插入、删除等操作。

1. 选择单元格

选择单元格是单元格操作中最基本的命令，必须要先选择单元格后才能对单元格进行某种操作。

① 选择单一单元格：单击要选择的单元格即可。

② 选择多个不连续的单元格：按住 Ctrl 键，同时依次单击要选择的单元格，如图 4-11 所示。

③ 选择多个连续的单元格：先单击某一左上、左下、右上或右下角单元格，然后根据需要向上或向下拖曳选择所要操作的单元格区域，如图 4-12 所示。

	A	B	C	D	E	F
1	姓名	数学	英语	语文	物理	
2	汪达	65	71	65	51	
3	霍倜仁	89	66	66	88	
4	李挚邦	65	71	80	64	
5	周胄	72	73	82	64	
6	赵安顺	66	66	91	84	
7	钱铭	82	66	70	81	
8	孙颐	81	64	61	81	
9	李利	85	77	51	67	
10	平均分					

图 4-11　选择多个不连续的单元格

	A	B	C	D	E	F
1	姓名	数学	英语	语文	物理	
2	汪达	65	71	65	51	
3	霍倜仁	89	66	66	88	
4	李挚邦	65	71	80	64	
5	周胄	72	73	82	64	
6	赵安顺	66	66	91	84	
7	钱铭	82	66	70	81	
8	孙颐	81	64	61	81	
9	李利	85	77	51	67	
10	平均分					

图 4-12　选择多个连续的单元格

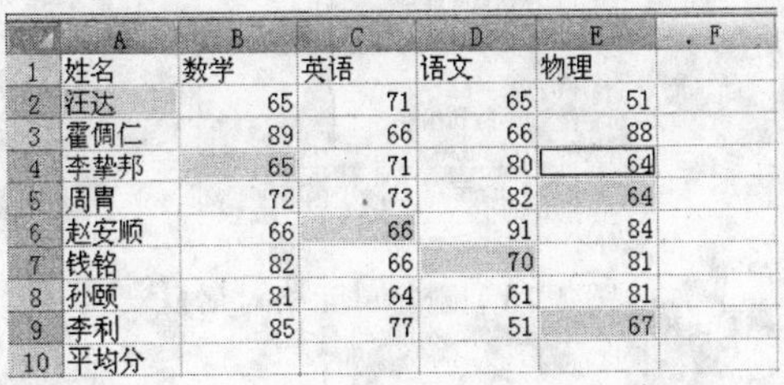

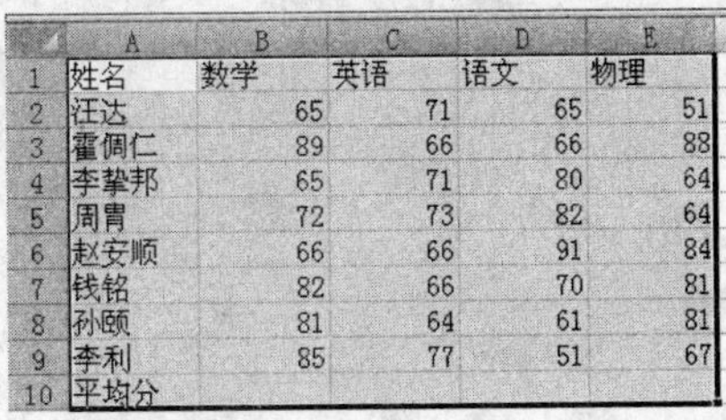

2. 合并单元格

为便于用户对单元格进行排版,有时需要将某些连续的单元格合并成一个单元格使用。

首先选中要合并单元格区域,单击"开始"选项卡中的"合并后居中"按钮即可,如图 4-13 所示。

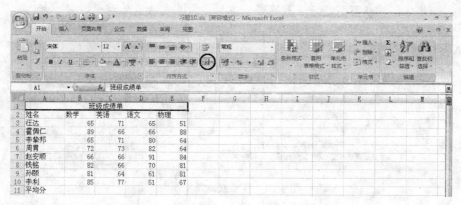

图 4-13　合并单元格

3. 插入单元格

当用户在输入数据的过程中,需要插入某个或某些单元格时,可按如下操作:首先切换至"开始"选项卡,选择要插入的单元格的位置,其次单击"插入"右侧下拉按钮,选择"插入单元格"选项,在出现的"插入"对话框中按要求选择插入位置,单击"确定"即可,如图 4-14 所示。

4. 删除单元格

用户在操作过程中,发现有多余的单元格需要删除,首先切换至"开始"选项卡,选中要删除的单元格位置,其次单击"删除"右侧下拉菜单,选择"删除单元格"选项,弹出"删除"对话框,按用户要求选择删除位置,单击"确定"按钮,如图 4-15 所示。

图 4-14　插入单元格对话框

图 4-15　删除单元格对话框

4.3 Excel 2007 中工作表的格式化

4.3.1 编辑工作表

1. 数据的输入

数据的输入是指在当前的单元格中输入数据,输入数据的格式可以按照用户的需要,可以是数据,也可以是公式。输入数据后系统按照默认格式显示,输入公式后系统将按单元格指定的格式显示出该公式的计算结果。

输入数据的方法有两种,一种是直接在单元格中输入,在要输入的单元格中双击鼠标左键,然后在单元格中输入数据即可,按 Enter 键可以按列输入数据,按 Tab 键可以按行输入数据;另一种输入数据的方法是在数据编辑区中输入数据,首先选中要输入数据的单元格,单击数据编辑区,输入数据,输入结束后单击数据编辑区的 ✔ 按钮确认输入,按 ✖ 按钮取消输入的数据。

在建立的数据表中,数据主要分为数值型数据、文本型数据、日期和时间型数据 3 种。数值型数据在单元格中默认为右对齐,文本型数据在单元格中默认为左对齐,日期和时间型数据按系统默认的格式显示。

(1) 数值型数据

数值型数据是 Excel 表格中用途最多的类型,不仅包括 0~9 这 10 个数字组成的数值,还包括小数点、百分号等特殊符号。位数超过单元格宽度时,系统将以"＃＃＃＃＃"显示,或者用科学计数法显示;当用户需要在单元格中输入分数时,应先在单元格内输入一个 0,再输入一个空格,然后输入分数即可,例如 0 1/2。如果在单元格中只输入 1/2,系统将默认输入的是一个日期格式的数据,即 1 月 2 日。

(2) 文本型数据

文本型数据是由汉字、英文字母、数字等符号组成的字符串。如果用户希望将数值型数据以文本格式显示,在输入数值之前先输入一个 ' (单撇)之后,再输入数据。

(3) 日期和时间型数据

Excel 中提供了很多种显示日期和时间型数据的格式,可以根据用户的需要在"开始"选项卡中的"格式"中进行设置。常见的日期和时间格式为 mm/dd/yy、dd-mm-yy 等。用户如果要输入当前系统时间可以直接用快捷键进行操作,快捷键为 Ctrl+Shift+;,如果要输入当前系统日期可以直接用快捷键进行操作,快捷键为 Ctrl+;。

2. 工作表中行列的操作

数据输入时,可以利用插入操作进行整列或整行插入操作。

(1) 插入列

单击鼠标左键选中要插入的列标,然后单击鼠标右键,在快捷菜单中选择"插入"选项,即可插入空白列,如图 4-16 所示。

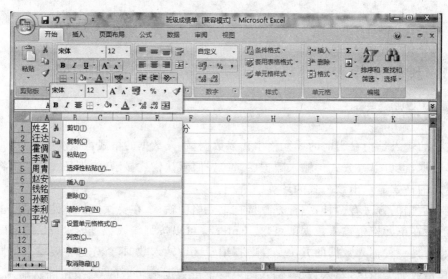

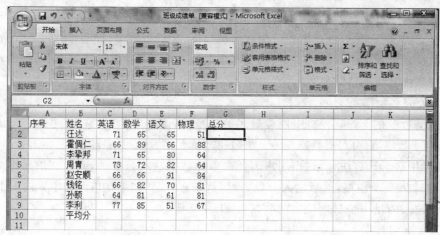

图 4-16　插入列操作

（2）插入行

单击鼠标左键选中要插入的行标,然后单击鼠标右键,在快捷菜单中选择"插入"选项,即可插入空白行,如图 4-17 所示。

3. 修改列宽或行高

修改列宽或行高的最简单的方法是利用鼠标拖曳操作进行。例如要修改 A 列列宽,首先将鼠标指向 A、B 列列标的分割线处,这时鼠标形状会变成带有左右指示箭头的黑色竖线,然后按住鼠标左键,向左或右拖动至所需的列宽即可松开鼠标左键。

另一种修改列宽的操作方法是单击鼠标左键,选中第 A 列,单击鼠标右键,在快捷菜单中选择"列宽",在弹出的"列宽"对话框中输入所需列宽的数值,单击"确定"按钮即可。

大学计算机应用基础

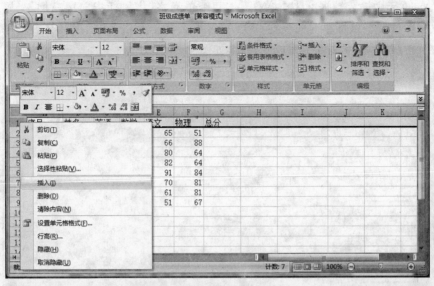

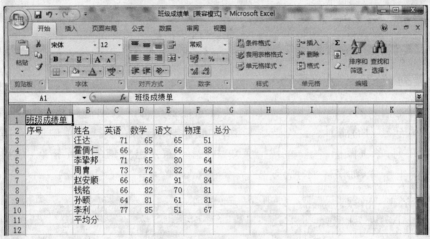

图 4-17　插入行操作

用同样的方法可以修改行高。

4. 快速填充数据

Excel 具有快速填充数据的功能,当输入一些有规律的数据时,利用此功能将节省用户大量的工作时间。

(1) 快速填充相同数据

例如需要在单元格 B1~B5 中均输入 10。可在起始单元格 B1 中输入要填充的数据 10,并选中 B1 单元格,将鼠标指向填充柄,当鼠标的指针变成"+"时,按下鼠标左键向下拖曳至 B5,那么从单元格 B1~B5 都被输入 10。

(2) 有序数列数据的填充

例如需要在单元格 A3~A10 中依次输入 1~8 数值。首先在 A3 单元中输入数据 1,

然后在 A4 单元中输入数据 2,选中 A3、A4 两个单元格,将鼠标指向填充柄,当鼠标的指针变成"＋"时,按下鼠标左键向下拖曳至 A10,那么从单元格 A3～A10 都被顺序填充了数据。在"班级成绩单"文件中完成此操作,如图 4-18 所示。

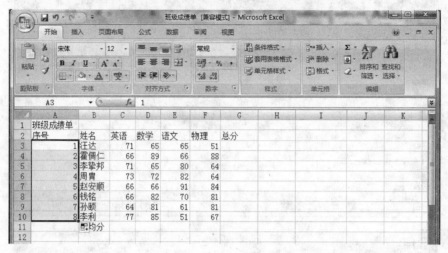

图 4-18　有序数列数据的填充

5. 整列、整行数据的移动

在编辑工作表的过程中,用户可以将某行或某列全部的数据进行移动。例如要将 C 列的数据移至 E 列的前面。首先选中 C 列,单击鼠标右键,在快捷菜单中选择"剪切",然后再选中 E 列,单击鼠标右键,在快捷菜单中选择"插入已剪切的单元格"。移动整行的操作方法同上所述,如图 4-19 所示。

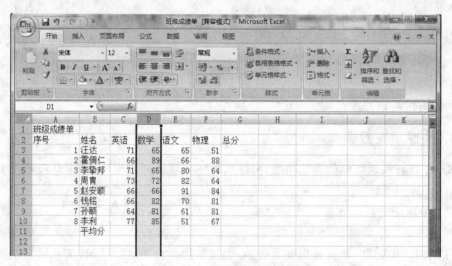

图 4-19　整列数据的移动

大学计算机应用基础

6. 重排与冻结工作表窗口

当用户操作的一张工作表的数据量很大，并且在一个窗口无法正常显示全部数据时，就会用到重排或冻结工作表窗口操作。

（1）重排窗口

当用户的工作表中的数据量很大，显示时就需要频繁的切换几个屏幕，这时想比较两个不同屏幕的数据时，就要利用重排窗口命令，可以将当前窗口一分为二，每个窗口都可以独立移动，这样就使不在同一个屏幕中的两个数据显示在同一个屏幕下查看了。

重排窗口分为4种形式：平铺、水平并排、垂直并排、层叠。

在"视图"选项卡中的"窗口"命令组中，选择"全部重排"命令，弹出"重排窗口"对话框，选择一种重新排列的方式，单击"确定"按钮即可，如图 4-20 所示。

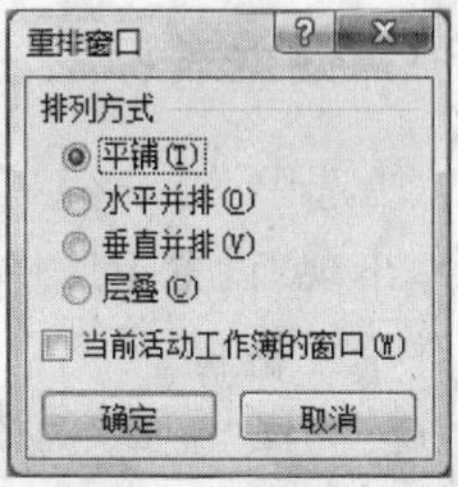

（2）冻结窗口

在查询、浏览数据过程中标题行很容易被移出屏幕外，有时需要某行不被移出屏幕，可以采用冻结窗口来锁定某一标题行，这就利用到了冻结窗口功能。

图 4-20   "重排窗口"对话框

选中标题行下面的一行数据，然后在"视图"选项卡中的"窗口"工作组中单击"冻结窗格"按钮，从下拉菜单中选择"冻结拆分窗格"命令即可，如图 4-21 所示。

图 4-21   冻结窗口

4.3.2   美化工作表

将所有的基础数据输入到数据表中后，下一步就是要将现有的表格进行美化，使表格更加美观，其操作包括设置数据表中的字体、字号、颜色、填充的背景、表格的边框、表格的底纹等。

例如，将"班级成绩单"文件中的"美化成绩单"工作表设置如下：

设置对象 \ 设置格式	对齐方式	字体设置	字号设置	字色设置	字形设置	底纹设置
数据表标题	水平居中 垂直居中 合并单元格	黑体	26	红色	加粗	填充颜色为浅蓝色和浅绿色
文本型数据	水平居中 垂直居中	宋体	18	黑色	默认值	默认值
数值型数据	水平居中 垂直居中	宋体	18	黑色	保留 2 位小数位	
表格边框	外边框为粗实线,内边框为细实线					

1. 数据表标题的设置

① 选中 A1～G1 单元格区域,单击鼠标右键,在快捷菜单中选择"设置单元格格式"命令,出现"设置单元格格式"对话框,选择"对齐"选项卡,选择"水平居中"、"垂直居中"、"合并单元格"。

② 选择"字体"选项卡,选择"黑体"、"加粗"、"26"、"红色"。

③ 继续选择"填充"选项卡,选择"填充效果",出现"填充效果"对话框,选择"双色",选择"浅蓝色和浅绿色",数据表标题设置效果如图 4-22 所示。

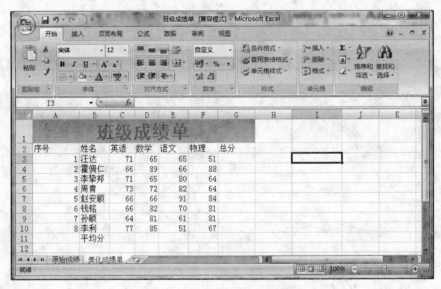

图 4-22　数据表标题设置效果

2. 文本型数据、数值型数据格式的设置

例如,将图 4-22 中表"美化成绩单"设置成图 4-23 的样式。

① 选中 A2～G11 单元格区域,单击鼠标右键,在快捷菜单选择"设置单元格格式"命令,后续操作步骤同上所述。

大学计算机应用基础

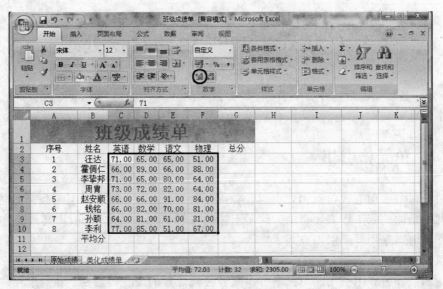

图 4-23 "增加小数位数"的操作

② 将数值型数据的小数位数保留 2 位。选中 C3～F10 单元格区域,在"开始"选项卡中选择"数字"标签,查找"增加小数位数"按钮,单击两次即可,如图 4-23 所示。

3. 表格边框的设置

选中 A2～G11 单元格区域,单击鼠标右键,在快捷菜单选择"设置单元格格式"命令,出现"设置单元格格式"对话框,选择"边框"选项卡,按照要求选择边框线型,如图 4-24 所示。

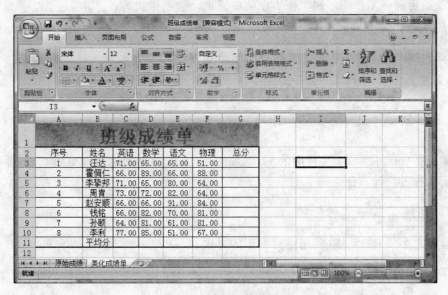

图 4-24 表格边框的设置

4.4 Excel 2007 中的数据处理

Excel 是专业的数值计算软件,它具有强大的计算功能,它除了可以进行加、减、乘、除基本运算外,还可以进行统计、分析等较为复杂的数据计算。

4.4.1 单元格引用

单元格的引用方式包括相对引用、绝对引用、混合引用。这 3 种引用是针对同一个工作簿并且是同一张工作表而言的。除了上述的 3 种引用方式之外,引用其他工作表或其他工作簿时需采用外部引用方式。

(1) 相对引用

指函数和公式中引用的单元格可以随着公式位置的改变而改变。相对引用的表示方式就是单元地址的表示方式。例如 B8、N5。

(2) 绝对引用

指单元格不随着函数或公式位置的改变而改变。绝对引用的表示方式是在单元格地址行标和列标的前面加上"＄"符号。例如＄B＄2,＄M＄8。

(3) 混合引用

指单元格引用中既包含相对地址,同时也包括绝对地址。例如 B＄7,＄C8。

(4) 外部引用

指引用非当前工作表中的单元格地址。

① 引用同一工作簿不同工作表中的单元格。引用格式为:

工作表名!单元格引用

② 引用不同工作簿中的单元格。引用格式为:

'〔工作簿名〕工作表名!'单元格引用

4.4.2 公式与函数的应用

例:在"班级成绩单"文件中的"美化成绩单"工作表中求每名学生的总分,首先可采用如下几种方法计算汪达同学的总分。

1. 利用公式求"总分"

首先选中 G3 单元格,利用绝对引用的方式在编辑栏中输入"＝C3＋D3＋E3＋F3",然后单击确认按钮 ✔,或按 Enter 键即可,结果如图 4-25 所示。

2. 利用函数求"总分"

首先选中 G4 单元格,单击编辑栏中的插入函数按钮 ƒₓ,弹出"插入函数"对话框,如

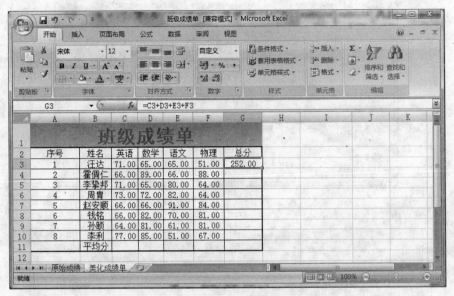

图 4-25 利用公式求"总分"

图 4-26 所示。

图 4-26 "插入函数"对话框

在选择函数的列表中选择 SUM(求和函数)函数,单击"确定"按钮,弹出"函数参数"对话框,如图 4-27 所示。选择要计算的数据区域,即 C4～F4 单元格区域,单击"确定"按钮,结果如图 4-28 所示。

3. 利用公式求"平均分"

首先选中 C11 单元格,在编辑栏中输入"=(C3＋C4＋C5＋C6＋C7＋C8＋C9＋C10)/7",然后单击确认按钮 ✔,或按 Enter 键即可。利用公式求"平均分"的结果如图 4-29 所示。

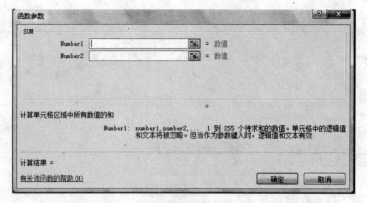

图 4-27 "函数参数"对话框

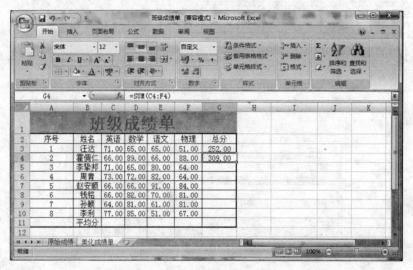

图 4-28 利用函数求"总分"

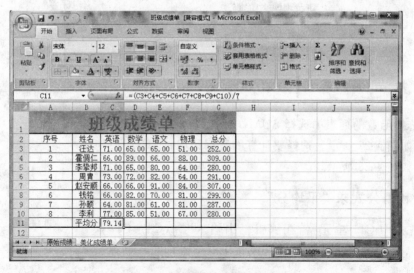

图 4-29 利用公式求"平均分"

大学计算机应用基础

4. 利用自动填充数据的方式计算其他学生的"总分"

将鼠标指向 G4 单元格填充柄,指针变成"十",向下拖曳至 G10 单元格,所有学生的总分都自动填充在各自单元格中,如图 4-30 所示。

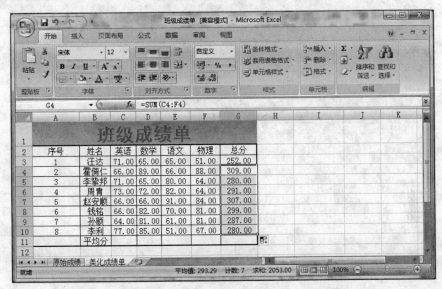

图 4-30　利用自动填充数据的方式计算其他学生的"总分"

5. 利用函数求"平均分"

在"班级成绩单"文件中的"美化成绩单"工作表中求班级每门课程的"平均分"。首先选中 D11 单元格,鼠标左键单击编辑栏中的插入函数按钮 f_x,弹出"插入函数"对话框,如图 4-31 所示。

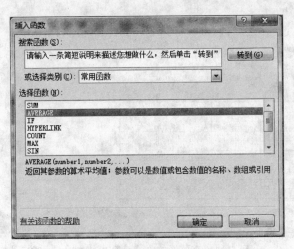

图 4-31　"插入函数"对话框

在选择函数的列表框中选择 AVERAGE（求平均值函数）函数选项，单击"确定"按钮，弹出"函数参数"对话框，如图 4-27 所示。选择要计算的数据区域，即 D3～D10 单元格区域，单击"确定"按钮。利用函数求"平均分"的结果如图 4-32 所示。

图 4-32　利用函数求"平均分"

6. 利用自动填充数据的方式计算班级剩余课程的"平均分"

将鼠标指向 D11 单元格填充柄，指针变成"＋"，向右拖曳至 F11 单元格，所有课程的平均分都自动填充在各自单元格中，如图 4-33 所示。

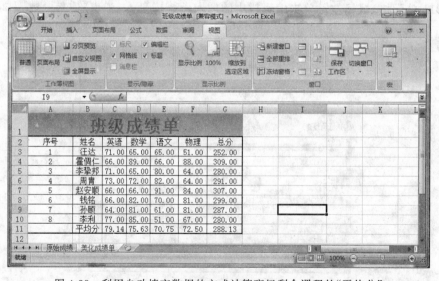

图 4-33　利用自动填充数据的方式计算班级剩余课程的"平均分"

　　　　　　　　大学计算机应用基础

7. 利用 MAX 函数求出班级中数学成绩最高的学生姓名

在"班级成绩单"文件中新建一个工作表,命名为"数学最高分",并将"美化成绩单"工作表中的内容复制到该工作表中。要求将班级数学成绩最高分放置在 D12 单元格中。首先选中 D12 单元格,鼠标左键单击编辑栏中的插入函数按钮 *f*ₓ,弹出"插入函数"对话框,选择 MAX 函数,选中数据区域 D3～D10,操作结果如图 4-34 所示。

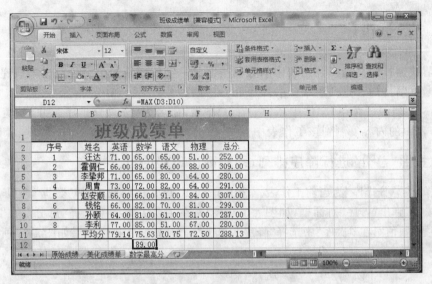

图 4-34 利用 MAX 函数操作后的结果

8. 利用 MIN 函数求出班级中语文最低分的学生

读者可参照上述步骤进行,在选择函数时选择 MIN 即可,操作结果如图 4-35 所示。

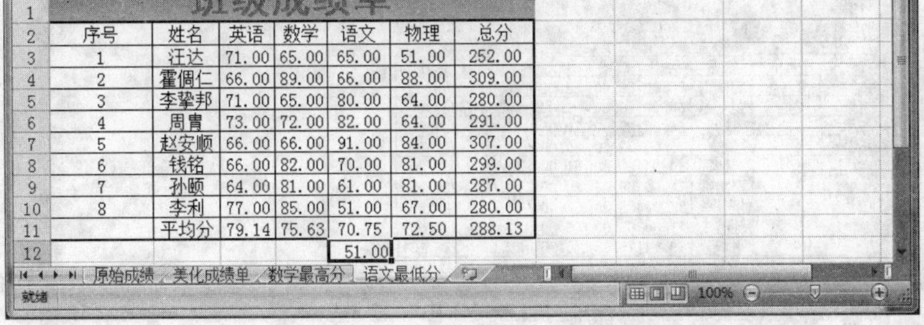

图 4-35 利用 MIN 函数操作后的结果

4.5 Excel 2007 中数据的管理

Excel 不仅为用户提供了制作表格、数据处理等功能，还提供了强大的数据管理功能，能对数据进行排序、筛选等操作，并且能够按照用户的要求生成分类汇总表等统计分析表。

4.5.1 数据排序

所谓数据排序是指将数据表中的数据按照某一字段或某几个字段以递增或递减的方式将数据重新排列。排列顺序分为降序和升序两种。

例：在"班级成绩单"文件中新建一个工作表，命名为"按总分排序"，并将"美化成绩单"工作表中的内容复制到该工作表中。

1. 按照"总分"进行降序排列，即排列出班级的总分排名

选择"按总分排序"为当前工作表。选中 B2:G10 单元格区域，选择"数据"选项卡，单击"排序"按钮，弹出"排序"对话框，如图 4-36 所示。在主要关键字中选择"总分"，在"排序依据"中选择"数值"，在"次序"中选择"降序"，单击"确定"按钮。排序结果如图 4-37 所示。

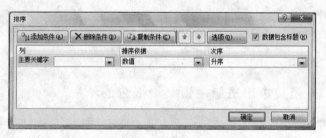

图 4-36 "排序"对话框

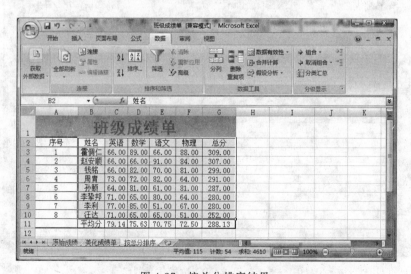

图 4-37 按总分排序结果

2. 依次按照"总分"、"数学"、"物理"进行降序排列

在"班级成绩单"文件中新建一个工作表,命名为"三级排序",并将"美化成绩单"工作表中的内容复制到该工作表中。

选择"按总分排序"为当前工作表。选中 B2:G10 单元格区域,选择"数据"选项卡,单击"排序",弹出"排序"对话框,如图 4-36 所示,在主要关键字中选择"总分",在"次要关键字"中选择"数学"和"物理",排序依据均为"数值","次序"均为"降序",单击"确定"。排序结果如图 4-38 所示。

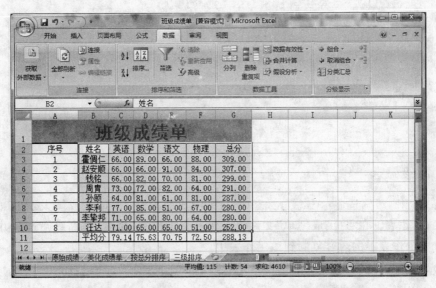

图 4-38　依次按照"总分"、"数学"、"物理"进行降序排列结果

4.5.2　数据筛选

所谓数据筛选就是将数据清单中符合条件的数据显示出来,不符合条件的数据将被隐藏起来。数据筛选分为高级筛选和自动筛选,高级筛选适用于筛选条件比较复杂的情况,而自动筛选则适用于筛选条件比较简单的情况。

1. 自动筛选

例:将"班级成绩单"中总分在 300 分以上的学生筛选出来形成一个新的工作表。首先在"班级成绩单"文件中新建一个工作表,命名为"按总分筛选",并将"美化成绩单"工作表中的内容复制到该工作表中。

选定"按总分筛选"工作表中任意一个单元格,切换到"数据"选项卡,单击"筛选"按钮,在各字段名的右侧会显示自动筛选箭头,然后单击"总分"右侧箭头,选择"数字筛选",选择"大于或等于",弹出"自定义自动筛选方式"对话框,输入数值 300,单击"确定"按钮。自动筛选结果如图 4-39 所示。

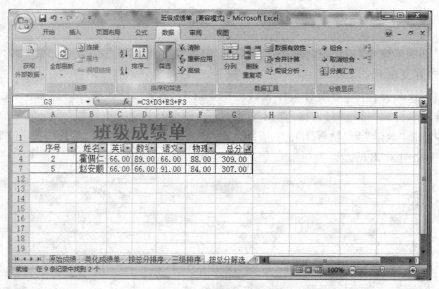

图 4-39　自动筛选结果

2．高级筛选

例：利用高级筛选显示出总分大于 300，数学成绩大于 80，语文成绩大于 65 的记录形成新的工作表。在"班级成绩单"文件中新建一个工作表，命名为"高级筛选"，并将"美化成绩单"工作表中的内容复制到该工作表中。

首先在"高级筛选"工作表的空白处建立筛选条件表，如图 4-40 所示。

图 4-40　建立筛选条件表

大学计算机应用基础

然后选中数据清单中任意单元格,在"数据"选项卡中单击"高级"按钮,出现"高级筛选"对话框,如图 4-41 所示。

最后在"高级筛选"对话框中"列表区域"中输入 $A$2:$G$11,在"条件区域"中输入 $B$13:$D$14,然后单击"确定"按钮即可,高级筛选的操作结果如图 4-42 所示。

图 4-41 "高级筛选"对话框

4.5.3 条件格式

为了使用户更加方便、直接的使用和管理数据表中的数据,可以为符合某些条件的数据进行特殊格式的设置。

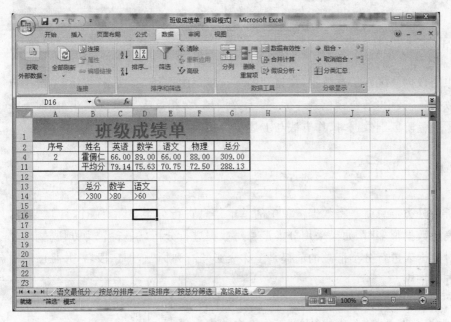

图 4-42 "高级筛选"的操作结果

例:在"班级成绩单"文件中新建一个工作表,命名为"条件格式",并将"美化成绩单"工作表中的内容复制到该工作表中。

1. 套用单元格格式

首先选择要设置的单元格区域 A2:G11,选择"开始"选项卡后,选择"单元格格式"按钮,选择"强调文字颜色 4",结果如图 4-43 所示。

2. 套用条件格式

选择要套用条件格式的单元格区域,选择"开始"选项卡,单击"条件格式"按钮,如果

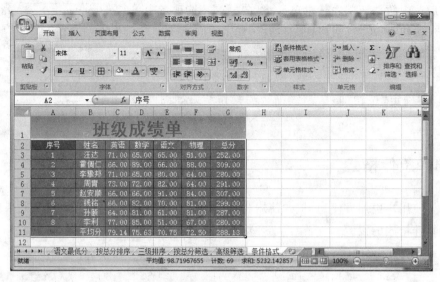

图 4-43　套用单元格格式操作结果

用户想用数据条区别所选数据,在打开的下拉菜单中选择"数据条"按钮,单击用户需要的颜色数据条,其中,渐变颜色条越大,表示数据越大,相反表示数据越小;同时 Excel 中还提供了用色阶区别数据,操作方法与上述步骤相同。

4.5.4　分类汇总

所谓分类汇总就是将数据清单中的基本信息进行分类显示、统计、计算等,尤其是当数据表中数据很多时,如果采用分类汇总对数据进行分析就显得较为方便。

对数据表进行分类汇总的前提是工作表必须有列标题,即字段名,并且已经对分类字段进行了排序。

例:在"班级成绩单"文件中新建一个工作表,命名为"分类汇总",并将"美化成绩单"工作表中的内容复制到该工作表中。

选中 A2:G10 单元格区域,切换至"数据"选项卡,单击"分类汇总",出现"分类汇总"对话框,如图 4-44所示。

按下述要求在对话框中选择,在"分类字段"中选择"序号",在"汇总方式"中选择"求和",在"选定汇总项"中选择"总分",如图 4-44 所示。分类汇总后的结果如图 4-45 所示。

图 4-44　"分类汇总"对话框

大学计算机应用基础

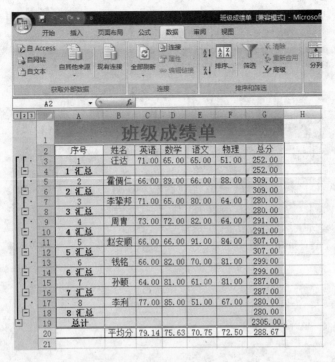

图 4-45　分类汇总后的结果

4.6　Excel 2007 中图表的应用

利用 Excel 中的图表可以很形象地显示出数据之间的关系,图表是根据数据来完成的,所以用户在应用的过程中如果将数据进行了修改,那么图表也会相应的做出改变。

4.6.1　创建图表

Excel 2007 中为用户提供了 14 种标准图表类型,其中最为常用的有柱形图、饼形图、折线图、面积图等。每种图表类型下又包含了许多种子类型,用户可以根据自己的实际需要进行选择与修改。

例:在"班级成绩单"文件中新建一个工作表,命名为"图表",并将"美化成绩单"工作表中的内容复制到该工作表中。

首先选中要绘制图表的数据区域 A2:F10,切换至"插入"选项卡,单击"图表"中任意一个图表类型,这里以柱形图为例进行介绍,选择"族状柱形图"按钮,如图 4-46 所示。建立的图表如图 4-47 所示。

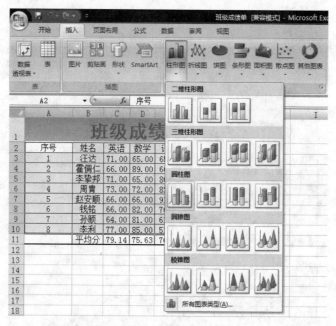

图 4-46　图表的建立

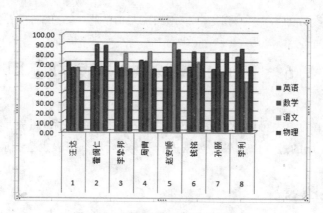

图 4-47　根据班级成绩建立的图表

4.6.2　图表的编辑与操作

1. 改变图表名称

在建立图表中，可以更改图表的名称。例如，首先选中要修改的图表，切换至"布局"选项卡，单击"属性"按钮，输入图表名称，如图 4-48 所示。

2. 改变图表位置

首先选中要修改的图表，切换至"设计"选项卡，单击"移动图表"按钮，弹出"移动图

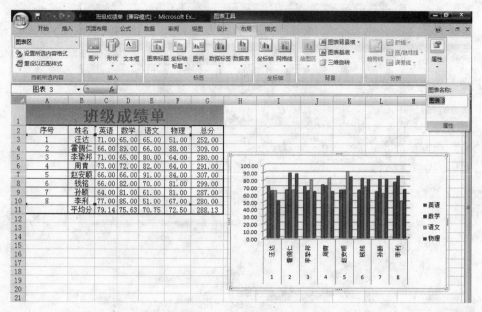

图 4-48　改变图表名称

表"对话框,选择要移动到的位置,单击"确定"按钮,如图 4-49 所示。

图 4-49　改变图表的位置

3. 改变图表类型

首先选中要修改的图表,切换至"设计"选项卡,单击"更改图表类型"按钮,弹出"更改图表类型"对话框,选择要改变的图表类型,单击选择要改变的子类型,单击"确定"按钮,如图 4-50 所示。

4. 改变图表数据

首先选中要修改的图表,切换至"设计"选项卡,单击"选择数据"按钮,弹出"选择数据源"对话框,单击"图表数据区域",重新选择数据区域,单击"确定"按钮,如图 4-51 所示。

5. 改变图表布局

首先选中要修改的图表,切换至"设计"选项卡,单击"图表布局"右侧的向下按钮,单击要修改的图表布局样式,如图 4-52 所示。

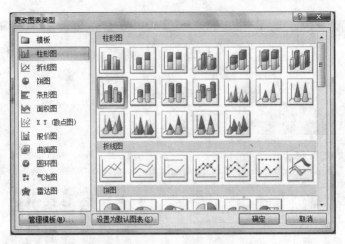

图 4-50 改变图表类型

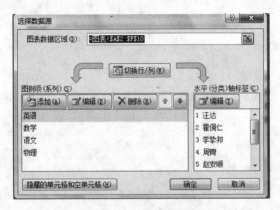

图 4-51 改变图表数据

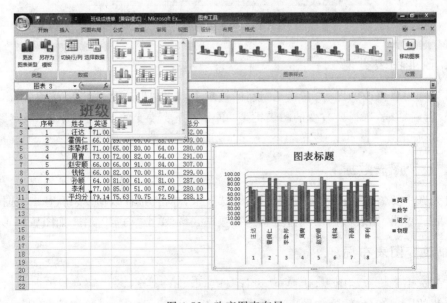

图 4-52 改变图表布局

6. 改变图表中字体格式

首先选中要改变图表中的字体，切换至"开始"选项卡，选择要改变的字体、字号等，然后按如图 4-53 所示步骤进行。

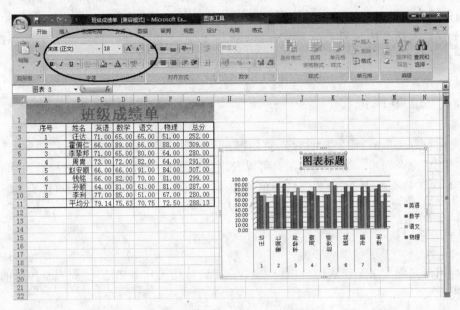

图 4-53　改变图表中字体格式

4.7　Excel 2007 中工作表的打印

用户在实际应用中，经常需要对自己已经设置好的工作表、图表等内容进行打印。Excel 提供的打印功能操作按照页面设置、打印预览、打印等步骤进行。用户也可以根据实际需要，对工作表的部分内容进行设置与打印。

4.7.1　页面设置

1. 设置纸张

在"页面设置"选项卡中的"页面设置"中选择"纸张大小"，弹出下拉菜单，选择合适的纸张。如果打印的工作表较为特殊，当在下拉菜单中没有需要的纸张类型时，可以选择最下方的"自定义边距"，弹出"页面设置"对话框，在"页面"选项卡中进行纸张的设置，同时可以对纸张的方向进行设置。

2. 设置页边距

在"页面设置"选项卡中的"页面设置"中选择"页边距"，弹出下拉菜单，系统自动提供了 3 种页边距,可以进行选择设置,如果没有适合的页边距,可以选择最下方的"自定义边距",弹出"页面设置"对话框,在"页边距"选项卡中进行页边距的设置。

3. 设置页眉页脚

打开"页面设置"对话框,切换至"页眉页脚"选项卡,可以进行页眉和页脚的格式设置。如果没有适合的页眉页脚样式,可以单击"自定义页眉"和"自定义页脚",弹出"页眉"、"页脚"对话框,输入用户自己设置的格式,单击"确定"按钮即可。

4.7.2 打印预览

页面设置结束后,需要查看设置效果时,单击 Office 按钮,选择"打印"命令,再选择"打印预览"命令即可。通过打印预览可以看出自己进行的格式设置是否符合要求、是否美观,如果不符合要求,可以关闭打印预览,返回到页面视图下,再次进行页面设置。

4.7.3 打印

当用户完成了对工作表的各项设置后,在正式打印工作表之前,还要对打印机的参数进行设置。

单击 Office 按钮,选择"打印"命令,再选择"打印"命令,弹出"打印内容"对话框,在此对话框中可以对"打印机"、"打印范围"、"打印内容"、"打印份数"等进行具体设置,单击"确定"按钮即可。

4.8 习   题

1. 思考题

(1) 简述 Excel 2007 中工作簿、工作表、单元格的概念。

(2) 举例说明如何进行分类汇总。

(3) 简述如何在工作表中进行自动筛选。

(4) 简述如何在工作表中进行高级筛选。

(5) 简述如何在工作表中建立图表。

2. 选择题

(1) 在 Excel 2007 中,"页面设置"功能在(   )选项卡中。

A. 开始   B. 插入   C. 页面布局   D. 数据

(2) 在 Excel 2007 中,选择不连续的单元格,只要按住(   )键的同时选择所要的单元格。

A. Ctrl   B. Shift   C. Alt   D. Esc

(3) 在 Excel 2007 中,对于 D5 单元格,其绝对单元格表示方法为(   )。

A. D5   B. D $ 5   C. $ D $ 5   D. $ D5

(4) Excel 2007 中引用单元格时,单元格名称中列标前加上"$"符,而行标前不加;或者行标前加上"$"符,而列标前不加,这属于(   )。

A. 相对引用   B. 绝对引用

C. 混合引用   D. 其他几个选项说法都不正确

(5) 计算 Excel 2007 工作表中某一区域内数据的平均值的函数是(   )。

A. sum   B. average   C. min   D. max

3. 填空题

(1) 在 Excel 2007 中,求和函数为_____。

(2) _____是 Excel 2007 工作簿的最小组成单位。

(3) Excel 2007 工作簿的扩展名为_____。

(4) Excel 2007 提供了"_____"和"高级筛选"两种筛选方式。

(5) 在 Excel 2007 中,向单元格中输入公式时,输入的第一个符号是_____。

第 **5** 章 演示文稿软件 **PowerPoint** 2007 应用

本章主要内容:

- 演示文稿 PowerPoint 2007 概述
- 演示文稿工作环境
- 演示文稿基本操作
- 幻灯片外观设计
- 演示文稿的播放效果设计
- 演示文稿的放映
- 演示文稿的打印和转移

5.1 演示文稿 **PowerPoint** 2007 概述

PowerPoint 2007 是 Microsoft Office 2007 软件包中的一个用于制作演示文稿的办公软件。它使用户可以快速制作极具感染力的动态演示文稿。

演示文稿通过每一张幻灯片显示信息。演示文稿中不但可以输入和编辑本文、表格、艺术字等对象,插入图形、动画、声音等多媒体资料,还可以进行幻灯片的外观设计,设置幻灯片的播放效果和放映方式,使演示文稿声情并茂,从而加强演示效果。也可以对演示文稿进行打印预览和打印。在教学演示、商业会议、科学技术交流等领域中,演示文稿都有着广泛的应用。

5.2 演示文稿的工作环境

启动 PowerPoint 2007 软件后,打开如图 5-1 所示的窗口。PowerPoint 2007 工作窗口中,新添加了 Office 按钮,取代了 Office 2003 中的"文件"菜单,并且新设置了快速访问工具栏。工作窗口的上部为功能区,功能区旨在帮助用户快速找到完成某一任务所需要的命令。命令被组织在逻辑组中,逻辑组集中在选项卡下。工作窗口的下部为状态栏,从左至右依次为视图指示器、主题指示器、拼写检查和语言指示器、视图快捷方式、显示、缩放相关状态指示。

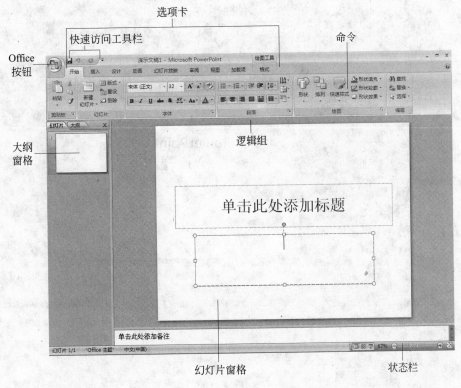

图 5-1　PowerPoint 2007 的工作窗口

5.2.1　PowerPoint 2007 的视图

　　PowerPoint 2007 包括 4 种不同的视图，可以以不同的形式在屏幕上安排幻灯片和工具，以操作并观看演示文稿。应用哪种视图取决于自己在做什么。要显示不同的视图，单击 PowerPoint 2007 窗口右下方的"视图"按钮即可。

　　PowerPoint 2007 提供了普通视图、幻灯片浏览视图、幻灯片放映视图、备注页视图。

1. 普通视图

　　普通视图为默认视图，可用于编辑或设计演示文稿。它有 3 个窗格："普通视图窗格"，它包括"大纲"和"幻灯片"选项卡，位于中间的"幻灯片"窗格和窗格下方的"备注"窗格，如图 5-2 所示。

　　"大纲"选项卡可以显示演示文稿大纲，以文本形式显示每张幻灯片的主标题、层次小标题和正文内容。"幻灯片"选项卡可以显示演示文稿中所有幻灯片的缩略图，以图标形式显示。

　　演讲者可以将演示文稿的注释或备注内容写在"备注"窗格中。

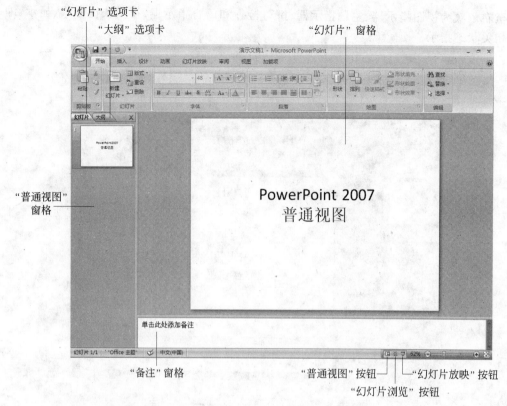

图 5-2　幻灯片普通视图

2. 幻灯片浏览视图

幻灯片浏览视图以缩略图形式显示幻灯片的视图,可以让用户一目了然地浏览所有幻灯片,并可以对幻灯片之间进行移动、复制、删除等操作,如图 5-3 所示。

3. 幻灯片放映视图

在幻灯片放映视图中,幻灯片将按顺序进行全屏幕放映,同时展示所放置的幻灯片的动画效果和幻灯片间的切换效果。

4. 备注页视图

用户可以在"普通"视图中的"备注"窗格中输入备注。在"视图"选项卡的"演示文稿视图组"中单击"备注页"命令,用户就可以以整页格式查看和使用备注,如图 5-4 所示。

5.2.2　任务窗格

通过任务窗格,可以完成 PowerPoint 2007 通常的操作任务,所有任务窗格只在特定条件下显示在工作窗口的右侧区域,并可以同时打开多个任务窗格,如图 5-5 所示。

可以打开右侧任务窗格的常用命令有剪贴画、信息检索、重用幻灯片、选择和可见性、剪贴板和自定义动画等。

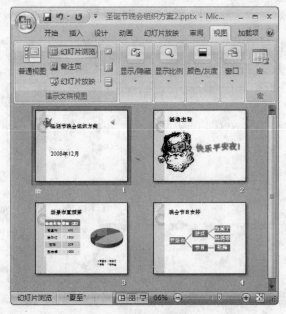

图 5-3　幻灯片浏览视图

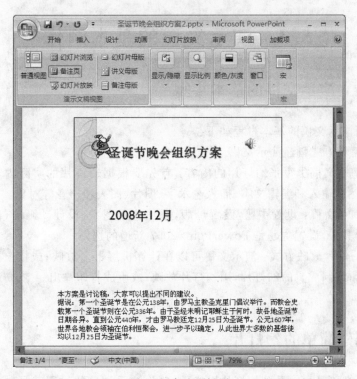

图 5-4　备注页视图

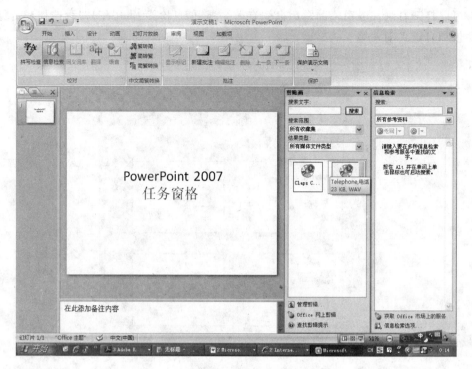

图 5-5   任务窗格

5.3   演示文稿的基本制作

5.3.1   建立演示文稿的基本步骤

建立一篇演示文稿的基本过程如下:

① 选择一种方式创建演示文稿。

② 建立演示文稿中每张幻灯片的内容:首先要根据幻灯片的实际内容选择不同的幻灯片版式,然后输入和编辑文本,插入艺术字、图片、图表和声音等对象。

③ 美化演示文稿:设置主题,设置母版,添加背景图案,设计动画等,以增加幻灯片的演示效果。其中,设置主题是 PowerPoint 2007 新增的选项。

④ 设置幻灯片放映方式:演示文稿可以在计算机屏幕上放映;或接上投影仪通过大屏幕进行演示;或制成真的幻灯片,用幻灯片放映;或生成打印输出。

⑤ 保存演示文稿。

5.3.2   创建简单的幻灯片

一个演示文稿是由一系列幻灯片组成的,制作演示文稿的过程就是制作幻灯片的过程,每一张幻灯片的内容是由一个个对象组成的,这些对象可以是文本内容,这是演示文稿的主要组成部分;还有一些重要的组成部分如表格、图形、图表、图像、组织结构图和声音等媒体信息。

根据演示文稿内容的数量和设计,可以使用3种不同方式创建演示文稿。

1. 使用模板创建演示文稿

模板提供了与所添加幻灯片内容的字体、版式、颜色等相一致的设计方案。下面我们使用模板创建演示文稿,具体的步骤如下:

① 单击 Office 按钮,选择"新建"命令,打开"新建演示文稿"对话框。

② 从左侧模板类别列表框中选择"已安装的模板"选项,在视图中间区域选择模板的形式,比如"古典型相册"模板,如图 5-6 所示。

图 5-6 选择已安装的模板

③ 在对话框右下角单击"创建"按钮,即可完成新演示文稿的创建。新创建的演示文稿如图 5-7 所示,然后就可以在演示文稿中添加具体内容、添加和删除幻灯片。

提示:Microsoft Office Online 网站提供了各种模板。在搜索窗口中输入关键字,可以在线搜索其他模板。

2. 根据现有内容新建演示文稿

此种方法就是从现有的演示文稿中复制与所要创建的演示文稿内容格式相似的演示文稿。

① 单击 Office 按钮,选择"新建"命令,打开"新建演示文稿"对话框。

② 双击"从现有内容新建"选项。打开"根据现有演示文稿新建"对话框,如图 5-8 所示。

图 5-7　新创建的演示文稿

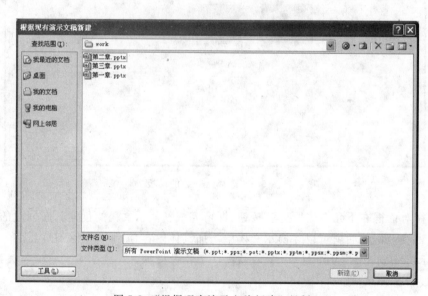

图 5-8　"根据现有演示文稿新建"对话框

③ 选择所需的现有演示文稿。

④ 单击"新建"按钮,就创建了原有演示文稿的副本,根据此副本进行修改。

3. 新建空白演示文稿

① 单击 Office 按钮,选择"新建"命令,打开"新建演示文稿"对话框,如图 5-9 所示。

—————————— 大学计算机应用基础

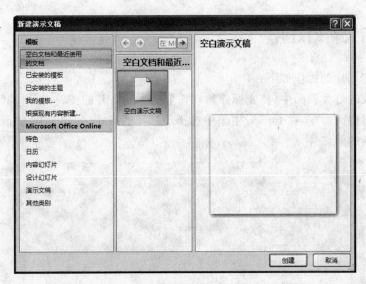

图 5-9　"新建演示文稿"对话框

② 在"模板"选择区域选择"空白文档和最近使用的文档"选项,在视图中间区域选择"空白演示文稿"选项。

③ 在对话框右下角单击"创建"按钮,即可完成新演示文稿的创建。新创建的演示文稿如图 5-10 所示,然后就可以添加更多的幻灯片了。

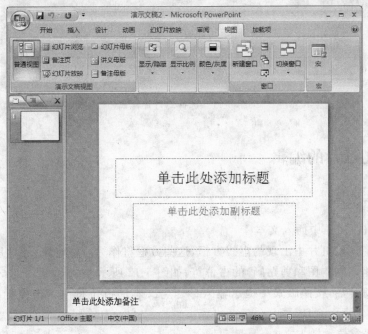

图 5-10　新创建的演示文稿

5.3.3 插入新幻灯片

插入新幻灯片的操作如下：

在大纲或幻灯片视图中，将光标停留在需要插入幻灯片的图符上，选择"开始"选项卡下的"新建幻灯片"命令，在 Office 主题中选择幻灯片的样式，如图 5-11 所示，即在需要的位置插入了新的幻灯片。

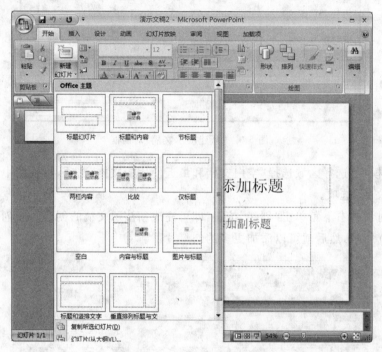

图 5-11 选择幻灯片样式

5.3.4 幻灯片的编辑

1. 文本处理

（1）在"占位符"中插入文本

"占位符"即幻灯片中出现的虚线方框，这些方框将作为一些对象（幻灯片标题、文本、图表、表格、组织结构图和剪贴画）的占位符，如图 5-12 所示。

新建幻灯片后，按照版式中提示输入标题与文本的占位符内单击鼠标，即可输入文本，如图 5-13 所示。

（2）在任意位置插入文本

如果需要在幻灯片的任意位置处添加文本，可以选择"插入"选项卡下的"文本框"的下拉箭头，单击"横排文本框"或"垂直文本框"，如图 5-14 所示。

图 5-12　占位符

图 5-13　在占位符中输入文本

图 5-14　选择"插入"文本框

按住鼠标左键在需要添加文本的位置拖动出一个虚线框。在虚线框中输入文字,框内的文字会自动换行,可以输入整段文字,如图 5-15 所示。

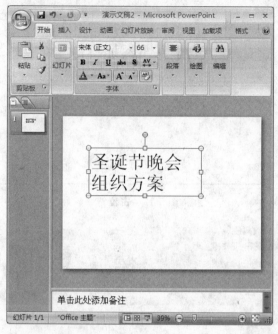

图 5-15　在文本框中输入文字

（3）编辑文本

在文本占位符中输入文本以及对文本的选取、复制、剪切、粘贴、字体设置、对齐方式等基本的编辑操作同 Word 字处理软件中的操作。

2. 插入艺术字

艺术字是一种可以让用户创建具有个人风格的、有趣的文字。这种文字可以有不同的外形,还可以扭曲、倾斜等。

选择"插入"选项卡下的"艺术字"命令,在下拉列表框中选择一种艺术字样式,出现"请在此键入您自己的内容"对话框,在对话框中输入文字,即在当前幻灯片中,插入指定样式、指定内容的艺术字。同时会显示"格式"工具栏,可以进一步修饰艺术字,如改变艺术字形式样式、艺术字样式、排列、大小等。

3. 插入图片

PowerPoint 2007 幻灯片中可以插入剪贴画和图片。二者的区别在于将其插入幻灯片的方式不同。剪贴画中包括了绘图、影片、声音或库存照片,以展示特定的概念。图片是指插入来自指定文件中的图片。

（1）插入剪贴画

要插入剪贴画,需要激活"剪贴画"任务窗格,可以用两种方法激活该窗格:

① 单击功能区"插入"选项卡中的"剪贴画"按钮。

　　大学计算机应用基础

② 单击功能区"开始"选项卡上的"版式"按钮,在打开的版式库中选择"标题和内容"、"两栏内容"、"比较"或"内容与标题"幻灯片版式,显示如图 5-16 所示的对象占位符。在占位符中可以插入表格、图表、SmartArt 图形、来自文件的图片、剪贴画和媒体剪辑等对象。单击剪贴画图标激活如图 5-17 所示的"剪贴画"窗格。

图 5-16　对象占位符

可以在"剪贴画"窗格中按关键字搜索所需的剪贴画,在剪贴画收藏集中单击所选的图形缩略图,剪贴画将被插入到当前的幻灯片中。选中剪贴画,可以重新设置其格式、颜色等,如图 5-18 所示。

图 5-17　"剪贴画"窗格

图 5-18　插入剪贴画

（2）插入来自文件中的图片

插入来自文件中的图片,选择带有对象占位符的幻灯片版式,单击对象占位符中"插入来自文件的图片"的图标,或选择功能区"插入"选项卡中的"图片"按钮,打开如图 5-19 所示的"插入图片"对话框,选择要插入的图片。

- 可以单击"插入"按钮将图片插入到幻灯片中。
- 也可以单击"插入"按钮旁的下拉箭头,打开一个下拉菜单,选择"链接到文件"选项或"插入和链接"选项。

4. 插入图表

图表便于用户分析查看数据差异、类别和预测趋势。利用 PowerPoint 2007 可以制作多种样式的图表。

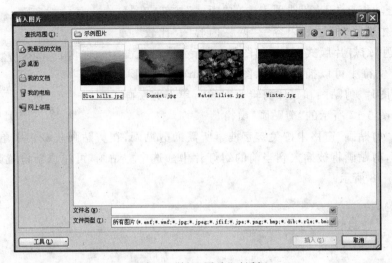

图 5-19 "插入图片"对话框

单击"插入"选项卡中的"图表"按钮，或者选择带有对象占位符的幻灯片版式，单击对象占位符中"插入图表"的图标，如图 5-20 所示。

打开如图 5-21 所示的"插入图表"对话框。

从对话框中选择一种图表格式，单击"确定"按钮，即可插入该类型的图表，同时会出现一个含有示例图表数据的 Excel 数据表窗口，如图 5-22 所示。

单击数据表中的单元格，即可修改图表中的数据，单击 Excel 数据表格窗口的关闭按钮，回到 PowerPoint 2007 窗口，完成图表的创建。若仍需

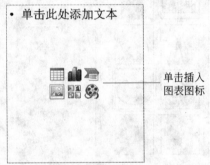

图 5-20 插入图表图标

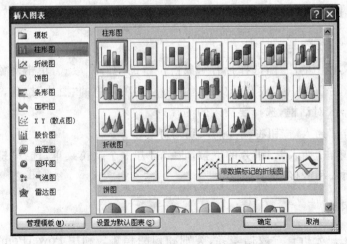

图 5-21 "插入图表"对话框

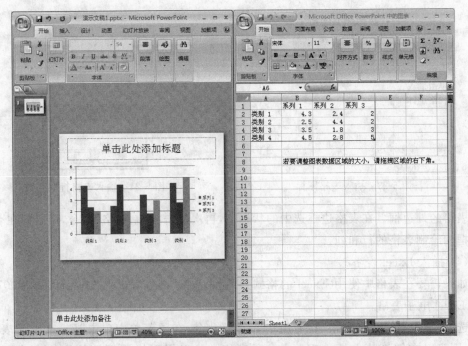

图 5-22　含有示例图表数据的 Excel 数据表窗口

修改图表的数据，用鼠标右键单击图表对象，出现右键菜单，单击"编辑数据"命令，会再次出现 Excel 表格窗口。若需编辑图表，单击"图表工具"选项卡中的"设计"、"布局"、"格式"子选项卡，选择功能组中的命令，进行修改数据标签，修改数据值，设置数据标签和数值的格式等操作。

5．插入表格

表格是用行和列显示数据和文本的。在 PowerPoint 2007 中使用表格与在其他 Office 组件中使用一样，方法简单。在 PowerPoint 2007 中插入表格有多种方法。

（1）使用表格命令插入表格

单击"插入"选项卡"表格"功能组中的"表格"命令，用鼠标在出现的下拉表格列表中画出所需的行和列，单击鼠标左键，即可插入表格。或单击下拉的子菜单中"插入表格"命令，在"插入表格"对话框中输入要插入表格的行数和列数，即可插入表格。

（2）使用占位符添加表格

选择带有对象占位符的幻灯片版式，单击对象占位符中"插入表格"的图标，如图 5-23 所示。

在弹出的设置表格行列的对话框中，输入需要表格的行数和列数，如图 5-24 所示。单击"确定"按钮，即可插入表格。

（3）绘制表格

选择"插入"选项卡"表格"功能组中的"表格"命令，在出现的子菜单中选择"绘制表格"命令，此时光标变为铅笔形状，可以在幻灯片的任意位置用鼠标铅笔拖出一个矩形框，

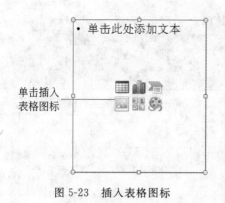

单击插入
表格图标

图 5-23　插入表格图标

图 5-24　输入表格行数列数

作为表格的外边框。在表格边框选中的状态下,再次单击"绘制表格"命令,用鼠标在表格外边框内绘制表格的行和列。

(4) 插入 Excel 表格

如果需要在表格中使用 Excel 的格式设置和计算功能,可以在 PowerPoint 2007 中插入 Excel 电子表格。

选择"插入"选项卡"表格"功能组中"表格"命令,在子菜单中单击"Excel 电子表格"命令,则可以在幻灯片上插入 Excel 电子表格。可以用表格手柄调整表格大小,与在 Excel 电子表格中一样输入表格数据。单击 Excel 电子表格外的任何位置返回到正常的 PowerPoint 2007 界面。如果需要重新编辑 Excel 电子表格,可以双击原表格,进入 Excel 编辑状态。

插入表格后,可以在单元格中输入文本。单击"表格工具"选项卡中的"设计"、"布局"子选项卡中的命令编辑设置表格。

6. 插入组织结构图

组织结构图用于显示组织中的分层信息或上下级关系,是一组预先定义好的文本框,通过线条连接在一起的对象集合。SmartArt 图形包括 7 种类型的图示:列表、流程、循环、层次结构、关系、矩阵、棱锥图。

单击"插入"选项卡下"插图"功能组中的 SmartArt 命令按钮或者对象占位符中的"插入 SmartArt 图形"图标,出现"选择 SmartArt 图形"对话框。用鼠标左键从列表对话框中选择一种 SmartArt 图形,单击"确定"按钮,即可将选中的 SmartArt 图形插入幻灯片。在文本框中输入文本后,可通过"SmartArt 工具"选项卡中的"设计"、"格式"子选项卡中的命令编辑设置 SmartArt 图形。

7. 插入视频和声音

在演示文稿中运用视频、声音等多媒体素材,可以使演示文稿更加生动,增强幻灯片的感染力。在幻灯片中可以插入的声音文件类型包括.wav、.aif、.aiff、.aifc 和.au,视频文件类型一般有.avi 和.mpg 两种格式。

1）插入视频

单击"插入"选项卡"媒体剪辑"功能组中的"影片"命令按钮的下拉箭头,可以在下拉菜单中选择以下两种插入声音的方式。

（1）文件中的影片

单击"文件中的影片"命令按钮,在弹出的对话框中选择视频文件所在的位置,单击"确定"按钮,弹出如图 5-25 所示的对话框。

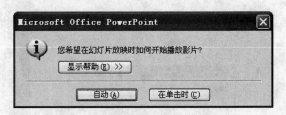

图 5-25　视频的播放方式对话框

选择视频的播放方式后,可见视频文件被插入到幻灯片中。选择"自动"按钮,则视频将在播放幻灯片时,自动播放;如果选择"在单击时"按钮,则播放幻灯片时单击视频文件图标才开始播放视频。

（2）剪辑管理器中的影片

单击"剪辑管理器中的影片"命令按钮,启动剪辑管理器。在任务窗格中选择剪辑影片,将其插入到幻灯片中。插入的剪辑影片周围出现 8 个控制点,用鼠标拖动控制点,可以调整对象大小及位置。

2）插入声音

单击"插入"选项卡"媒体剪辑"功能组中的"声音"命令按钮的下拉箭头,可以在下拉菜单中选择以下 4 种插入声音的方式。

（1）文件中的声音

单击菜单中"文件中的声音"命令,弹出对话框,选择合适的包含声音文件的路径,单击"确定"按钮后,在弹出的播放声音设置对话框中设置播放的方式,如图 5-26 所示。

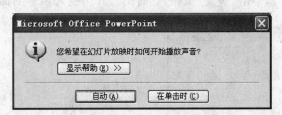

图 5-26　插入文件中的声音

（2）剪辑管理器中的声音

单击菜单中"剪辑管理器中的声音"命令,出现"剪贴画"窗口,单击剪贴画窗口中的声音文件,出现播放声音设置对话框,选择播放声音方式后,将在幻灯片上出现小喇叭图标,如图 5-27 所示。

图 5-27　插入剪辑管理器中的声音

（3）播放 CD 乐曲

选择菜单中"插入 CD 乐曲"命令，弹出对话框，如图 5-28 所示，在"剪辑选择"选项组中输入开始曲目和结束曲目的编号，如果要在某乐曲的某个时间点开始播放或结束播放，可以在时间文本框里输入该时间点的具体值。单击"确定"按钮，此时将出现播放声音文件提示对话框，选择一种合适的播放方式即可。

（4）录制声音

用户可以通过计算机的麦克风接口接入小麦克风，录制声音。单击菜单中"录制声音"命令，弹出"录音"对话框，如图 5-29 所示。单击对话框中的录音按钮（红色圆圈），开始录音。单击停止按钮（方框按钮）录音结束。若要播放录音查看效果，单击播放按钮（三角按钮）。录音合适后，单击"确定"按钮，此时幻灯片中插入声音图标。

图 5-28　"插入 CD 乐曲"对话框

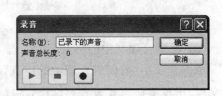

图 5-29　"录音"对话框

5.3.5 保存演示文稿

当幻灯片编辑完成后，单击 Office 按钮，选择"保存"命令，第一次保存文件时，会出现保存文档对话框，选择演示文稿的保存路径，并命名演示文稿。演示文稿保存的默认文档类型为"演示文稿(＊.pptx)"，该类型是 PowerPoint 2007 的演示文稿类型，可以单击保存对话框底部的"保存类型"下拉列表框，从中选择所希望的保存类型即可。如果需要兼容之前的旧版本，需要选择保存类型为"PowerPoint 97-2003 演示文稿(＊.ppt)"。

5.3.6 案例 5-1

本节运用前面介绍的一些方法，制作完成圣诞节晚会组织方案演示文稿。具体操作步骤如下：

① 新建一个 PowerPoint 2007 空白演示文稿，如图 5-30 所示。

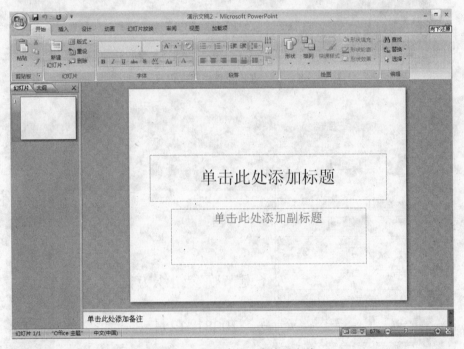

图 5-30　新创建的空白演示文稿

在演示文稿的标题和副标题占位符中输入文本，如图 5-31 所示。

② 插入第二张幻灯片。在幻灯片视图中，将光标停留在第一张幻灯片的图符上，创建"标题和内容"样式的空白幻灯片，如图 5-32 所示。

③ 编辑第二张幻灯片。首先，在演示文稿的标题占位符中输入文本"活动主旨"。然后，插入剪切画，在激活的"剪贴画"窗格中，搜索文字"圣诞"字样，将如图 5-33 所示的剪贴画插入到第二张幻灯片中。

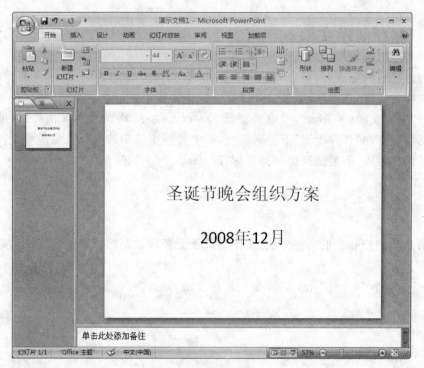

图 5-31　在占位符中输入内容

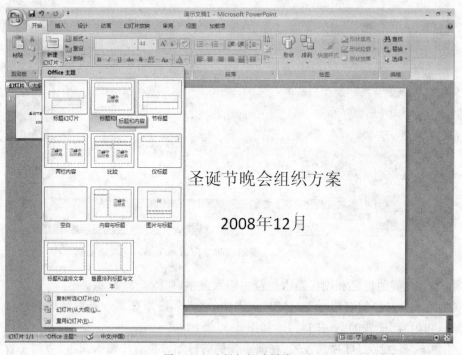

图 5-32　选择幻灯片样式

图 5-33　插入剪贴画

插入艺术字"快乐平安夜!",其艺术字样式为"渐变填充-强调文字颜色 1",如图 5-34 所示。

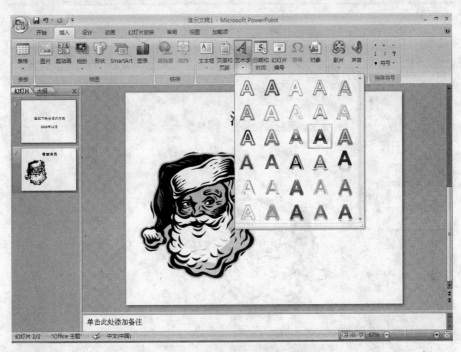

图 5-34　选择艺术字样式

选中显示"格式"工具栏中的"文字效果"命令,改变艺术字样式为"波形 2",如图 5-35 所示。

第二张"活动主旨"幻灯片最终效果如图 5-36 所示。

④ 创建第三张幻灯片。新建一张样式为"两栏内容"的幻灯片,在演示文稿的标题占

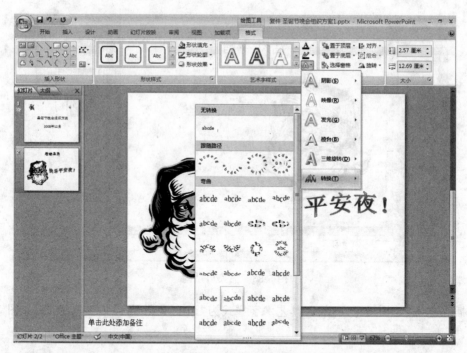

图 5-35　修饰艺术字效果

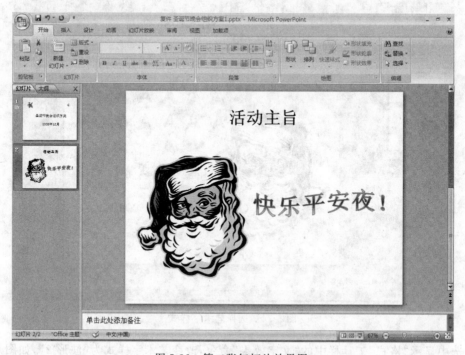

图 5-36　第二张幻灯片效果图

位符中输入文字"场景布置预算"。在幻灯片左侧插入 5 行 2 列的表格,在表格中输入如图 5-37 所示的文本。

　大学计算机应用基础

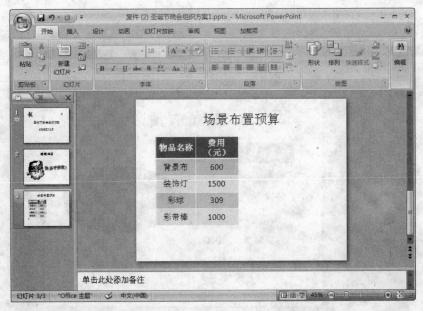

图 5-37　在表格中输入内容

　　在幻灯片右侧插入图表，类型为三维饼图。通过将左侧表格中的数据复制到 Excel 数据表窗口方法，自动绘制出相应的图表，如图 5-38 所示。

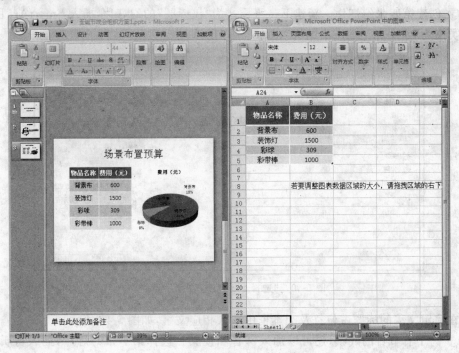

图 5-38　编辑 Excel 数据表

　　选择"图表工具"选项卡中的"设计"子选项卡，设置图表布局为"布局 3"，如图 5-39 所示。

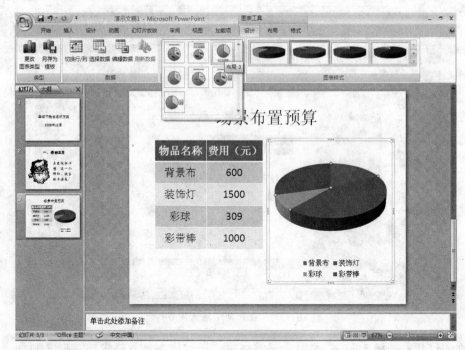

图 5-39　设置图表布局

⑤ 创建第四张幻灯片。新建下一张样式为"仅标题"的幻灯片,插入 SmartArt 图形,图形类型为"水平标记的层次结构",如图 5-40 所示。

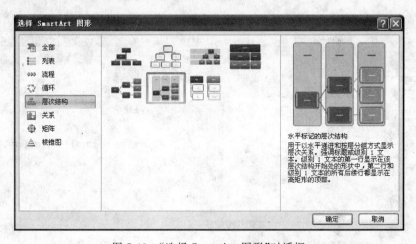

图 5-40　"选择 SmartArt 图形"对话框

在演示文稿的标题占位符及文本框中输入相应文字,如图 5-41 所示。

⑥ 为了有节日的气氛,还可以加入声音和视频。选择第一张幻灯片,插入剪辑管理器中的影片,在"影片"文件类型中搜索"圣诞"关键字,选择如图 5-42 所示的剪辑影片,插入到幻灯片中,调整对象大小及位置。

同样方法,插入声音,如图 5-43 所示。

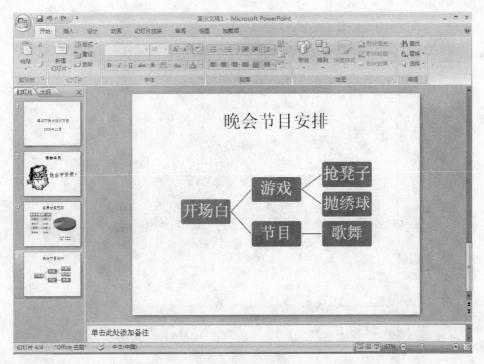

图 5-41　输入文字

图 5-42　插入影片

图 5-43　插入声音

⑦ 当幻灯片编辑完成后,单击 Office 按钮,选择"保存"命令,第一次保存文件时,会出现保存文档对话框,选择演示文稿的保存路径,并命名演示文稿。

5.4　幻灯片的外观设计

在初步完成演示文稿中的幻灯片制作后,可以应用设计模板、配色方案和母版等方法设置幻灯片的效果,设计出精美的演示文稿外观。

5.4.1　设计模板的使用

在重复创建相似的演示文稿时,可以应用模板创建风格统一的演示文稿。

单击 Office 按钮,选择"新建"命令,打开"新建演示文稿"对话框,在窗格左侧选择"已安装的模板"选项,在视图中间选择需要的模板,如图 5-44 所示。

单击窗格下方"创建"按钮,即可创建一个基于被选择模板的新演示文稿,如图 5-45 所示。

5.4.2　使用配色方案

每个 PowerPoint 2007 主题都包含多个可供选择的配色方案。配色方案包括 12 种

图 5-44　选择"已安装的模板"选项

图 5-45　基于被选择模板的新演示文稿

协调色，它用于演示文稿的文字和背景、强调文字、超链接和已访问的超链接部分。

　　选择幻灯片配色方案方法为：单击"设计"选项卡中的"颜色"按钮，打开主题和内置配色方案库，单击喜欢的配色方案将其应用到演示文稿中。

　　如果用户需要在演示文稿中应用多个配色方案，选择要应用单独配色方案的一张或多张幻灯片,单击"设计"选项卡中的"颜色"按钮,在配色方案库中右击所选的配色方案,选择"应用与所选幻灯片"命令即可。

5.4.3 幻灯片母版的设计

母版用来存储和设置演示文稿中的统一标志和背景内容、标题和主要文字的格式等内容。方便用户对演示文稿进行全局更改。

新建一个演示文稿或打开一个已经存在的演示文稿,单击"视图"选项卡"演示文稿"功能组,从中选择幻灯片母版视图,如图 5-46 所示。

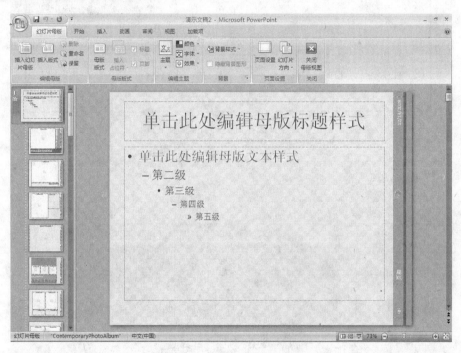

图 5-46 选择幻灯片母版视图

可以通过插入图片的方法为幻灯片添加背景图片,并将背景图片置于底层。也可以通过工具栏中的各种命令编辑母版版式、主题、背景,设置页面等。

5.4.4 案例 5-2

本节运用前面介绍的各种方法,应用幻灯片母版及配色方案,修饰案例 5-1 的圣诞节晚会组织方案演示文稿。具体操作步骤如下:

打开案例 5-1 制作完成的圣诞节晚会组织方案演示文稿。将幻灯片切换到幻灯片母版视图模式,如图 5-47 所示。

单击"编辑主题"功能组中"主题"命令下拉菜单,从中选择"夏至"主题,可看到幻灯片母版发生相应的变化,如图 5-48 所示。

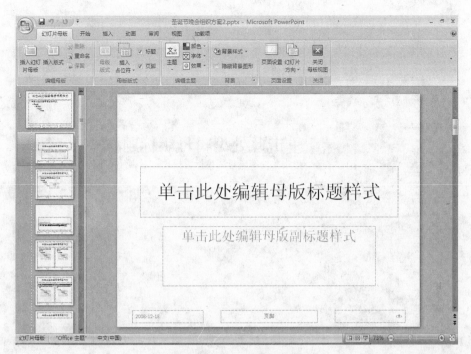

图 5-47　幻灯片母版视图

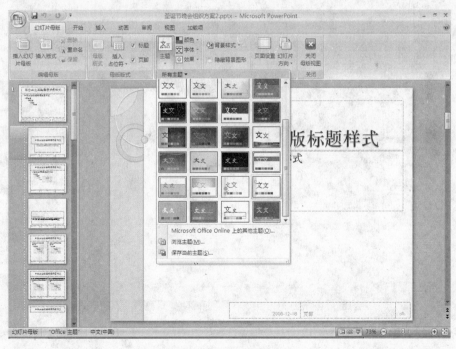

图 5-48　选择"夏至"主题

单击"关闭"功能组中的"关闭母版视图"按钮，如图 5-49 所示，幻灯片回到普通视图。演示文稿的每张幻灯片母版都应用了"夏至"主题，效果如图 5-50 所示。

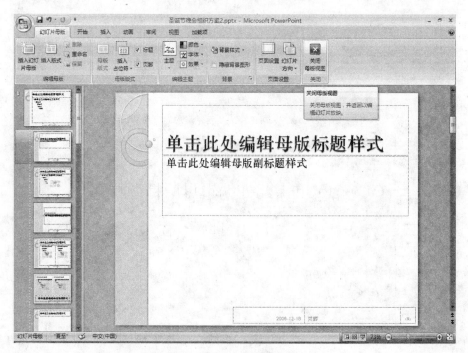

图 5-49　关闭母版视图

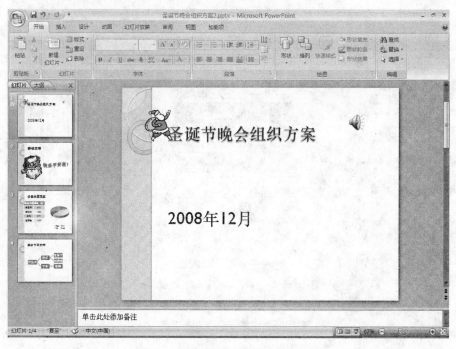

图 5-50　应用"夏至"主题的幻灯片

5.5 演示文稿的播放效果设计

在 PowerPoint 2007 中，可以对文本、对象和幻灯片切换等设置动画效果。
PowerPoint 2007 包括两种类型的动画：自定义动画和翻页动画。自定义动画主要是
对幻灯片中的各个对象设置的动画，翻页动画是对幻灯片切换时给整张幻灯片设置的
动画。

5.5.1 幻灯片内动画设置

为幻灯片上的对象添加动画效果的步骤如下：

首先选择要动画显示的对象，然后从"动画"选项卡"动画"组中"动画"下拉列表框中
选择需要应用的动画，选项包括擦除、淡出或飞入。在从"动画"下拉列表框中选择动画
时，鼠标稍做停留，可以预览动画效果。当幻灯片中的对象具有动画效果时，动画选项卡
下的预览功能组中的预览命令变为可用。单击预览命令，也可以预览幻灯片的动画效果。
要删除动画，从列表中选择"无动画"选项即可。

如果这些现有的动画无法满足需要，可以创建自定义动画。"自定义动画"任务窗格
提供了更高级的动画选项。

① 单击"动画"选项卡中的"自定义动画"按钮，打开"自定义动画"任务窗格。

② 选择要动画显示的文本或对象。

③ 单击"添加动画效果"按钮显示有更多选项的菜单。

- 进入：确定文本或对象如何进入幻灯片，选项包括"百叶窗"、"盒状"、"棋盘"、"菱
  形"和"飞入"。
- 强调：为文本或对象添加强调效果，选项包括"更改字体"、"更改字号"、"更改字
  形"、"放大/缩小"和"陀螺旋"。
- 退出：确定文本或对象如何退出幻灯片，选项包括"百叶窗"、"盒状"、"棋盘"、"菱
  形"和"飞出"。
- 动作路径：设置所选文本或对象的动作路径，选项包括"对角线向右下"、"对角线
  向右上"、"右下"、"向左"、"向右"和"向上"；还可以绘制基于直线、曲线、任意多边
  形或自由曲线的自定义路径。

④ 从子菜单中单击需要的效果类型。如果"自动预览"复选框被选中，则在应用动画
时就可以预览实际的动画效果了。

⑤ 要查看完整的效果列表，选择"其他效果"或"其他动作路径"菜单选项，打开相应
效果的对话框。选择动画效果后单击"确定"按钮关闭对话框。

⑥ 为对象添加动画后，从"自定义动画"任务窗格的"开始"下拉列表框中选择开始动
画的时间。根据所选自定义动画的不同，可能会显示更多的下拉列表框，如"方向"、"速

度"、"字形"、"期间"等,选择喜欢的选项。

⑦ 单击"播放"按钮,在当前视图中查看动画;或者单击"幻灯片放映"按钮,在幻灯片放映中查看动画。

添加的每个动画事件都按输入的顺序显示在"自定义动画"列表中。如果列表中有多个动画,列表将被编号,编号同时显示在幻灯片中以指示动画的位置,但这些编号在打印或幻灯片放映时不出现,如图 5-51 所示。

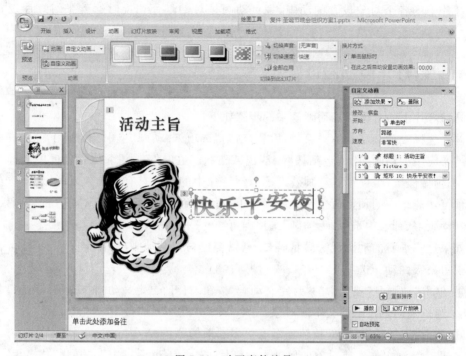

图 5-51　动画事件编号

"自定义动画"任务窗格还提供了选项来添加更多动画效果、设置计时、重新排列动画事件的顺序以及动画显示用户添加到幻灯片中的图示、组织结构图、媒体剪辑或其他图表的部分内容。

5.5.2　幻灯片间切换设置

设置幻灯片切换是最常用的动画效果之一。PowerPoint 2007 提供了多种切换选项,包括淡出、溶解和擦除等。在这些主要类别中还可以选择方向,例如向上、向下、向左或向右擦除。

在"普通视图"或"幻灯片浏览"视图的"幻灯片"选项卡中选择要应用切换效果的幻灯片,要选择多张不连续的幻灯片,按 Ctrl 键;要选择多张连续的幻灯片,按 Shift 键;要选择全部幻灯片,按 Ctrl+A 键。

① 在"动画"选项卡中选择显示在"切换到此幻灯片"选项组中的切换选项。鼠标在

切换命令上稍做停留，即可预览切换效果。要获得更多选项可以单击选项卡上切换选项右侧的下拉箭头从切换选项库中选择一种切换，如图 5-52 所示。

图 5-52　切换选项库

② 要为切换添加声音效果，可从"切换声音"下拉列表框中选择声音。如果要使用用户计算机中的声音，可以从下拉列表框中选择"其他声音"选项，打开"添加声音"对话框，导航到要使用的声音，选择声音后单击"确定"按钮。如果要连续播放声音直到遇到下一段声音文件，单击"播放下一段声音之前一直循环"选项。

5.5.3　创建交互式演示文稿

在放映演示文稿时，用户不仅可以按顺序播放幻灯片，还可以控制幻灯片的放映顺序。通过创建动作按钮，可以建立幻灯片间的互动关系。通过插入超级链接，利用它可以跳转到同一演示文稿中的另一张幻灯片、另一个演示文稿或不同文件中。

1．创建动作按钮

所谓动作按钮就是一组可以控制幻灯片放映动作或进行幻灯片之间跳转的立体按钮。在幻灯片中创建动作按钮后，放映时单击它就可以跳转到某个位置，使幻灯片间建立互动关系。PowerPoint 2007 包括 12 种不同的动作按钮：后退或前一项、前进或下一项、开始、结束、第一张、信息、上一张、影片、文档、声音、帮助和自定义。动作按钮设置方式如下：

① 打开要设置动作按钮的幻灯片，单击"插入"选项卡"插图"功能组中的"形状"命令按钮，出现下拉菜单，调整至菜单底部，可见动作按钮栏。

② 将鼠标指针指向任意动作按钮时，将显示该按钮的名称，如"自定义"、"第一张"

等。单击需要的按钮后,鼠标指针将变成十字形状。按住鼠标左键,在需要添加按钮的位置拖动或单击鼠标,将绘制出所选动作按钮,弹出"动作设置"对话框,如图 5-53 所示。

③ 在"单击鼠标时的动作"选区中,选中"超级链接到"或者"运行程序"单选按钮,可设置超链接到某张幻灯片或者运行选定的程序。

④ 若选中"播放声音"复选框,在其下拉列表框中可以设置一种单击动作按钮时的声音效果。

⑤ 如果要设置鼠标移过动作按钮时运行动作或播放声音,则在对话框中单击"鼠标移过"标签,打开选项卡,在对话框中进行相应设置即可。

图 5-53 "动作设置"对话框

2. 创建超级链接

超级链接是指从一个源端指向另一目的端的链接。在幻灯片中如果为一个对象建立了超级链接,在放映时,单击这个对象就可直接跳转到与之链接的目标位置。PowerPoint 2007 中有两种方法建立超级链接。一种是通过创建动作按钮,在"动作设置"对话框中选择"超链接到"选项进行设置。另一种是通过"超链接"命令进行设置,使用"超链接"命令创建超级链接方法如下:

① 在"普通"视图下选择要链接的文本或对象,如图 5-54 所示。

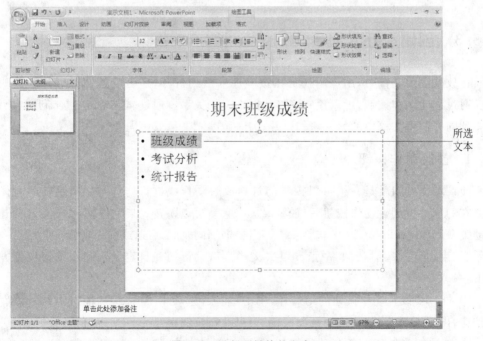

图 5-54 选择要链接的文本

② 单击"插入"选项卡"链接"功能区中的"超链接"命令按钮;或者右击所选文本,从弹出的快捷菜单中选择"超链接"选项,都可以打开"插入超链接"对话框,如图 5-55 所示。

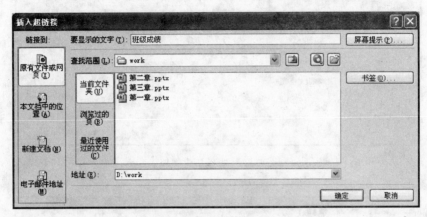

图 5-55　"插入超级链接"对话框

在"链接到"区域中,有 4 个目标位置:

- 单击"原有文件或网页"按钮,在右侧的"查找范围"中,选择要链接到的目标文件,该文件可以是另一个演示文稿,也可以是一个 Word、Excel 文件等其他形式的文档,还可以单击"Web 浏览"按钮,链接到 Internet 地址,如图 5-55 所示。
- 单击"本文档中的位置"按钮,在右侧的"请选择文档中的位置"中选择当前演示文稿中的任意一张幻灯片,如图 5-56 所示。

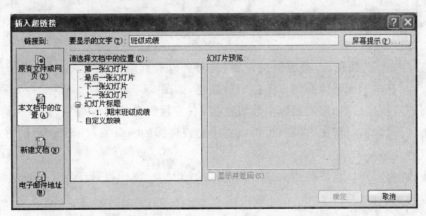

图 5-56　选择本文档中的位置

- 单击"新建文档"按钮,在右侧的"新建文档名称"中输入文档名称或选择文档位置,如图 5-57 所示。
- 单击"电子邮件地址"按钮,在"电子邮件地址"框中,输入地址,在"主题"框中输入邮件主题,还可以从最近用过的电子邮件地址列表中选择地址,如图 5-58 所示。

图 5-57　选择新建文档

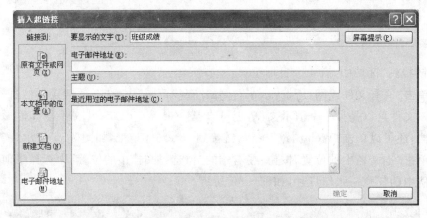

图 5-58　选择电子邮件地址

③ 单击"确定"按钮后,完成链接设置,此时可以看到幻灯片中文本"班级成绩"添加了下划线,并且显示成系统配色方案指定的颜色,如图 5-59 所示。

插入超级链接后,如果需要取消超级链接,右击超级链接的源对象,然后从弹出的快捷菜单中选择"取消超链接"选项;也可以选中超级链接的源对象,打开"编辑超链接"对话框,单击"删除链接"按钮。

在放映幻灯片时,当鼠标指向具有超链接的源对象,鼠标指针变成手形状,单击即跳转到所设置的目标位置。

5.5.4　案例 5-3

本节运用前面介绍的各种方法,为案例 5-2 的圣诞节晚会组织方案演示文稿设置动画效果。具体操作步骤如下:

① 打开案例 5-2 的圣诞节晚会组织方案演示文稿。在第一张幻灯片之后插入一张总体安排的幻灯片,如图 5-60 所示。

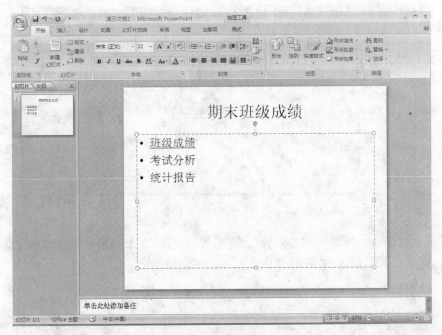

图 5-59 完成链接设置

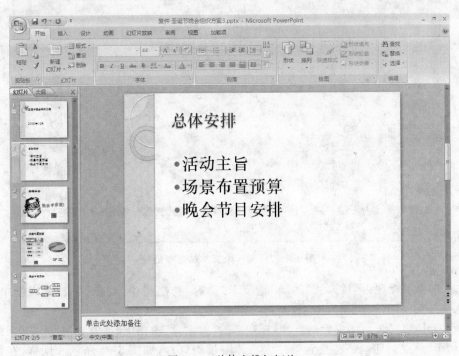

图 5-60 总体安排幻灯片

将"活动主旨"文本设置超级链接,超链接到本案例中的活动主旨幻灯片,如图 5-61
所示。

图 5-61　设置"活动主旨"文本超级链接到"活动主旨"幻灯片

按同样方法,设置"场景布置预算"、"晚会节目安排"文本分别超级链接到相应标题的幻灯片,最终效果如图 5-62 所示。

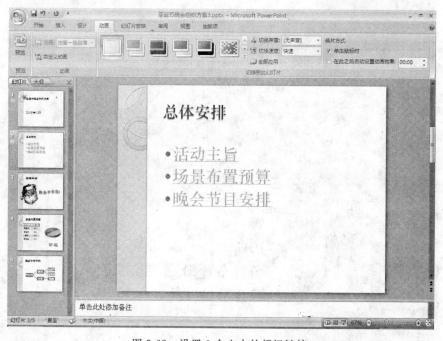

图 5-62　设置 3 个文本的超级链接

② 选择副标题占位符,从"动画"选项卡"动画"功能组中"动画"下拉列表框中选择"飞入—按第一级段落"动画效果,如图 5-63 所示。

③ 选择第三张活动主旨幻灯片,在激活的"剪贴画"窗格中,搜索文字"雪花"字样,插入剪切画,将此剪切画超链接到第二张总体安排幻灯片,如图 5-64 所示。同样,在第四、五张幻灯片中设置动作按钮均超级链接到第二张活动主旨幻灯片。

④ 动作按钮一般会成为一组使用。选择第三张活动主旨幻灯片,依次插入"开始"、"后退或前一项"、"前进或下一项"、"上一张"、"第一张"和"结束"动作按钮,选择默认的选项。将这一组动作按钮分别超链接到第一张幻灯片、下一张幻灯片、上一张幻灯片、最近

大学计算机应用基础

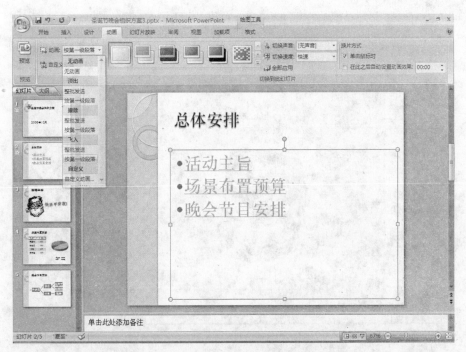

图 5-63 设置"飞入—按第一级段落"动画效果

图 5-64 将雪花图片超级链接到总体安排幻灯片

观看的幻灯片、第一张幻灯片和最后一张幻灯片,如图 5-65 所示。同样,在第四、五张幻灯片中也设置这一组动作按钮。

图 5-65　插入一组动作按钮

⑤ 选中第四张场景布置预算幻灯片,在"动画"选项卡中单击显示在"切换到此幻灯片"选项组中的切换选项右侧的下拉箭头,从切换选项库中选择"向左擦除"切换效果,如图 5-66 所示。单击"全部应用"按钮,将此切换效果应用到全部幻灯片。

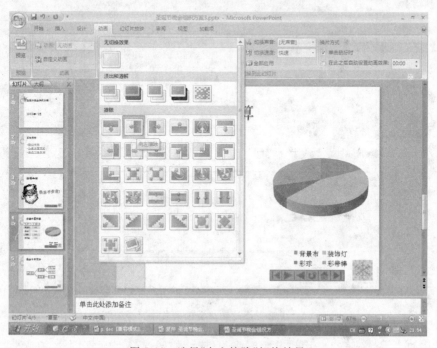

图 5-66　选择"向左擦除"切换效果

5.6   演示文稿的放映

演示文稿创建完成后,可以设置合适的放映方式和演示效果。

5.6.1   放映方式的设置

打开要设置放映方式的演示文稿,单击"幻灯片放映"选项卡"设置"功能组"设置幻灯片放映"按钮,如图 5-67 所示。

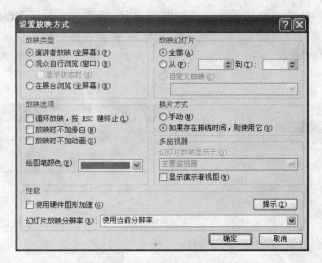

图 5-67   "设置放映方式"对话框

在放映类型选区中选择"演讲者放映",演讲者将控制演示文稿的全屏播放,选择"观众自行浏览",将在小型的窗口内播放幻灯片,并提供命令用于放映时移动、编辑、复制和打印幻灯片。选择"在展台浏览",除了使用鼠标单击超级链接和动作按钮外,大多数控制都不能够使用,并且在播放过程中每隔 5 分钟以上,它都会自动开始。

在设置"放映选项"时,选中"循环放映,按 Esc 键终止"复选框,则幻灯片将循环播放,直到按下 Esc 键。选中"放映时不加旁白"复选框,则在放映时不会附加旁白解释。若选中"放映时不加动画"复选框,则在放映幻灯片时,隐藏给幻灯片对象所设置的动画效果,但不删除动画。

在"放映幻灯片"选区中指定放映范围。若选中"全部",将从第一张幻灯片开始播放,直到最后一张幻灯片。还可以设置放映幻灯片的开始页码和结束页码。

在"换片方式"选区中选中"手动"按钮,可以通过按键或单击鼠标左键方式进行人工换片。若选中"如果存在排练时间,则使用它"按钮,则以"幻灯片切换"任务窗格中设置的排练时间进行自动切片。

所有设置完成后,单击"确定"按钮,返回幻灯片视图。

5.6.2 创建自动放映的演示文稿

PowerPoint 2007 可以使用排练计时功能记录每张幻灯片的显示时间,排练完演示文稿后,可以保存这些计时,从而创建自动放映的演示文稿。要进行排练和设置计时,选择"幻灯片放映"选项卡,单击"排练计时"按钮,演示文稿将显示在"幻灯片放映"视图中,同时"预演"工具栏显示在视图左上角,如图 5-68 所示。

演示开始后,单击工具栏上的"下一项"按钮(或者单击鼠标,或者任意键)切换到下一张幻灯片。如果需要暂时停止,单击"暂停"按钮;如果出现错误需要重新开始,单击"重复"按钮。

当前幻灯片的放映时间显示在工具栏中间的"幻灯片方式时间"文本框中,也可以在此文本框中手工输入时间,工具栏右侧的时间字段显示了整个演示文稿的放映时间。排练完最后一张幻灯片后,PowerPoint 2007 将询问用户是否保存排练时间,如图 5-69 所示。

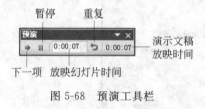

图 5-68   预演工具栏

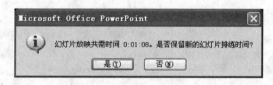

图 5-69   是否保存排练时间对话框

如果单击"是"按钮,演示文稿将在"幻灯片浏览"视图中打开,每张幻灯片下面显示相应的时间。要在演示文稿中使用排练计时,选中"幻灯片放映"选项卡上的"使用排练计时"复选框即可。

5.6.3 启动幻灯片的放映

打开要放映的演示文稿,选择"幻灯片放映"选项卡的"开始放映幻灯片"功能组,单击"从头开始"命令按钮,或者按 F5 键,则幻灯片从第一页进行放映。单击功能组中的"从当前幻灯片开始"命令按钮或者按快捷键 Shift+F5,则从选中的幻灯片开始进行放映。单击PowerPoint 2007 窗口右下角的"幻灯片按钮"按钮,也可以使幻灯片从当前位置放映。

5.6.4 不启动 PowerPoint 2007 进行放映

播放 PowerPoint 2007 演示文稿也可以在未启动 PowerPoint 2007 应用程序时进行。操作步骤如下。

找到需要播放的演示文稿,在文件图标上单击鼠标右键,在弹出右键快捷菜单中单击"显示"命令,则幻灯片由开始进行放映。按 Esc 键,可以退出放映,直接回到 Windows 系统状态。

5.6.5 播放 ppsx 类型的演示文稿

打开一个制作完成的演示文稿,单击 Office 命令按钮,从下拉菜单中选择"另存为"命令,弹出的另存为对话框,从选择保存类型列表框中选择 PowerPoint 2007 放映(*.ppsx)类型,最后单击"保存"按钮,则将幻灯片保存为放映类型,此时保存文件的图标如图 5-70 所示。双击打开该文件,直接进入幻灯片播放放映状态。按 Esc 键,可以退出放映,直接回到 Windows 系统状态。

图 5-70　保存文件的图表

图 5-71　右键菜单

5.6.6 控制幻灯片放映

在幻灯片放映过程中,可以通过使用键盘按钮和快捷菜单两种方法进行翻页、定位、会议记录、设置指针选项等操作。

打开播放的演示文稿,进入幻灯片放映状态,单击鼠标右键,弹出如图 5-71 所示的右键菜单。

选择"下一张"命令,即可将幻灯片切换到下一张,或者按 Enter 键、向下光标键、向右光标键、Page Down 键,可以实现幻灯片的下翻。若要将幻灯片向上翻页,可以选择快捷菜单中的"上一张"命令,也可以通过键盘的 Back Space 键、向上光标键、向左光标键、Page Up 键进行控制。在放映幻灯片过程中,若要切换到指定幻灯片,可以将鼠标指向快捷菜单中"定位至幻灯片"命令,出现次级菜单,从中选择要放映的下一张幻灯片,单击鼠标左键,就可以跳到指定放映幻灯片的位置。

5.7　演示文稿的打印和转移

5.7.1 演示文稿的打印

演示文稿中的幻灯片和其他类型的文档一样,可以预览打印或打印输出到纸上。

1. 设置幻灯片页面

在打印幻灯片之前,首先要对幻灯片文件的页面进行设置。打开演示文稿,单击"设计"选项卡的"页面设置"功能组中的"页面设置"按钮,出现"页面设置"对话框,如图 5-72 所示。在该对话框中设置幻灯片大小、打印区域、方向、幻灯片编号的起始值等内容。

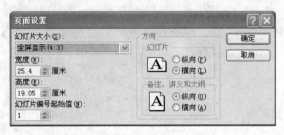

图 5-72 "页面设置"对话框

2. 打印预览

在打印演示文稿之前,可以通过打印预览,查看到幻灯片、备注和讲义用纯黑白或灰度显示的效果,并可以调整对象的外观。

具体操作为:单击 Office 按钮,指向"打印"旁的箭头,在下拉菜单中选择"打印预览"命令,如图 5-73 所示。

图 5-73 打印预览命令

PowerPoint 2007 切换到的打印预览界面,如图 5-74 所示。

在打印预览视图中,当鼠标指针变成放大镜形状时,单击可以放大预览页面,再次单

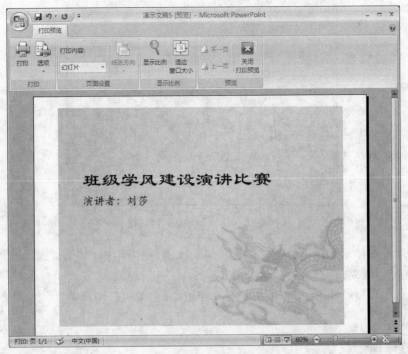

图 5-74　打印预览界面

击鼠标可以恢复整页预览。

　　如果要分别预览演示文稿的幻灯片、讲义、备注页及大纲形式,则单击"打印预览"选项卡下"页面设置"功能组中的"打印内容"文本框右侧的"向下"按钮,从弹出的下拉列表框中选择需要的选项即可。

　　若要改变预览内容的显示或打印颜色,则单击打印功能组中的按钮,在弹出的下拉菜单中,选择"颜色/灰度"命令,在次级菜单中选择需要的颜色样式即可,如图 5-75 所示。

图 5-75　改变预览内容的显示或打印颜色

　　单击打印预览窗口的选项命令的下拉菜单中的"页眉和页脚"命令,弹出对话框,可以在打印文稿中插入时间等页脚,如图 5-76 所示。

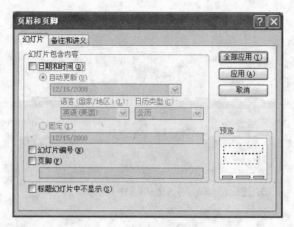

图 5-76　"页眉和页脚"对话框

当幻灯片中显示比例不合适时,单击"显示比例"功能组中的"适应窗口大小"命令按钮,即可将幻灯片缩放至合适大小。

若退出打印预览状态,可以单击预览功能组中的"关闭打印预览"命令,或者按 Esc 键即可退出。

3. 打印演示文稿

页面设置和打印预览完成之后,就可以直接将幻灯片打印输出了。

单击 Office 按钮,指向菜单中的"打印"命令,从次级菜单中选择"打印"命令,弹出对话框,如图 5-77 所示。

图 5-77　设置打印选项

在"打印机"选区中,单击"名称"列表框右侧向下箭头,选择需要使用的打印机。在"打印范围"选区中,可以设置"全部打印"、"打印当前显示的幻灯片"或输入要打印的幻灯片编号。单击"打印内容"列表框右侧的向下箭头,在弹出的下拉列表框中可以选择打印幻灯片、讲义、备注页或大纲视图,选择"讲义"选项表示以讲义的形式打印,并可以设置每页纸中打印幻灯片的数目及排列形式。也可以选择颜色/灰度及份数。单击"确定"按钮即可输出打印了。

5.7.2 演示文稿的打包

为了使没有安装 PowerPoint 2007 应用程序的计算机能够播放 PowerPoint 2007 演示文稿,我们可以将编辑好的演示文稿进行打包,然后在其他计算机上播放。使用打包功能可以将演示文稿打包到 CD 中,也可以直接打包到计算机文件夹中。

1. 将演示文稿打包到 CD

打包成 CD 功能只有在安装刻录光驱的计算机上才能进行。将一个演示文稿打包的步骤如下:

① 打开演示文稿,单击 Office 按钮,将鼠标指向下拉菜单中的发布命令,如图 5-78 所示。

图 5-78 发布命令次级菜单

单击次级菜单中的 CD 数据包命令,弹出对话框,如图 5-79 所示。

② 在"CD 命名为"文本框中输入 CD 的名称,就像 CD 的卷标。单击"复制到 CD"按钮,在弹出的对话框中单击"是"按钮,将链接所有文件到光盘中,如图 5-80 所示。然后等待刻录机刻录 CD。刻录完成,会询问是否复制另一张 CD。

图 5-79 "打包成 CD"对话框

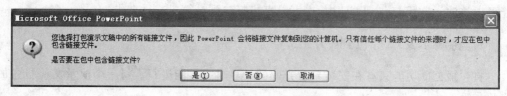

图 5-80 提示是否包含所有链接文件

2. 复制到其他地方

如果没有 CD 刻录机，或者需要通过局域网在不同计算机上放映，此时要将打包的位置改为别处。具体操作步骤如下：

① 打开演示文稿，单击 Office 按钮，将鼠标指向下拉菜单中的"发布"命令，选择次级菜单中的"CD 数据包"命令，弹出打包成 CD 对话框。

② 在"CD 命名为"文本框中输入 CD 的名称，单击"复制到文件夹"按钮，在弹出的对话框中单击"浏览"按钮，可以选择保存路径，如图 5-81 所示。

图 5-81 "复制到文件夹"对话框

单击"确定"按钮，在弹出的对话框中选择"是"按钮，如图 5-82 所示。

图 5-82 是否链接所有文件对话框

弹出状态对话框，如图 5-83 所示。

大学计算机应用基础

图 5-83 "正在将文件复制到文件夹"对话框

③ 复制完成后,回到初始复制状态,单击对话框中的"关闭"按钮,回到普通视图。

3. 多个演示文稿打包

添加多个演示文稿进行打包的具体步骤如下。

① 打开演示文稿,单击 Office 按钮,将鼠标指向下拉菜单中的"发布"命令,选择次级菜单中的"CD 数据包"命令,弹出"打包成 CD"对话框。

② 在"CD 命名为"文本框中输入 CD 的名称,单击"添加文件"按钮,在弹出的对话框中选择要添加的演示文稿,则将选中的演示文稿添加到打包到 CD 对话框中。

③ 若要继续添加文件,仍单击"添加"按钮即可。添加完毕后,单击"复制到 CD"或"复制到文件夹"按钮,进行打包,如图 5-84 所示。单击"确定"按钮,在弹出的对话框中选择"是"按钮,开始打包,出现状态对话框。复制完成后,回到幻灯片编辑状态。

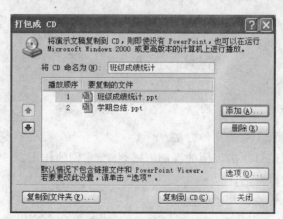

图 5-84 添加演示文稿

④ 打开打包后的文件夹,可见其包含的文件如图 5-85 所示。

图 5-85 打包中包含的文件

4. 播放打包的演示文稿

① 打开打包的文件夹,可见打包的所有文件,双击文件中的 PPTVIEW. EXE 应用程序,如图 5-86 所示。

出现闪烁的应用程序启动界面,如图 5-87 所示。

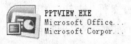

图 5-86　PPTVIEW. EXE 应用程序图标　　　　图 5-87　启动界面

② 启动界面后,弹出播放文件对话框,单击选中的演示文稿,然后单击"打开"按钮,则开始播放演示文稿。

5.8 习　　题

1. 思考题

(1) 简述建立演示文稿的几种方法。

(2) 简述切换到幻灯片的不同的视图方式,体会它们的作用。

(3) 简述幻灯片模板的作用。

(4) 如何设置动作按钮和超级链接?

(5) 如何进行演示文稿的打包? 打包文件夹中会产生哪些文件? 它们的作用是什么?

2. 选择题

(1) 关于幻灯片页面版式的叙述,不正确的是(　　)。

A. 幻灯片的大小可以改变

B. 幻灯片设计模板一旦选定,就不可以改变

C. 同一演示文稿中允许使用多种母版格式

D. 同一演示文稿中不同幻灯片的配色方案可以不同

(2) 要在选定的幻灯片版式中输入文字,(　　)。

A. 直接输入文字

B. 首先单击占位符,然后可输入文字

C. 首先删除占位符中的系统显示的文字,然后才可输入文字

D. 首先删除占位符,然后才可输入文字

（3）在空白幻灯片中不可以直接插入（　　）。

A. 文字　　　　　　B. 文本框　　　　　C. 艺术字　　　　　D. Word 表格

（4）在（　　）视图中最适合整理幻灯片,如移动、复制、添加或删除幻灯片。

A. 普通视图　　　　　　　　　　　B. 大纲视图

C. 幻灯片浏览视图　　　　　　　　D. 幻灯片放映视图

（5）在演示文稿中,超级链接中所链接的目标,不能是（　　）。

A. 另一个演示文稿　　　　　　　　B. 同一个演示文稿的某一张幻灯片

C. 其他应用程序文档　　　　　　　D. 幻灯片中的某一个对象

第 **6** 章 计算机网络基础

本章主要内容：

- 计算机网络概述
- 网络技术基础
- Internet 基础知识
- Internet Explorer 浏览器
- 电子邮件
- 文件的下载和上传
- 搜索引擎

6.1 计算机网络概述

如今，计算机作为一种必需的生产工具和消费品，进入我们生活的各个领域。21 世纪，是计算机网络的时代，人们在工作、生活、娱乐中，随时需要获得各种各样的信息，如果无法联网，就处于与世隔绝的信息荒岛之中。社会对信息交换的大量需求，促进了通信与网络技术的空前发展。计算机网络，已成为一个信息社会的重要现代化基础设施，在信息交换、资源共享和分布式应用等各个领域，发挥着越来越重要的作用。

早期的通信与电视网络，使用模拟信号传播各种声音、视频等信号，随着社会经济的发展，对信息传播的数量、速度、种类，要求越来越高，模拟信号网已经无法满足这种需求。20 世纪 70 年代末，微型计算机的出现，导致了一场数字革命。各种数字信号的变换、处理、存储和转发等功能，都可以借助微处理器来完成。但是，许多复杂的应用，必须依靠多台计算机交换大量信息、同步协调工作，孤立的微机系统无法独自完成。最近 20 年，互联网在全世界的迅猛发展，实现了这个梦想。只要联入互联网，就可以随时实现跨地区、跨国的信息交换与资源共享。毋庸置疑，一个国家计算机网络的普及程度与应用水平，已成为信息社会发展程度的重要标志。

6.1.1 网络的概念、特点与功能

计算机网络，就是使用通信线路和通信设备，将一定空间范围内的计算机互连起来，

在相关通信协议的支持和网络操作系统的控制下,实现信息交换、资源共享与协同工作的计算机系统集合。

所以,一个完整的计算机网络,必须包括以下 4 个组成部分:

① 两台以上具有独立功能的计算机。

② 通信线路和信息交换设备。

③ 网络系统软件和通信协议。

④ 数据通信与资源共享等。

经过 50 多年的发展,计算机网络的各个组成部分,经历了一个由简单到复杂,逐步完善的过程。

1. 网络的产生与发展

计算机网络的产生与发展,经历了 4 个主要的阶段。

(1) 第一阶段

20 世纪 50 年代到 60 年代早期,面向终端的计算机网络,又叫远程终端连接阶段。

早期的计算机体积庞大,价格极其昂贵,是一种稀缺的贵重资源,只有少数大学与研究机构的计算中心才能拥有,外部用户需要事先申请,千里迢迢到计算中心去上机。为了提高计算机的使用效率,满足尽可能多的用户,在计算机内部增加了通信处理功能,将远端的输入输出设备通过通信线路来与计算机主机相连,如图 6-1 所示。

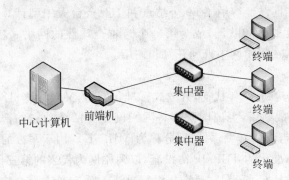

图 6-1　早期面向终端的计算机网络

这个阶段,计算中心的主机是网络的核心和控制者,大量的终端(键盘和显示器)分布在各处,并与主机相连。用户可以通过本地的终端使用远程主机,网络仅仅提供终端和主机之间的通信,子网之间无法通信,图 6-2 所示为计算机—计算机网络阶段。

(2) 第二阶段

20 世纪 60 年代中期到 80 年代初,计算机—计算机网络阶段。

这时的计算机网络,包括通信子网和用户资源子网,通过多个主机互连,实现计算机和计算机之间的通信。终端用户可以通过电路交换和分组交换技术,访问本地主机和通信子网上所有主机的软硬件资源。

20 世纪 60 年代,美苏冷战期间发生了古巴核导弹危机,为了应对前苏联的核攻击威胁,美国国防部高级研究计划署(ARPA)认为,如果主要的军事指挥中心——北美防空司

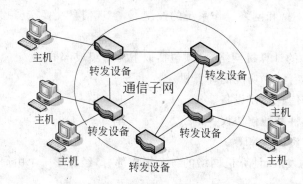

图 6-2　计算机—计算机网络阶段

令部被摧毁,全国的防御指挥将处于瘫痪状态,后果不堪设想。因此有必要设计一个分散的指挥系统,部分指挥点被摧毁后其他点仍能正常工作,而这些分散的点,必须通过某种形式的通信网取得联系,从而构建了因特网的前身——阿帕网(ARPAnet)。

1969 年 11 月,阿帕网建成运行,最初只有 4 个结点。分布在加州大学洛杉矶分校、加州大学圣巴巴拉分校、斯坦福大学、犹他州大学的 4 台大型计算机,通过专门的接口信号处理机和通信线路,把美国几个主要的研究所与军事机构用计算机网络连接到一起。阿帕网的主要贡献,是后来开发和应用了 TCP/IP 协议,奠定了因特网存在和发展的技术基础,较好地解决了不同种类网络互联的一系列理论与技术问题。

到 1975 年,阿帕网已经容纳了 60 个结点和 100 余台大中型计算机,横跨美国大陆,通过卫星线路连接夏威夷和欧洲,成为第一个跨越全球性的网络。各种早期的 E-mail、FTP、Telnet 等工具,在阿帕网中得到开发和使用。

(3)第三阶段

20 世纪 80 年代初到 90 年代初,开放式标准化网络,又叫计算机网络互联阶段。

1983 年,随着冷战结束,美国国防部将阿帕网分为两个独立的部分:一部分仍叫阿帕网,用于学术研究与商业开发;另一部分称为 MILNET,用于军方的非机密通信。

除了完全支持标准化的 TCP/IP 协议套,以阿帕网为代表的第三代计算机网络,采用开放式标准化网络。1984 年,国际标准化组织(ISO),颁布了七层结构的开放式系统互联参考模型(OSI/RM),成为所有网络必须遵循的国际化标准体系结构,它们具有统一的网络体系结构、遵循国际标准化协议,如图 6-3 所示。标准化使得不同种类的计算机网络和操作系统,能够方便地互联在一起,还将带来大规模生产、产品集成化和成本降低等一系列好处。从此,阿帕网接入的结点越来越多,连接的区域越来越大,形成了连接许许多多不同子网的网际网,成为早期的因特网(Internet),开始进入到生产、生活、娱乐的各个领域。

(4)第四阶段

20 世纪 90 年代初至今,网络计算的新时代,又叫信息高速公路阶段。

以美国为中心的阿帕网迅速向全球发展,加拿大、英国、法国、德国、澳大利亚、日本等国先后加入了因特网。计算机网络进入了一个新的发展阶段,成为计算机领域中发展最快的一个分支。

图 6-3　开放式系统互联参考模型(OSI/RM)

随着光纤通信技术和多媒体技术的迅猛发展,计算机网络朝着综合化和高速化方向发展。因特网已不仅仅用于传送数据,宽带综合业务数字网已经普及,可以将数字、声音、图像等综合信息通过数字形式在一个网络中传送。以前,电话、有线电视和数据通信等都有各自不同的网络,随着无线多媒体网络的建立和日趋成熟,三网融合甚至多网融合是未来的主要发展方向,图 6-4 所示为 3G 网络。

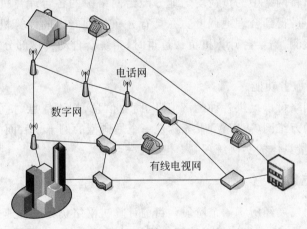

图 6-4　3G 网络

2009 年 1 月 7 日,工业和信息化部同时发放了 3 张 3G 牌照,中国移动获得拥有自主知识产权的 TD-SCDMA 牌照,中国联通和中国电信分别获得 WCDMA 和 CDMA2000 牌照。除了传输速度的提升,3G 能够在全球范围内更好地实现无缝漫游,并处理图像、音乐、视频流等多种媒体形式,提供包括网页浏览、电话会议、电子商务等多种信息服务,移动互联网的普及时代已经到来!

2. 网络的功能

计算机网络的功能,主要是信息交换、资源共享和分布式应用等,下面做一个详细的介绍。

（1）资源共享

资源共享是网络最主要的功能，也是组建计算机网络的主要目的之一。这里的共享，指的是网络中各台主机和网络设备的资源可以相互访问。网络中可共享的资源有硬件资源、软件资源和数据资源，其中共享数据资源最为重要。

（2）信息传输与集中管理

计算机已经由科学计算向数据处理方面发展，计算机网络可以实现计算机和相关设备之间的相互通信。根据需要可以对这些数据进行分散、分组、集中管理和处理，使得现代办公、管理等工作方式发生了很大的变化。通过 MIS、OA 等管理系统，可以使地理上分散的单位、个人，通过计算机网络连接起来进行集中的控制和管理。

（3）分布式处理

网络技术的发展，使得分布式计算成为可能。对于复杂的问题，可以采用合适的算法将任务划分为若干小课题，由网络上不同的计算机分别承担一部分，然后把分布计算结果，集中处理，整合为最终的答案。利用网络技术还可以将许多微机或小型机联成具有较高性能的分布式计算机系统，使其具有大型机的能力，从而解决复杂的问题，如 3D 电影动画场景的计算，有效地降低使用成本。

（4）均衡负荷的互相协作

均衡负荷是指将网络中的负荷均匀地分配给网络中的各台计算机，使网络中各计算机的任务"轻"与"重"得到合理地调度。在具有分布处理能力的计算机网络中，网络控制中心负责分配和检测，当某台计算机负载过重时，系统会自动转移部分工作到负载较轻的计算机中去处理。

（5）综合信息服务功能

通过计算机网络可以提供各种经济信息、商业信息、物流信息、科研情报和咨询服务等。如因特网上的万维网（WWW）服务就是一个最典型的例子。后面的因特网综合应用中，我们会通过大量具体的实例练习，来体会这一点。

3. 网络的应用

计算机网络的发展经历了 4 个阶段。目前计算机网络仍处于快速发展的阶段。网络技术的发展日新月异，进一步拓展了计算机网络的应用领域。除了一般的通信数据交换外，在以下几方面也发挥了重要的作用。

（1）网络通信

通过收发电子邮件 E-mail 或者 QQ、MSN 等即时通信工具联系，已经相当普及，为快速广泛，低成本交流信息，提供了极大的便利。通过网络 IP 电话进行长途通话可以大大降低通话费用，随着宽带网络的彻底普及，将给传统的邮政与电信业务带来很大的冲击。

（2）信息检索

随着因特网成几何级数发展，网上的海量信息无法完全用人工进行处理，可以通过搜索引擎，方便快捷的获取访问这些信息。

（3）电子商务

电子商务（Electronic Commerce）是利用计算机技术、网络技术和远程通信技术，实现整个商务(买卖)过程中的电子化、数字化和网络化。分为 B2C(卓越、当当)、C2C(淘宝、易趣)、B2B(阿里巴巴、慧聪)、C2B 四种操作模式。人们不再是面对面的、看着实实在在的货物,靠纸质介质单据(包括现金)进行买卖交易,而是通过网络,通过琳琅满目的数字商品信息、完善的物流配送系统和快捷便利的网上支付系统进行交易。

（4）办公自动化

办公自动化的真正实现,基于计算机网络的普及。通过网络可以非常方便地访问和管理各种办公信息,比如可以通过 Google,共享各种 Office 文档,大大便利了工作组的协同合作。

另外,计算机网络在过程控制、辅助决策、远程医疗、远程教育、数字图书馆、电视会议、视频点播及娱乐等方面都具有广阔的应用前景。

6.1.2　网络的分类

可以根据不同的分类标准对计算机网络进行分类,例如,可按拓扑结构、覆盖范围、通信协议、传输介质以及传输方式等进行分类。下面主要介绍如何按照拓扑结构和覆盖范围进行划分。

1. 按拓扑结构分类

常见的网络拓扑结构,有星型拓扑、环型拓扑、总线拓扑,此外还有树型、网状、混合型等,如图 6-5 所示。

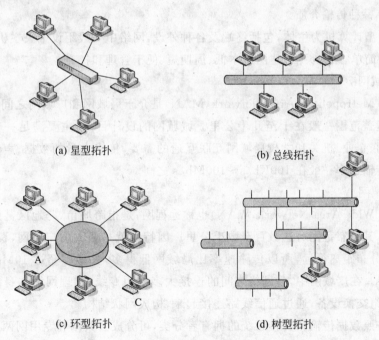

(a) 星型拓扑　　　　　　　　　　　　　(b) 总线拓扑

(c) 环型拓扑　　　　　　　　　　　　　(d) 树型拓扑

图 6-5　常见的网络拓扑结构

"拓扑"是一个几何名词,指网络的形状,或者是它在物理上的连通结构。不同的拓扑结构,在可靠性、费用、灵活性、响应时间和吞吐量等性能指标上有差异。

目前使用最广泛的,是以交换机、集线器、路由器为核心的星型拓扑结构。

2. 按覆盖范围分类

按照地理覆盖范围(即网络规模大小和延伸距离远近),可以划分为局域网(LAN)、城域网(MAN)和广域网(WAN)。

(1) 局域网

局域网(Local Area Network,LAN),一种将小区域内的各种通信设备互连在一起的网络。技术成型于 20 世纪 60 年代末,80 年代初,随着微型计算机的大量使用而迅速普及。

局域网主要有以下特点:

① 地理分布范围较小,空间距离最远的两个结点,一般不超过几百米,属于同一个部门或单位,在一幢办公楼、一个机房、一所学校内。

② 数据传输速率高。如目前主流的高速局域网,速率为 100Mb/s(b/s 为每秒传送的二进制代码的有效位数,称为比特率),使用日渐广泛的千兆位以太网,其传输速率可达 1000Mb/s 以上。

③ 由于传输距离较短,因而失真小、误码率和时间延迟较低,可靠性高。

④ 能支持多种传输介质,如双绞线、同轴电缆和光缆等。通常一个局域网中的所有结点,都共享一种传输介质。

⑤ 以微型计算机为主体,包括终端及各种外设,网络中一般不设中央主机系统。

⑥ 协议简单、结构灵活、建网成本低、周期短、便于管理和扩充。

(2) 城域网

城域网(Metropolitan Area Network,MAN)是介于局域网和广域网之间的一种高速网络,它的覆盖范围一般在十至几十公里。城域网的设计目的,主要满足一个园区范围内,大量公司、企业、机关和学校局域网互联互通的需要,传输大量的数据、声音和图像等多种信息,传输速率一般在 100Kb/s~100Mb/s 之间。

(3) 广域网

广域网(Wide Area Network,WAN)也称远程网,是指跨城市、跨地区甚至跨国家的计算机网络,其分布范围可达数百至数千公里。因特网就是最大的广域网,覆盖全世界。由于广域网分布距离很远,所以传输速率比局域网低得多,大多不超过 10Mb/s,一般只有几百 Kb/s。在广域网中,各网络之间的连接大多租用专线,物理网络本身往往包括一组复杂的分组交换设备,通过通信线路连接起来,构成网状结构。

此外,按照数据传输和转接系统的拥有者分类,可分成公共网和专用网两种。根据通信传输的介质来划分,可以分为双绞线网、同轴电缆网、光纤网和卫星网等。依据信号频带占用方式的不同,又可以分为基带网和宽带网等。

6.1.3 网络协议

计算机网络的基本功能就是资源共享和信息交换。为了实现这些功能,网络中各种设备之间经常要进行通信和对话。在计算机网络中,不同种类的设备之间必须使用相同的语言(网络协议)才能进行通信。这种为网络数据交换而建立的规则、标准或约定的集合称为网络协议。网络协议具体规定了数据信号使用的格式、时序和纠错方式等。目前普遍采用的几种协议是:TCP/IP 协议、IPX/SPX 协议、NetBIOS 与 NetBEUI 协议。

1. TCP/IP 协议

TCP/IP 协议(Transmission Control Protocol/Internet Protocol,传输控制协议/网际网协议)最早应用在 UNIX 操作系统中,现在广泛用于大型网络上,是因特网技术的核心与基础,已成为事实上的工业标准。TCP/IP 协议是一组协议的统称,包括许多子协议,组成了 TCP/IP 协议簇。TCP/IP 协议附加了一些容错功能,传输速度不快,但它是可路由协议,可跨越路由器到其他网段,是远程通信有效的手段。

2. IPX/SPX 协议

IPX/SPX 协议,即互联网分组交换/顺序交换协议,是 Novell 公司的 Netware 网络操作系统的核心,传输速度较快,是可路由协议。IPX 协议负责到另一台计算机的数据传输编址和选择路由,并将接受的数据送到本地的网络通信进程中。SPX 位于 IPX 的上一层,在 IPX 的基础上,保证分组顺序接收,并检查数据的传输是否有错。NWLink 是微软公司为了与 Netware 通信而开发的 IPX/SPX 协议栈的一种形式。

3. NetBIOS 与 NetBEUI 协议

NetBIOS(网络基本输入输出系统)协议,最初由 IBM 公司提出。NetBEUI(NetBIOS 扩展用户接口)协议,是微软公司在 NetBIOS 协议基础上更新的兼容协议,其传输速度很快,是不可路由协议,用广播方式通信,无法跨越路由器到其他网段,适合于只有几台计算机的小型局域网。

6.2 网络技术基础

计算机网络是现代通信技术与计算机技术相结合的产物,是一个跨学科的技术领域。下面讨论一下,网络的基本组成以及常见的网络操作系统。

6.2.1 网络的基本组成

在具体的工程应用中,网络一般由服务器、工作站、网络适配器、传输介质、网间连接器和网络操作系统等组成。

1. 服务器

服务器是向所有工作站提供服务的计算机,主要运行网络操作系统,提供硬盘、文件数据及打印机共享等服务功能,为网络提供共享资源并对其进行管理,是网络控制的核心。一般由高档微机系统充当,特点是采用大容量带纠错功能内存、高速大容量硬盘,具备并行计算能力的微处理器。

网络服务器(见图 6-6)根据用途可以分为:文件服务器、数据库服务器、打印服务器、文件传输服务器等。使用要求不高的情况下,一台服务器通过相应的软件配置,可以同时担任多个角色。

2. 工作站

工作站也称为客户机,是指连接到计算机网络中供用户使用的个人计算机。可以有自己的操作系统,具有独立处理能力;通过运行工作站网络软件,访问服务器共享资源。工作站一般由普通微机来充当。

工作站分为有盘工作站和无盘工作站。所谓无盘工作站,是指没有软盘和硬盘的工作站,主要的数据资源都放在服务器上。

3. 网络适配器

网络适配器也叫网络接口卡,俗称网卡。它是计算机与传输介质的接口,工作站通过它与网络相连,实现资源共享和相互通信,数据转换和电信号匹配等。常用的网卡有10Mb/s、100Mb/s 和 10/100Mb/s 自适应网卡等。千兆位网卡的使用日趋普及,不久的将来,会替代以上几种网卡。

网卡插在计算机的扩展槽中,它的总线接口形式有 16 位的 ISA 和 32 位的 PCI 两种,现在,大部分微机系统已经将网卡集成在了主板上,图 6-7 所示为 PCI 接口网络适配器。

图 6-6　网络服务器

图 6-7　PCI 接口网络适配器

4. 传输介质

网络中数据传输是通过传输介质完成的,传输介质是网络上信息流动的载体,是通信网络中发送方和接收方之间的物理通路。目前常用的有线传输介质有双绞线、同轴电缆和光纤等,无线传输介质有无线电、红外线、微波、激光和卫星通信等。

（1）双绞线

将多条绝缘金属导线封装在一个外套中,为了降低串扰,每一对导线相互紧密扭绕形成的数据传输线,称为双绞线。使用时,一对绞线作为一条通信链路。随着传输距离的延长,电信号会衰减,为了保证传输速度、距离与可靠性,双绞线点到点之间的距离一般不超出 100m。

双绞线分为非屏蔽双绞线（UTP）和屏蔽双绞线（STP）两种。STP 有一层金属隔离膜,在数据传输时可减少电磁干扰,稳定性较高,造价高昂,多用于专用网络。UTP 没有金属膜,稳定性相对较差,但价格便宜,使用广泛。

目前局域网中使用的双绞线有五类线、超五类线、六类线,以及最新的七类线等。双绞网线的连接,一般采用 8 芯的 RJ-45 水晶头,如图 6-8 所示。

图 6-8　双绞线、RJ-45 水晶头和完整的网线

（2）同轴电缆

由一根空心的外圆柱导体和一根位于中心轴线的内导线组成,两导体间用绝缘材料隔开。

同轴电缆按直径可分为粗缆和细缆（见图 6-9）,粗缆的传输距离长,性能高但成本也高,使用于大型局域网干线,连接时两端需要连接终接器;细缆的传输距离短,相对便宜,连接时两端接头连接 50Ω 终端电阻。

图 6-9　同轴细缆和粗缆

按传输频带可分为基带同轴电缆和宽带同轴电缆。基带同轴电缆只用于传输数字信号,宽带同轴电缆可用于传输多个经过调制的模拟信号,网络均为总线拓扑结构。

（3）光纤

光纤（见图 6-10）是光导纤维的简写,是一种利用光在玻璃或塑料制成的纤维中的全反射原理的光传导工具,由前香港中文大学校长高锟发明。

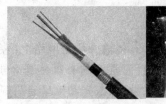

图 6-10　光导纤维

光由相对光密介质（水晶、玻璃）射向相对光疏介质（水、空气）时，会发生折射，入射角大于临界角（折射角等于 90°的入射角）时，即可发生全反射。全反射中，光波能量的损失，小于普通的镜面反射。远距离传输时，光信号多次反射后的信号衰减程度，远远小于镜面反射。

光纤由纤芯（石英玻璃）、紧靠纤芯的包层、吸收外壳以及保护层组成。光纤传输的是光信号，为使用光纤传输信号，光纤两端必须配有光发射机和接收机。应用光学原理，由光发射机产生光束，将电信号变为光信号，再把光信号导入光纤，在另一端由光接收机接收光纤上传来的光信号，并把它变为电信号，经解码后再处理。

根据光在光纤中的传输模式，可以分为单模光纤和多模光纤。

单模光纤，纤芯直径很小，在给定的工作波长上只能以单一模式传输。由激光作光源，仅有一条光通路，但传输速度快，距离长，成本高。

多模光纤在给定的工作波长上，能以多个模式同时传输的光纤。用发光二极管做光源，速度慢，传输距离短，成本低廉，应用广泛。

总体而言，光纤具有重量轻、频带宽、误码率低、不受电磁干扰、保密性好、传输损耗极低等一系列优点，尽管成本相对高一些，近年来新建的主干网络中，都采用了光纤传输介质。

（4）无线信道

无线信道非常适合于难于铺设传输线路的偏远地带和沿海岛屿，也为大量的便携式计算机入网提供了条件。目前常用的无线信道有微波、卫星信道、红外线和激光信道。

5．网间连接器

使用网间连接器的目的是在一个网络上的用户能访问其他网络上的资源，可以使不同网络上的用户能互相通信和交换信息。目前常用的网间连接器有 4 种：中继器、网桥、路由器和网关。

6．网络操作系统

网络操作系统，是在网络低层所提供的数据传输能力的基础上，为高层网络用户提供共享资源管理和其他网络服务功能的系统软件的集合。网络操作系统是网络的核心和控制中心，使网络上的计算机能方便而有效地共享网络资源，为网络用户提供所需的各种服务。

网络操作系统除了一般操作系统的基本功能外，还提供高效、可靠的网络通信能力；

还提供多种网络服务功能,常见功能如下。

- 文件服务(File Service)
- 打印服务(Print Service)
- 数据库服务(Database Service)
- 通信服务(Communication Service)
- 信息服务(Message Service)
- 分布式服务(Distributed Service)

网络操作系统的各种安全特性可用来管理每个用户的访问权限,确保关键数据的安全保密。因此,网络操作系统从根本上说是一种管理器,用来管理连接、资源和通信量的流向。

6.2.2 常见的网络操作系统

各种不同的局域网的硬件组成基本相同,使用不同的网络操作系统就有不同种类的局域网。网络操作系统的性能直接影响网络系统的功能。目前,常用的网络操作系统有Windows、Netware、UNIX、Linux 等。

1. Windows Server 2000/2003/2008

网络操作系统 Windows 系列,是全球最大的软件开发商——微软公司开发提供的。这种 32 位或者 64 位的操作系统是为了满足高层次、单用户桌面工作站平台的要求及满足局域网超级服务器的需要而设计的。具有抢先式多任务多线程调度能力,可以支持文件、打印、信息传递和应用服务等多用途。

Windows 2003 集 Windows NT 的安全技术和 Windows 9x 的易用性于一身,并在此基础上发展了许多新的特性和功能。针对不同的应用场合,Windows 2003 系列平台软件可分为 4 个版本: Windows 2003 Professional,针对商业和个人用户;Windows 2003 Server,针对工作组级的服务器版本;Windows 2003 Advanced Server,针对企业级的高级服务器版本;Windows 2003 Datacenter Server,针对大型数据仓库的数据中心服务器版本。后 3 个版本都是针对网络应用而设计的网络操作系统。

Windows Server 2008 代号 Longhorn,是微软下一代网络服务器操作系统,提供了更强的控制能力、增强的保护、更大的灵活性、自修复 NTFS 文件系统、核心事务管理器、Windows 硬件错误架构(WHEA)等诸多新的特性。

2. NetWare

Novell 网是美国 Novell 公司于 20 世纪 80 年代初开发的一种高性能局域网系统,NetWare 是局域网操作系统,也是 Novell 网的核心技术。NetWare 网络是一种开放体系结构的网络,它具有良好的开放性、容错性、安全性、传输速率、吞吐率和兼容性。

NetWare 网络操作系统是用于文件服务器的优秀的操作系统,其 4.1 以上的版本所具有的目录服务功能是一种能以单一逻辑方式访问可能位于全球范围的所有网络服务和资源的技术,用户只需通过一次登录就可访问网络服务和资源。

Novell 网的硬件系统由 4 个部分组成:文件服务器、工作站、网络接口卡和网络通信系统。网络通信系统应考虑网络传输介质、网络布局和网络结构等方面要求,NetWare 可以使用双绞线、同轴电缆和光缆等作为传输介质,网络布局主要有总线、环型、星型、树型等。

最近十年,NetWare 操作系统的市场占有率不断下降,早已失去了霸主地位。但 NetWare 操作系统对网络硬件的要求很低(工作站只要是 286 机就可以了),受到一些设备比较落后的中、小型企业,特别是学校的青睐。特别在无盘工作站的组建方面有独特的优势。

3. UNIX

UNIX 操作系统是一个交互式的分时网络操作系统,由美国 AT ＆ T 的贝尔实验室于 1969 年开发。UNIX 操作系统是第一个完整、通用、多功能的网络操作系统,历史悠久,影响广泛,功能强大,系统稳定性和安全性能非常好,完善的网络管理功能一度深受广大计算机网络用户的欢迎。但是,UNIX 的管理功能主要以命令行方式来操作,不易掌握,特别是初级用户。因此,一般由使用巨型数据库的大规模网站或大型的企、事业单位使用。

UNIX 是针对大型机环境开发的操作系统,是一种集中式分时多用户操作系统,其体系结构已不适应时代需求,市场占有率呈下降趋势。目前,常用的 UNIX 网络操作系统的版本有 UNIX SUR、惠普公司的 HP-UX、Sun 公司的 Solaris 和 SCO 公司的 OpenServer 等。

4. Linux

Linux 是一种可免费使用和自由传播的 UNIX 类操作系统,继承了 UNIX 的主要功能和特性。1991 年,由芬兰大学生 Linus Torvalds 开发,移植到采用 x86 指令系统的 Intel 80386 PC 上。主要特点就是源代码开放,可以免费得到许多应用程序,较适用于小型的网络。Linux 不受任何商品化软件的版权制约,能够免费传播、复制、安装和使用。世界各地的程序员,通过因特网,自发组织起来,义务对 Linux 进行改进,编写各种应用程序。发展到今天,Linux 已成为一个功能强大的操作系统,有着广泛的用途,包括网络服务、软件开发、桌面应用等,成为操作系统领域耀眼的新星。许多知名的大型商业网站,例如美国的亚马逊网上书店等,使用的就是 Linux 系统平台。

Linux 之所以能够流行,主要原因有两个,一是它属于自由软件,用户不但可以从因特网上下载 Linux 及其源代码,而且可以下载许多 Linux 的应用程序免费使用。另一个原因是,它具有 UNIX 的全部功能,任何使用 UNIX 操作系统或想要学习 UNIX 操作系统的人都可以从 Linux 中获益。

目前有许多软件公司在其内核之上进行开发及技术服务支持,产生了许多 Linux 的商业化发行版本,如 RedHat Linux,SuSE Linux,Turbo Linux,我国的红旗 Linux,蓝点 Linux 等。

图 6-11 LAMP 体系的 LOGO

图 6-11 所示为 LAMP 体系的 LOGO。

在网络服务器市场中,全开源建站体系 LAMP (Linux＋Apache＋MySQL＋PHP),即使用 Linux 作为操作系统,Apache 作为 Web 服务器组件,MySQL 作为数据库,PHP 作为服务器端脚本解释器,已经成为主流解决方案。通过这种方式,不需要任何费用,就可以快速搭建起一个稳定、免费、功能强大的网站,提供门户、博客、论坛、邮件服务、电子商务等各种功能。根据 IDC(国际数据公司)统计资料显示,因特网中,70％以上的访问流量是 LAMP 提供的。

6.3　因特网基础知识

6.3.1　因特网概述

信息是经济发展的战略资源,信息技术已成为社会生产力中重要的因素。信息社会必须建设信息高速公路。因特网被公认为是当前正在规划和建设的全球性信息高速公路的雏形,为下一代互联网 Web 2.0 的建设提供了可借鉴的经验。

1. 因特网(Internet)

因特网是一个全球性的巨大的计算机网络体系,开始只是美国一个国家的网络,由于它的开放性及 20 世纪 80 年代末开始的网络逐步商业化,世界各国的网络纷纷与它相连,使它逐步成为一个国际互联网。它把全球许许多多的子网互联而成为一个国际网,也可以看成由各地主干网连接起来的全球上亿台主机的大集合。它们在 TCP/IP 通信协议和客户机/服务器工作模式的支持下,包含了难以计数的信息资源,向全世界提供信息服务。

从技术角度看,因特网是一个以 TCP/IP 网络协议连接各个国家地区网络的数据通信网。今天的因特网已远远超过了网络的含义,它是一个虚拟的社会,包含 3 个方面的内容:

① 因特网是一个基于 TCP/IP 协议的网络。

② 因特网是一个网络用户的集合,用户使用网络资源,同时也为该网络的发展贡献资源。

③ 因特网是所有可被访问和利用的信息资源的集合。

因特网由商业组织或政府机构提供资金。在该网上具有上万个技术资料数据库,信息媒体包括文字、数据、图像、声音等。信息属性包括软件、图书、报纸、杂志、档案等。内容涉及政治、经济、科学、教育、法律、军事、文艺、体育等社会生活各个方面,可提供全球性的信息沟通和资源共享,被公认为是目前全球飞速发展的全球信息高速公路的支柱。用一台微机联入这个网络,即可存取本地和远程电子资源,查找和检索信息及文件,可以进行研究,与他人通信,并可查找和使用免费软件,联机存取公用编目和数据库及文件目录等。

2. 信息高速公路

信息高速公路是指数字化大容量光纤通信网络或无线通信、卫星通信网络与各种局域网络组成的高速信息传输通道。它由高速信息传输通道（如光缆、无线通信网、卫星通信网、电缆通信网）、网络通信协议、通信设备、多媒体软件等几部分组成。因特网是美国信息高速公路的主干网。

1993 年 9 月，美国政府率先提出建设国家信息基础设施（National Information Infrastructure，NII）的计划。NII 即"信息高速公路"，这是美国面对 21 世纪全球经济发展而提出的战略计划，其目的是美国政府为重振美国经济，改变信息传输上"车多路窄"的瓶颈问题，增强美国国际竞争力。该计划内容是：不迟于 2015 年，投资 4000 亿美元，建立起一个连接全美几乎所有家庭和社会机构的光纤通信网络，以传送声音、数据、图像或文字等信息，服务范围包括教育、卫生、娱乐、商业、金融和科研等，并将采取双向交流形式，使信息消费者同时成为信息的积极提供者。

美国的信息高速公路计划面世以后，立即引起了世界大多数国家的关注。许多国家抓紧制定自己的"信息高速公路"计划，并为此投入了大量的人力、财力和物力。

我国政府十分重视信息化事业，1993 年 12 月召开了国家经济信息化联席会议，为了促进国家经济信息化，适时地提出了"三金工程"——"金关工程"、"金卡工程"和"金桥工程"，作为国民经济信息化的基础工程，并于 1994 年开始实施。

信息高速公路的实现，将会大大改变人类的工作方式和生活方式，将推动人类社会走向信息文明的时代。

3. 因特网在中国的起源与发展

早在 1986 年，北京市计算机应用技术研究所实施的国际联网项目——中国学术网 CANET 启动，其合作伙伴是德国卡尔斯鲁厄大学。

1987 年 9 月，CANET 在北京计算机应用技术研究所内正式建成中国第一个国际互联网电子邮件结点，并于 9 月 14 日发出了中国第一封电子邮件："Across the Great Wall we can reach every corner in the world.（越过长城，走向世界）"（见图 6-12），拉开了中国因特网时代的序幕。这封电子邮件是通过意大利公用分组网 ITAPAC 设在北京的 PAD 机，经由意大利 ITAPAC 和德国 DATEX-P 分组网，实现了和德国卡尔斯鲁厄大学的连接，通信速率仅为 300b/s。7 天后，9 月 20 日，这封邮件终于穿越了半个地球到达德国！

1990 年 11 月 28 日，钱天白教授个人代表中国正式在国际互联网络信息中心注册登记了我国的顶级域名 CN。因特网在中国真正开始得到广泛应用是在 1994 年。1994 年 5 月 21 日，在钱天白教授和德国卡尔斯鲁厄大学的协助下，中国科学院计算机网络信息中心完成了中国国家顶级域名（CN）服务器的设置，改变了中国的 CN 顶级域名服务器一直放在国外的历史，中国作为第 71 个国家级网加入了因特网，真正进入网络时代，被列为 1994 年十大科技成就之一。

接下来十几年，我国因特网技术迅猛发展，相继建立了七大骨干网：

① 中国公用计算机互联网（CHINANET）。

```
Date:   Mon, 14 Sep 87 21:07 China Time
Received: from Peking by unikal; Sun, 20 Sep 87 16:55 (MET dst)

"Ueber die Grosse Mauer erreichen wir alle Ecken der Welt"
"Across the Great Wall we can reach every corner in the world"

Dies ist die erste ELECTRONIC MAIL, die von China aus ueber
Rechnerkopplung in die internationalen Wissen-schaftsnetze geschickt
wird.
This is the first ELECTRONIC MAIL supposed to be sent from China into
the international scientific networks via computer interconnection
between Beijing and Karlsruhe, West Germany
(using CSNET/PMDF BS2000 Version).

University of Karlsruhe        Institute for Computer Application
- Informatik                   of State Commission of Machine
Rechnerabteilung -             Industry
(IRA)                          (ICA)
Prof. Dr. Werner Zorn          Prof. Wang Yuen Fung
Michael Finken                 Dr. Li Cheng Chiung
Stephan Paulisch               Qui Lei Nan
Michael Rotert                 Ruan Ren Cheng
Gerhard Wacker                 Wei Bao Xian
Hans Lackner                   Zhu Jiang
                               Zhao Li Hua
```

图 6-12　中国第一封电子邮件

② 宽带中国 CHINA169 网。

③ 中国科技网(CSTNET)。

④ 中国教育和科研网(CERNET)。

⑤ 中国移动互联网(UNINET)。

⑥ 中国国际经济贸易互联网(CIETNET)。

⑦ 国家公用经济信息通信网(CHINAGBN),简称金桥网。

截至 2008 年,我国网民的人数规模达到 2.85 亿,超过美国,名列世界第一!

6.3.2　因特网的地址和域名系统

1. 因特网的地址

所谓因特网地址,就是入网计算机的一种标识号码,它是在 OSI/RM 模型的网络层实现的。网络层的 IP 协议提供了一种在 Internet 中统一的地址格式。Internet 为每个入网用户单位分配两个地址:一个称为 IP 地址,另一个称为域名地址。IP 地址便于计算机程序进行访问,域名地址则是供用户查询使用,两者可由网络的域名解析系统(DNS)自动转换。在网上若要正确地访问每台主机或服务器,必须有一个能唯一标识该计算机位置的东西,就像每家都有住址,每人都有身份证号码,连入因特网的所有主机和网络设备,都有一个独一无二的域名或者 IP 地址。

需要指出的是,在同一个网络中,就像一个人可以有多个手机号码一样,一个拥有多块网卡的主机可以有多个 IP 地址或网址,但多个主机绝对不允许共用一个 IP 地址或网址,否则将发生冲突,无法正常使用,图 6-13 所示为 IP 地址的组成与结构。

(1) IP 地址的组成

在目前广泛使用 IPv4 地址协议中,IP 地址是一个 32 位的二进制数,由于阅读、记忆

网络类型	网络ID	主机ID

图 6-13　IP 地址的组成与结构

和书写二进制数很不方便,因特网定义了一种 IP 地址的标准写法——点分十进制表示法。该写法规定按 8 位为一组,把 32 位 IP 地址分成 4 组(即由 4 个字节构成),组与组之间用圆点进行分隔,每组数用一个取值范围 0~255 的十进制数表示。

例如,北京联合大学主机的 IP 地址为 11010010-01010010-00110101-00001000,点分十进制表示为 210.82.53.8,如图 6-14 所示。

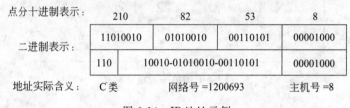

图 6-14　IP 地址示例

(2) IP 地址的分类

因特网是一个互联网,它是由大大小小的各种网络组成的,每个网络中的主机数目是不同的。为了充分利用 IP 地址以适应主机数目不同的各种网络,对 IP 地址也进行了分类。IP 地址包含 3 个部分,最前面的 1~2 位是类型,共有 3 类: A 类(最高位为 0)、B 类(最高两位为 10)、C 类(最高三位为 110);中间部分为网络号,用以区分在 Internet 上互联的各个网络;后面一部分是主机号,用于区分在同一网络上的不同的计算机,各自的网络号依次取 1,2,3 个字节,而主机号依次取 3,2,1 个字节,如图 6-15 所示。

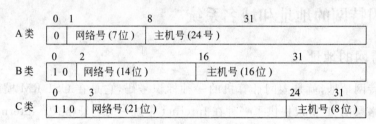

图 6-15　IP 地址的分类

A 类地址: 前 8 位为网络地址,后 24 位为主机地址,其地址范围为 0.0.0.0~127.255.255.255。每个 A 类地址可容纳 $2^{24}-2=16\,777\,214$ 台主机(因为主机地址全为 0 或全为 1 的地址是两个特殊的地址,所以要减去 2),因此,A 类 IP 地址适用于有大量主机的大型网络。

B 类地址: 前 16 位为网络地址,后 16 位为主机地址,其地址范围为 128.0.0.0~191.255.255.255。每个 B 类地址可容纳 $2^{16}-2=65\,534$ 台主机,因此,B 类 IP 地址适用于有一定数量主机的中型网络。

C 类地址: 前 24 位为网络地址,后 8 位为主机地址,其地址范围为 192.0.0.0~223.255.255.255。每个 C 类地址可容纳 $2^{8}-2=254$ 台主机,因此,C 类 IP 地址适用于有少量主机的小型网络。

　　按照 IP 地址的结构和其分配原则,可以在 Internet 上很方便的寻址:先按 IP 地址中的网络标识号找到相应的网络,再在这个网络上利用主机 ID 找到相应的主机。由此可看出 IP 地址并不只是一个计算机的代号,而是指出了某个网络上的某个计算机。当你组建一个网络,为了避免该网络所分配的 IP 地址与其他网络上的 IP 地址发生冲突,你必须为该网络向 InterNIC(Internet 网络信息中心)组织申请一个网络标识号,也就是这整个网络使用一个网络标识号,然后再给该网络上的每个主机设置一个唯一的主机号码,这样网络上的每个主机都拥有一个唯一的 IP 地址。另外,国内用户可以通过中国互联网络信息中心(CNNIC)来申请 IP 地址和域名。当然,如果网络不想与外界通信,就不必申请网络标识号,而自行选择一个网络标识号即可,只是网络内主机的 IP 地址不可相同。

2. 子网及子网掩码

(1) 子网

　　子网是指在一个 IP 地址上生成的逻辑网络,它使用源于单个 IP 地址的 IP 寻址方案,把一个网络分成多个子网,要求每个子网使用不同的网络 ID,通过把主机号(主机 ID)分成两个部分,为每个子网生成唯一的网络 ID。一部分用于标识作为唯一网络的子网,另一部分用于标识子网中的主机,这样原来的 IP 地址结构变成如图 6-16 所示的三层结构。

网络地址部	子网地址部	主机地址部

图 6-16　IP 地址的三层结构

　　这样做的好处是可节省 IP 地址。例如,某公司想把其网络分成 4 个部分,每个部分大约有 20 台左右的计算机,如果为每部分网络申请一个 C 类网络地址,这显然非常浪费(因为 C 类网络可支持 254 个主机地址),而且还会增加路由器的负担,这时就可借助子网掩码,将网络进一步划分成若干个子网,由于其 IP 地址的网络地址部分相同,则单位内部的路由器应能区分不同的子网,而外部的路由器则将这些子网看成同一个网络。这有助于本单位的主机管理,因为各子网之间用路由器来相连。

(2) 子网掩码

　　子网掩码是一个 32 位地址,它用于屏蔽 IP 地址的一部分,以区别网络 ID 和主机 ID;用来将网络分割为多个子网;判断目的主机的 IP 地址是在本局域网还是在远程网。在 TCP/IP 网络上的每一个主机都要求有子网掩码。这样当 TCP/IP 网络上的主机相互通信时,就可用子网掩码来判断这些主机是否在相同的网络段内。

　　图 6-17 所示为各类 IP 地址所默认的子网掩码,其中值为 1 的位用来定出网络的 ID

类	子网掩码	子网掩码的二进制表示
A	255.0.0.0	11111111 00000000 00000000 00000000
B	255.255.0.0	11111111 11111111 00000000 00000000
C	255.255.255.0	11111111 11111111 11111111 00000000

图 6-17　子网掩码的表示

号,值为 0 的位用来定出主机 ID。例如,如果某台主机的 IP 地址为 192.168.101.5,通过分析可以看出它属于 C 类网络,所以其子网掩码为 255.255.255.0,则将这两个数据作逻辑与(AND)运算后结果为 192.168.101.0,所得出的值中非 0 位的字节即为该网络的 ID。默认子网掩码用于不分子网的 TCP/IP 网络。一个 B 类 IP 地址的子网掩码是 255.255.0.0,一个 A 类 IP 地址的子网掩码是 255.0.0.0。

3. 因特网的域名系统

即使采用了点分十进制表示形式,数字 IP 地址仍然难以记忆。因特网规定,采用有一定含义的名字来标识入网的计算机,以方便用户的记忆和使用。如北京联合大学邮件服务器的域名地址为 mail.buu.edu.cn,其中 mail 代表主机名,buu 代表北京联合大学,edu 代表教育机构,cn 代表中国。

mail. buu. edu. cn
主机名 三级子域 二级子域 一级子域

在国际上,第一级子域一般都是两个字母的代码,对应不同的国家和地区。每个国家和地区具有固定的区域名,如表 6-1 所示。因为美国是因特网的发源地,所以美国的主机域名的国别代码通常被省略,直接写二级子域的机构名。

表 6-1 国家或地区名称及代码

区　域　名	国家或地区名	区　域　名	国家或地区名
au	澳大利亚	ca	加拿大
fi	芬兰	cn	中国
de	德国	fr	法国
it	意大利	jp	日本
uk	英国	us	美国
ch	瑞士	in	印度
hk	中国香港	be	比利时
tw	中国台湾	at	奥地利

第二级子域一般都是 3 个字母代码,对应不同的组织或领域,其含义如表 6-2 所示。

表 6-2 机构名及其含义

代　码	名　称	代　码	名　称
com	商业机构	edu	教育机构
gov	政府机构	int	国际机构
mil	军事机构	net	网络机构
org	非盈利机构	arts	文化娱乐机构
firm	工业机构	info	信息机构
nom	个人和个体	rec	消遣机构
store	商业销售机构	web	与 www 有关的机构

第三级子域名一般都是 3 个字母代表的组织或机构下的分支机构,如前例中的 buu 代表北京联合大学。

主机名则是第三级子域组织机构中,某一台主机(服务器)的名称。

4. 统一资源定位器

URL(Uniform Resource Locator,统一资源定位器)由协议和域名构成。也就是我们在浏览器的地址栏里,输入的网站地址,俗称"网址"。URL 地址格式排列为:

protocol://host:port/path

如:http://www.sina.com.cn:80/image/cover.jpg

URL 各组成部分的含义:

① protocol(协议):指定使用的传输协议,最常用的是 HTTP 协议(超文本传输协议),目前 WWW(万维网)中,应用最广的网页浏览协议。

② 服务器地址(host):指出 WWW 页所在的服务器域名。

③ 端口(port):对某些资源的访问来说,有时需给出相应的服务器提供端口号,IE 浏览器默认的是 80 或者 8080 端口。

④ 路径(path):指明服务器上某文件资源,具体所在的位置与路径(其格式与 DOS 系统中的格式一样,通常由目录/子目录/文件名组成)。与端口一样,在服务器设置了默认主页的情况下,不是必须输入的。

5. 下一代的网际协议 IPv6

1) IPv6 的发展背景

目前 IP 协议的版本号是 4(简称为 IPv4),核心技术属于美国,IP 地址由美国的 ICANN 组织分配。近年来互联网在各个领域内得到了空前的发展,人们对信息资源的开发和利用进入了一个全新的阶段,面临的最大问题是 IP 地址有限,资源越来越紧张,路由表越来越庞大,路由速度越来越慢等。

IPv4 协议中,一个地址由 32 位二进制数组成。从理论上讲,IPv4 技术最多可使用的 IP 地址不到 43 亿个($2^{32} = 4\,294\,967\,296$)。其中北美占有 3/4,约 30 亿个,而人口最多的亚洲只有不到 4 亿个。中国最早只分配了 3 千多万个,仅相当于美国麻省理工学院拥有的 IP 地址数量。按现有的发展速度推算,因特网的公有 IPv4 地址将在 2012 年之前用完。

为了解决以上这些问题,IETF(互联网工程任务组)设计了用于替代 IPv4 的下一代协议——IPv6。

IPv6 所引进的主要变化如下:

① 更大的地址空间,IPv6 把原来 IPv4 地址增大到了 128 位,其地址空间大于 3.4×1038,是原来 IPv4 地址空间的 296 倍。

② IPv6 协议兼容原来的 IPv4,可以和 IPv4 在若干年内共存。

③ IPv6 对 IP 数据报协议单元的头部与原来的 IPv4 相比进行了相应的简化,使用更小的路由表,仅包含 7 个字段(IPv4 有 13 个)。IPv6 的地址分配一开始就遵循聚类

(Aggregation)的原则,这使得路由器能在路由表中用一条记录(Entry)表示一片子网,大大减小了路由器中路由表的长度,提高了路由器转发数据包的速度。

④ IPv6 另一个主要的改善方面是在安全方面。在 IPv6 网络中,用户可以对网络层的数据进行加密并对 IP 报文进行校验,极大地增强了网络的安全性。

2) IPv6 地址的 3 种表达形式

(1) 冒号十六进制形式

这是首选形式,n:n:n:n:n:n:n:n。在 IPv6 中,128 位二进制的 IP 地址,每 16 位用冒号(:)分割开来,共分成 8 块。然后每块 16 个二进制数,表示为 4 位十六进制数。

例如:3FFE:FFFF:7654:FEDA:1245:BA98:3210:4562。

(2) 压缩形式

由于地址长,地址包含由 0 组成的长字符串的情况十分常见。为了简化这些地址,最前面 0 可以省略,多个 0 的连续序列由双冒号符号(::)表示。此符号只能在地址中出现一次。

例如:FFED:0:0:0:0:0098:3210:4562 的压缩形式,表示为 FFED::98:3210:4562。

(3) 混合形式

此形式兼容 IPv4 和 IPv6 地址表示法,地址格式为 n:n:n:n:n:n:d.d.d.d。其中,每个 n 表示高位的十六进制地址,每个 d 采用 IPv4 地址的点分十进制表示法。

例如:FFED:0:0:0:0:0098:3210:4562 的混合形式,表示为 FFED:0:0:0:0:0098:50.16.69.98。

6.3.3 因特网提供的信息服务

Internet 的信息服务方式可分为基本服务和扩充服务两种,基本服务方式有电子邮件、远程登录和文件传输;扩充服务方式有基于电子邮件的电子公告板和电子杂志、查询服务、万维网(WWW)服务、名录服务等。

1. 电子邮件(E-mail)

电子邮件(Electronic Mail,E-mail)是因特网最重要的服务功能之一,它是伴随着互联网而产生的一种新兴的通信联络方式。快捷和方便是电子邮件的两大优点,快捷是指电子邮件的发送速度快,即使收件人与发件人远隔万里,如果顺利的话在几分钟后就可以到达收件人的邮箱中,最长也只需几个小时的时间。方便是指接收、编辑和发送电子邮件十分方便,世界上任何接入 Internet 的地方,都可以使用电子邮件。此外,它还具有价格低、一信多发、邮寄多媒体信息等传统邮件不能比拟的功能。本章 6.5 节将详细介绍电子邮件的使用方法。

2. 文件传输(FTP)

文件传输协议(File Transfer Protocol,FTP)是因特网上最早出现的重要服务功能之一,其主要作用是传输文件。FTP 服务器上存有大量的共享软件和各类文件,它们是因特网上的宝贵资源。用户连接上一个远程 FTP 服务器后,可以查看服务器上的各类文件,将需要的文件下载(Download)到自己的计算机上,也可以把用户本地计算机的文件上载(Upload)到服务器上去。

FTP 远程服务器称为 FTP 站点,分为注册用户 FTP 服务器和匿名 FTP 服务器两类。大多数 FTP 服务器是匿名的(Anonymous FTP),这种服务是不需要注册用户名和口令便可进入的免费系统。它允许用户在 Internet 网上无自己账号的计算机系统上直接把所需要的信息文件和程序内容下载到自己的计算机上,但不允许上载。匿名 FTP 是专门将某些文件及软件提供给大家使用的开放的文件复制系统。用户可以通过 Anonymous 用户名使用这类计算机,一般没有口令,有的有口令,其口令为用户的 E-mail 地址。实际上各种类型的数据都存放在某处的某台计算机上,而且都免费供大家使用,对于一个申请了全功能的 Internet 用户来说,很大程度上是因为要使用匿名 FTP,同时可以通过 FTP 下载最新的免费软件。

FTP 服务是由文件传输协议支持的。这是一种实时联机服务,在进行工作时,用户首先需要登录到对方的计算机上,登录后才可进入文件搜索和文件传送等的有关操作。FTP 可传送文本文件、二进制文件、图像、声音以及数据压缩文件等。使用 FTP 服务可以通过命令行模式或图形界面模式。在 Windows 中,前者是在开始菜单选择"运行"打开"运行"对话框,输入命令:ftp <服务器 IP 地址或域名>,如 ftp ftp. zju. edu. cn;后者是在任何窗口的地址栏中输入:ftp://<服务器 IP 地址或域名>,如 ftp://ftp. zju. edu. cn。

3. 远程登录(Telnet)

远程登录服务用于在网络环境下实现资源的共享,它是在 Telnet 通信协议支持下,使用户的微机通过 Internet 成为远程主机的终端,从而使用该主机系统允许外部用户使用数据库和全部资源。世界上许多大学图书馆均通过 Telnet 对外提供联机检索服务。有些政府部门、研究机构也利用 Telnet 将其数据库对外开放。有些 Telnet 上的数据库还提供开放式远程登录服务,查询这些数据库不需要事先取得账号及口令,可使用该系统公开的公共用户名(Guest)。许多远程登录的数据库是免费的,用户只需支付通信费用即可。

利用 Telnet 服务,用户可以与因特网上的任何一台远程计算机进行连接通信。用户建立连接之后,只要你在该机器上有一个有效账号,就可以用自己的账号进行登录。因为大多数连网的计算机都使用 UNIX 操作系统。

网上用户只要在自己的主机上装有包括 Telnet 应用层协议在内的 TCP/IP 协议程序,都可直接使用此功能。Telnet 可用 DOS 或 UNIX 行命令形式实现,也可利用 WWW 浏览器实现。

用命令行使用 Telnet 的格式是:telnet <服务器 IP 地址或域名>,如 telnet tsinghua. edu. cn。

4. 万维网（WWW）

WWW（World Wide Web，万维网）服务，也称 Web 服务，是因特网上最方便和最受欢迎的服务类型，它的影响力已远远超出了专业技术的范畴，并且已进入了广告、新闻、销售、电子商务与信息服务等诸多领域，它的出现是 Internet 发展中的一个里程碑。

WWW 是由 Tim Berners Lee 等人于 1992 年在瑞士日内瓦的欧洲核子实验室开发的，它最初的设计目的是为了使研究人员能够更方便的实时发布、交换和查询信息。但由于 WWW 的易用性、使之较 Gopher、Archie、WAIS、FTP 等 Internet 信息服务系统更快地发展起来，并成为今天通信革命的基础。

WWW 主要由遍布全球的 WWW 服务器组成，每一个 WWW 服务器通常称为 WWW 站点或网站。每个网站既包括自己的信息，又提供指向其他 WWW 服务器信息的链接，由此构成了庞大的互相交织的环球信息网络。

WWW 服务采用客户机/服务器工作模式。信息资源以页面（也称网页或 Web 页）的形式存储在服务器中，用户通过客户端的应用程序，即浏览器，向 WWW 服务器发出请求，服务器根据客户端的请求内容将保存在服务器中的某个页面返回给客户端，浏览器接收到页面后对其进行解释，最终将图文声并茂的画面呈现给用户。

Web 页面是由一种称为 HTML（超文本标记语言）的网页描述语言编写的，不仅含有文本信息，还可以包括声音、图形、图像及影视等多媒体信息，而且其中还包含了与图形文件和其他 Web 页的超链接（Hyperlink）。每个 Web 页都被赋予一个 URL 网址，它是 Web 页在 WWW 中存放位置的统一格式。

万维网浏览器（WWW）的主要功能如下。

① 查询和浏览。

② 文件服务。

③ 热表管理。保存用户刚访问过的 WWW 网址，即"热表"，当用户想要回到最近曾访问过的某一个网址时，可以从热表中切换。

④ 建立自己的主页。

⑤ 提供其他因特网服务，如 E-mail、Usenet、FTP、Telnet 等。

5. 电子公告板与论坛

电子公告板（Bulletin Board System，BBS）是因特网上信息交流最常用的方式之一。可以利用它与未见面的朋友聊天、组织沙龙、谈问题、获得帮助，也可以为别人提供信息。

要使用电子公告板，必须通过因特网与运行 BBS 或论坛程序的主机相连，要求知道一些 BBS 的站点地址才能访问 BBS 的站点。进入一个 BBS 站点，先要在对方主机上进行用户注册与登录，对方主机在确认你的身份后才能让你进入，浏览、发帖、发论坛短消息（PM）。

6.3.4 因特网的接入方式

因特网常用接入方式分为电话拨号（PSTN）、ISDN 拨号等窄带方式，通过 ISP 进行

ADSL、LAN 接入等共享式宽带方式,独立光纤、DDN、帧中继等独享式宽带方式。提到接入因特网,首先要涉及一个带宽问题,随着网络技术的不断发展和完善,接入因特网的带宽被人们分为窄带和宽带,宽带接入是主流发展方向。本小节介绍和一般用户有关的最基本的接入方式。

1. 拨号接入

PSTN(Published Switched Telephone Network,公用电话交换网)技术是利用PSTN 通过调制解调器(Modem)拨号实现用户接入的方式。这种接入方式是大家非常熟悉的一种接入方式,目前最高的速率为 56Kb/s,已经达到仙农定理确定的信道容量极限,这种速率远远不能够满足宽带多媒体信息的传输需求;但由于电话网非常普及,用户终端设备 Modem 很便宜,大约在 100~500 元之间,而且不用申请就可开户,只要家里有计算机,把电话线接入 Modem 就可以直接上网。因此,PSTN 拨号接入方式比较经济,在宽带接入广泛应用的今天,仍是网络接入的一种辅助手段。但随着宽带,特别是无线宽带技术的发展和进一步普及,这种接入方式会逐步被淘汰,图 6-18 所示为内外置调制解调器。

2. ADSL 接入

ADSL(Asymmetrical Digital Subscriber Line,非对称数字用户环路)是一种能够通过普通电话线提供宽带数据业务的技术,也是目前仍具有发展前景的一种接入技术。ADSL 素有“网络快车”之美誉,因其下行速率高、频带宽、性能优、安装方便、不需交纳电话费等特点而深受广大用户喜爱,成为继 Modem、ISDN 之后的又一种全新的准宽带接入方式。ADSL 方案的最大特点是不需要改造信号传输线路,完全可以利用普通铜质电话线作为传输介质,配上专用的 Modem 即可实现数据高速传输。ADSL 支持的上行速率与下行速率不同,一般上行 512Kb/s~1Mb/s,下行 1Mb/s~8Mb/s,其有效的传输距离在 3~5km 范围以内,尤其适合下载数据远远多于上传数据的个人用户。在 ADSL 接入方案中,每个用户都有单独的一条线路与 ADSL 局端相连,它的结构可以看作是星型结构,数据传输带宽是由每一个用户独享的,图 6-19 所示为 ADSL 外置 Modem。

内置 Modem   外置 Modem

图 6-18   内置与外置调制解调器   图 6-19   ADSL 外置 Modem

3. 有线电视网接入

Cable-Modem(线缆调制解调器)是近两年开始试用的一种超高速 Modem,它利用现成的有线电视(CATV)网进行数据传输,已是比较成熟的一种技术。随着有线电视网的发展壮大和人们生活质量的不断提高,通过 Cable-Modem 利用有线电视网访问互联网已成为越来越受业界关注的一种高速接入方式。

由于有线电视网采用的是模拟传输协议,因此网络需要用一个 Modem 来协助完成数字数据的转化。Cable-Modem 与以往的 Modem 在原理上都是将数据进行调制后在 Cable(电缆)的一个频率范围内传输,接收时进行解调,传输机理与普通 Modem 相同,不同之处在于它是通过 CATV 的某个传输频带进行调制解调的。

Cable-Modem 连接方式可分为两种,即对称速率型和非对称速率型。前者的 Data Upload(数据上传)速率和 Data Download(数据下载)速率相同,都在 500Kb/s～2Mb/s 之间;后者的数据上传速率在 500Kb/s～10Mb/s 之间,数据下载速率为 2Mb/s～40Mb/s。

采用 Cable-Modem 上网的缺点是由于 Cable-Modem 模式采用的是相对落后的总线型网络结构,这就意味着网络用户共同分享有限带宽,上网人数少的时候,速度比较快,反之,速度成倍下降。另外,购买 Cable-Modem 和初装费也都不算很便宜,这些都阻碍了 Cable-Modem 接入方式在国内的普及。但是,它的市场潜力是很大的,中国 CATV 网早已成为世界第一大有线电视网,其用户达 8000 多万,图 6-20 所示为外置 Cable-Modem。

4. 局域网接入方式

通过局域网接入 Internet 是指用户的局域网使用路由器,通过数据通信网与 ISP 相连接,再通过 ISP 的连接通道接入 Internet,

单机通过局域网访问 Internet,其过程比较简单。用户 PC 内安装好专用的网络适配器,使用专用的网线连接到集线器上,集线器再通过路由器与远程的 Internet 连接,即在物理上实现了与 Internet 的连接。采用这种接入方法时,用户花费在租用线路上的费用比较昂贵,这时用户端通常是有一定规模的局域网,例如企业网或校园网,图 6-21 所示为局域网接入。

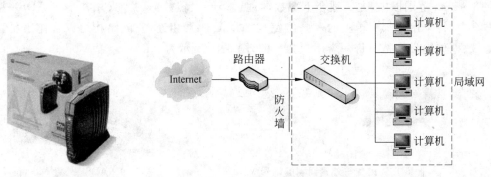

图 6-20　外置 Cable-Modem　　　　　　图 6-21　局域网接入

对于局域网接入 Internet,有共享 IP 地址和独享 IP 地址两种情况。

① 共享 IP 地址。这种情况下,局域网没有使用 TCP/IP 协议,或虽然使用 TCP/IP 协议但局域网工作站不具有正式注册的 IP 地址,只有代理服务器有正式注册的 IP 地址。具体方法是用调制解调器和电话线把局域网的代理服务器与提供接入 Internet 服务的主

机连接起来,局域网上的所有微机通过服务器的代理共享 IP 地址访问因特网。

  ② 独享 IP 地址。这种情况下,独享 IP 地址使用 TCP/IP 协议,每台独享 IP 地址的工作站都拥有自己的正式 IP 地址,可以直接访问 Internet。这种连接方式要有一个路由器,通过路由器把局域网接入 Internet。路由器与 Internet 主机间的连接可以用 X.25 分组交换网络或 DDN 实现。

6.3.5 因特网、互联网、万维网三者的区别与联系

  因特网、互联网、万维网三者的关系是:互联网包含因特网,因特网包含万维网。

  凡是能彼此通信的设备组成的网络就叫互联网。所以,一个局域网中,不论采用何种技术,即使仅有两台机器能够互相通信,也叫互联网。国际标准的互联网英文写法是 internet,字母 i 小写!跨国的超大型互联网不仅有因特网,还有惠多网 FidoNet(因特网普及前的 BBS)、EggNet、AlterNet 和 RBBS-Net 等。

  因特网是互联网的一种,它是由上亿台主机和网络设备组成的全球性互联网。因特网必须通过 TCP/IP 协议,让不同的设备可以彼此通信。但使用 TCP/IP 协议的网络并不一定是因特网,局域网也可以使用 TCP/IP 协议。判断自己是否接入的是因特网,首先是看自己计算机是否安装了 TCP/IP 协议,其次看是否拥有一个公网地址。国际标准的因特网英文写法是 Internet,字母 I 一定要大写!

  因特网是基于 TCP/IP 协议实现的,TCP/IP 协议由很多协议组成,不同类型的协议又被放在不同的层。其中,位于 OSI/RM 模型中应用层的协议就有很多,比如 FTP、SMTP、HTTP。只要应用层使用的是 HTTP 协议,这个因特网就可以称为万维网(World Wide Web)。在浏览器里输入网址 http://www.＊＊＊.com 后,浏览器和服务器之间通过 HTTP 协议交流信息,下载与显示网页。

6.4 Internet Explorer 浏览器

  网页浏览器是一种应用软件,用途是显示网页服务器上的文件,并让用户这些文件互动,交换数据。浏览器可以显示在万维网或局域网内的文字、图像、动画、视频等信息,还能通过超链接访问其他网址。

Internet Explorer,简称 IE 或 MSIE,是微软公司推出的一款网页浏览器。Internet Explorer 是因特网中使用最广泛的网页浏览器,虽然自 2004 年以来丢失了一部分市场份额,目前市场占有率仍为 80％左右。

Internet Explorer 是微软的新版本 Windows 操作系统的一个组成部分。在旧版的操作系统上,它是独立、免费的。从 Windows 95 OSR2(Windows 97)开始,它被捆绑作为所有新版本的 Windows 操作系统中的默认浏览器。目前 Internet Explorer 7 已捆绑入 Vista,并通过在线更新提供给 Windows XP SP2。2008 年 12 月中旬,Internet Explorer 8 的最新版本 RC1 推出,需要安装的用户,可以到与微软相关的网站,自行下载并安装。

目前常见的网页浏览器分为两大类：一类是 IE 或采用 IE 内核的，如 IE、傲游、世界之窗、腾讯浏览器等；另一类是非 IE 内核的，如火狐、Opera、Chrome、Safari 等。IE 内核的浏览器，容易上手，兼容性很好；非 IE 内核的浏览器在功能、速度和安全性上，占有优势。

6.4.1　Internet Explorer 简介

微软公司开发的 Internet Explorer 是综合性的网上浏览软件，是使用最广泛的一种 WWW 浏览器软件，也是人们访问因特网必不可少的一种工具。Internet Explorer 是一个开放式的因特网集成软件，由多个具有不同网络功能的软件组成。目前，Internet Explorer 浏览器集成在 Windows 操作系统中，使 Internet 成为与桌面不可分割的一部分。这种集成性与最新的 Web 智能化搜索工具的结合，是用户可以得到与喜爱的主题有关的信息。Internet Explorer 还配置了一些特有的应用程序，具有浏览、发信、下载软件等多种网络功能，有了它，基本上可以在网上任意驰骋了。

Internet Explorer 有如下主要技术特点。

- 活动桌面：桌面是以快速和方便访问为目的存储文档和应用程序的场所，Internet Explorer 允许桌面像浏览器一样工作。除了便于快速访问应用程序外，还可以显示来自 Web、本地网络或硬盘上的多个 HTML 图片。
- 活动频道：Internet Explorer 可以使用户以自己需要的方式将信息正确的传送到计算机上。用户可以使用"频道栏"选择自己喜欢的主题，Internet Explorer 将获得这些信息。这样就可以在任何时候甚至在脱机时间阅读了。
- 预制信息：Internet Explorer 的预制功能可以将喜爱的信息在最需要的时候，按照希望的方式直接送到桌面上。
- 动态 HTML：传统的静态网页已经成为历史，用动态 HTML 制作的网页可以提供引人入胜的内容。
- 动人的交互式内容：Internet Explorer 开放的体系结构，能够方便创建可编程的内容和应用程序，并且使这些内容变得灵活。

Internet Explorer 为各类用户提供全面的集成化工具，包括电子邮件、新闻、会议、创作工具、出版工具及其广播。

Internet Explorer 访问成为计算机系统的无缝组成部分，在 Windows 中随时可以看到并使用与 IE 浏览器相类似的浏览器窗口，如文件管理器等。Internet Explorer 集成浏览器和全面通信与协议中的整个产品套件，确保了所有应用程序的一致性和使用的方便性。

6.4.2　Internet Explorer 的使用

Internet 包括 WWW、FTP、BBS 等部分，其中 WWW 是目前 Internet 上最常用、最普遍的部分。用户通过浏览器同服务器建立联系，浏览网页。下面简单介绍 Internet

Explorer 软件的使用。

1. 基本操作

① 首先确认已经通过拨号网络或宽带连接，连入因特网了，然后打开 IE 浏览器。

② 工具按钮（见图 6-22）说明如下。

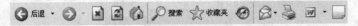

图 6-22　IE 浏览器的工具栏

"后退"按钮：单击按钮可返回到前一页。"前进"按钮：如果已访问过很多 Web 页，单击此按钮可以进入下一页。"小三角形"按钮，会弹出一个下拉列表框，罗列出所有以前访问过的网址，可以从列表框中直接选择一个，转到此地址。

"主页"按钮：单击此按钮可以进入主页（打开浏览器首先看到的那一页）。

"搜索"按钮：单击此按钮，可以打开搜索引擎，在其中选择搜索服务。

"历史"按钮，单击此按钮，浏览器窗口中将出现文件夹列表，包含几天或几周前访问过的 Web 站点的链接。单击文件夹或网页以显示 Web 页。

提示：

① 可以更改在"历史记录"列表中保留网页天数。指定天数越多，保存该信息所需的磁盘空间就越多。

② 再次单击"历史"按钮可以隐藏浏览器栏。

"停止"按钮：单击该按钮，会中断正在下载的网页。

"刷新"按钮：如果希望看到最新的网页信息，单击该按钮可更新当前网页。

"打印"按钮：可以按照屏幕的显示进行打印，也可以打印选定的部分，如框架。另外，还可以指定打印页眉和页脚中的附加信息，如标题、网址、日期、时间和页码等。

"收藏夹"按钮：单击此按钮可以打开收藏夹栏，可以在其中存储经常访问的网址或文档的超级链接（快捷方式）。

"邮件"按钮：单击此按钮，可以实现阅读邮件、新建邮件、发送网页、阅读新闻等。

2. 访问网站

启动 IE 浏览器，如图 6-23 所示，在地址栏中输入要访问的站点网址。例如输入网址 www.buu.edu.cn，然后按 Enter 键。

图 6-23　输入网址

如果输入的网址没有错误，则会进入"北京联合大学"站点。将鼠标在主页上移动，出现手型指针的位置都是链接,通过单击鼠标左键就可以打开链接。

在使用浏览器一段时间后,历史纪录中会保存访问过的站点网址,可以通过它们来访问这些站点。通过这种方法访问这些站点,可以不用输入站点的网址。单击"历史"按钮,即显示曾经访问过的网址,选择需要的网址即可打开它,如图 6-24 所示。

图 6-24　查看历史记录

在浏览器没有关闭的情况下,可以利用工具栏中的"后退"与"前进"按钮,轻松地返回曾经访问过的站点。单击"后退"按钮,可以返回访问过的上一个站点,单击"后退"按钮右侧的下拉箭头,可以在弹出的下拉列表框中选择访问过的某个站点。

3. 使用收藏夹

在浏览因特网时找到喜欢的 Web 页或站点时,可以将该站点的网址保存在收藏夹中,这样以后就能轻松地打开这些站点。

把某个站点添加到收藏夹中,需要在菜单栏中选择"收藏"→"添加到收藏夹"选项,如图 6-25 所示。

图 6-25　"收藏"菜单

这时,将弹出如图 6-26 所示的"添加到收藏夹"对话框,单击"确定"按钮,即可把该站点网址保存到收藏夹中。

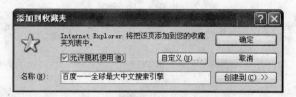

图 6-26 "添加到收藏夹"对话框

如果有一些经常访问的 Web 页或站点希望能放在最容易获得的地方,那就把它添加到链接栏中。链接栏位于地址栏旁边,用于添加一些指向频繁访问的部分 Web 页的链接。使用起来非常方便,只需单击链接即可显示站点。将 Web 页添加到链接栏的方法很多,可以将 Web 页的图标从地址栏拖到链接栏。还可以在收藏夹列表框中将链接拖到"链接"文件夹中。

4. 在网页中查找文字

IE 提供了网页内查找功能(文字),当网页比较大、文字比较多时,可以采取以下办法:

选择"编辑"→"查找(在当前页)",弹出如图 6-27 所示的"查找"对话框,其使用方法和其他文字编辑软件中的查找是一样的,只要输入关键字,然后按 Enter 键即可。

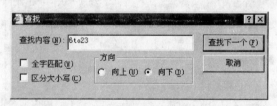

图 6-27 "查找"对话框

5. 保存图片与文件

鼠标右击预保存的图片,如图 6-28 所示,在弹出的快捷菜单中选择"目标另存为"对话框。

图 6-28 "目标另存为"对话框

在"保存图片"对话框中，选择准备保存图片的文件夹，在"文件名"框中输入图片名称，然后单击"保存"按钮，完成保存图片的全部操作，如图 6-29 所示。

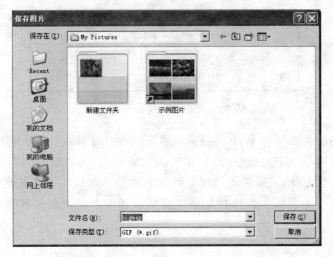

图 6-29 "保存图片"对话框

浏览网页时，经常会遇到需要保存网页上的信息，以便将来参考或与他人共享。在"文件"菜单中选择"另存为"命令，打开"保存 Web 页"对话框，如图 6-30 所示。

图 6-30 "保存 Web 页"对话框

双击准备用于保存 Web 页的文件夹，并在"文件名"对话框中，输入网页名称。

在"保存类型"对话框中，选择文件类型。单击"Web 页，仅 HTML"，该选项保存 Web 页信息，但它不保存图像、声音或其他文件。如果只保存当前 Web 页的文本，单击"文本文件"，该选项以纯文本格式保存 Web 页信息。最后单击"保存"按钮，完成操作。

6. 打印网页

在浏览网页时，可以直接通过打印机打印出来，方便保存查阅。要打印主页，在"文件"菜单中选择"打印"选项。在弹出的"打印"对话框中设置所需的打印选项。如果要打印所链接的网页，选中"打印链接的所有文档"选项，如果只是打印链接列表，则选中"打印链接列表"选项。

一般网页都分好几个框架,用以显示标题、目录、内容等。要打印 Web 页中的框架内容或项目,在目标框架内右击,弹出快捷菜单。在快捷菜单上选择"打印"命令,出现如图 6-31 所示的"打印"对话框,在"打印框架"选项选择"仅打印选定框架"选项,最后单击"确定"按钮,完成全部操作。

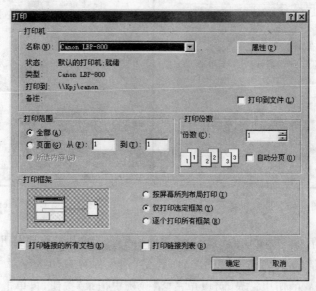

图 6-31　"打印"对话框

6.4.3　Internet Explorer 的设置

如果要深入透彻的了解 IE 浏览器,需要了解如何配置 Internet Explorer 的各个选项。首先,打开 IE,打开菜单栏,选择"查看"→"Internet 选项"。

1. 常规设置

在"常规"选项卡中(见图 6-32),默认的起始页已设为"北京联合大学"的主页。单击"使用当前页"按钮,可以将当前访问的主页设置为起始页;单击"使用默认页",可以将起始页还原为默认页;单击"使用空白页"按钮,可以将空白页设置为起始页。

浏览器会自动将访问过的主页保存到硬盘中的临时文件中。如果要访问的主页保存在临时文件中,访问速度就会非常快。可以根据计算机硬盘的大小,来调整存放临时文件的空间。单击"删除文件"按钮,可以删除所有的 Internet 临时文件;单击"设置"按钮,可以调整存放临时文件的文件夹所在位置和空间大小。

单击"设置"按钮,弹出"设置"对话框(见图 6-33)。首先选中"每次访问此页时检查"单选框,再用"可用的磁盘空间"标尺来调整存放临时文件的空间。"移动文件夹"选项,可以修改临时文件夹在磁盘上所在的位置,最后单击"确定"按钮,完成设置。

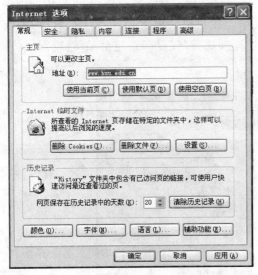

图 6-32　设置主页

图 6-33　设置 Internet 临时文件

历史记录保存了一段时期内访问过的主页,通过它可以方便地打开以前曾访问过的主页。如果要保存 20 天内访问过的主页,就将"网页保存在历史纪录中的天数"设置为20;如果要删除所有的历史记录,可以单击"清除历史记录"按钮,再单击"确定"按钮。

2. 网络连接设置

在"连接"选项卡(见图 6-34)中,可以设置与连接有关的选项。如果使用调制解调器拨号上网,可以在这里建立连接,如果通过局域网接入,则可以在这里进行局域网设置。

图 6-34　设置网络连接

3. 设置程序选项

在"程序"选项卡(见图 6-35)中,可以指定各种因特网服务使用的程序。例如,系统默认的电子邮件程序是 Outlook Express,如果要使用其他电子邮件程序,则单击"电子邮件"下拉列表框右侧的下拉箭头进行选择。

图 6-35　设置程序选项

4. 设置高级选项

在"高级"选项卡(见图 6-36)中,列出了浏览、多媒体、安全、打印与搜索等方面的选

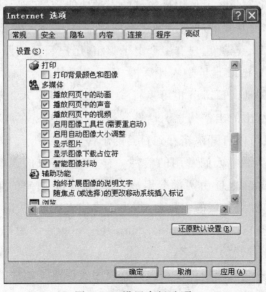

图 6-36　设置高级选项

项。例如,为了适当提高网页下载和浏览的速度,可以选中"显示图片"复选框,而不选"播放动画"、"播放视频"、"播放声音"与"优化图像抖动"等复选框。如果想使用默认设置,可以单击"恢复默认设置"按钮,在完成所有的设置后,单击"确定"按钮。

Internet Explorer 的使用和设置,项目较多,如果需要进一步查询,可以随时按键盘左上角的 F1 快捷键,调出 IE 的在线帮助手册,进行查询,如图 6-37 所示。

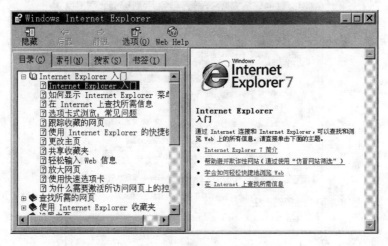

图 6-37　IE 在线帮助

6.5　电 子 邮 件

电子邮件(E-mail),实际上就是利用计算机网络的通信功能实现信件传输的一种技术。电子邮件是目前 Internet 上使用最频繁的一种功能,它实现了信件收、发、读、写的全部电子化,是网络上非交互式的利用网络交换文字信息、图片、声音或其他程序产生的文件的一种服务。每个 Internet 用户有一个电子邮箱,用户只要按照 E-mail 软件的规定将信件的内容及对方的 E-mail 地址送入计算机,E-mail 系统就会自动地将用户的信息在网上一站一站地送到目的地。E-mail 也可以将一封信发给多个人。假如地址有错,信件会自动退回并带有系统给出的出错信息。信件到达目的地时,就存放在对方的电子邮箱中,对方只要定时联机,就可以打开邮箱看到自己的邮件。

E-mail 正如真实生活中人们常用的信件一样,必须有收信人姓名、收信人地址等信息才能正确发送。E-mail 地址由两部分组成,前一部分是用户的邮箱名称,相当于收信人姓名;后一部分是邮件服务器的主机名,相当于收信人地址;两部分中间用"@"分隔,并且各个字符间不能有空格。如 abc@sina.com,其中 abc 是该用户在邮件服务器上的账号,sina.com 是邮件服务器的主机名。

电子邮件依靠客户端的应用程序和服务器程序实现电子邮件的撰写、发送、中转与接收。客户端应用程序种类很多,如微软公司的 Outlook Express(OE,见图 6-38)、网景公司的 Netscape 以及国内的 Foxmail 等都是优秀的客户端电子邮件程序。

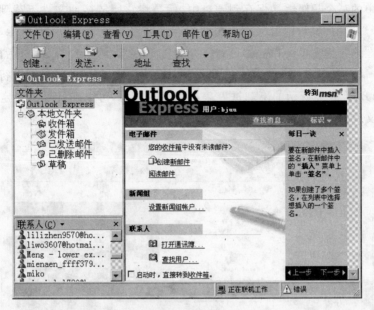

图 6-38　Outlook Express

电子邮件应用程序在向邮件服务器传送邮件时,使用简单邮件传输协议(Simple Mail Transfer Protocol,SMTP),寄出的邮件都要先通过 SMTP 服务器,然后由它在合适的时候转发出去。而从邮件服务器的邮箱中读取邮件时,可以使用 POPv3(Post Office Protocol Version3)协议,POPv3 专门留给用户一定的存储空间(邮箱)来存放寄给用户的电子邮件,根据 ISP 的实际情况分配的空间大小可能不一样。

6.6　文件的下载和上传

在 Internet 上有许多专门提供文件服务的计算机,叫 FTP 文件服务器。FTP 文件服务器的磁盘上有大量的有偿使用或无偿使用的软件或文件供用户下载。用户可以利用 FTP 协议从某 FTP 文件服务器下载自己所需要的文件。如果对方允许,也可以利用 FTP 协议把自己计算机上的程序或文件上传到某 FTP 服务器上。

下载文件的方法很多,可以通过浏览器直接下载文件,也可以用专门的下载软件下载文件。

1. 通过浏览器下载文件

在网页上提供下载的文件有可执行文件(＊.exe),通常是软件的安装程序;音乐文件(＊.mp3)以及视频文件(＊.mpg、＊.avi)等;也可能是包含多个文件的压缩包文件(＊.zip、＊.rar)等。可以直接使用浏览器作为文件下载工具。

（1）使用超链接下载文件

　　将主页中的某个超级链接保存到硬盘中，就是将它所链接的文件下载到本地计算机中。启动 IE 浏览器以后，用鼠标右击想要保存的超级链接，如图 6-39 所示，会弹出一个快捷菜单。在该快捷菜单中，选择"目标另存为"命令，就会弹出"下载"对话框，选择要下载到的目录，输入要保存的文件名并选择文件类型，再单击"保存"按钮，进行下载。下载过程中，将出现图 6-40 所示的下载进度表。下载完毕后，可以在计算机指定的目录中找到已下载的文件。

图 6-39　直接在浏览器中下载文件

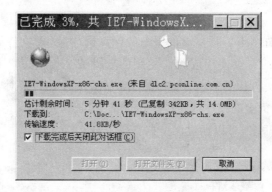

图 6-40　文件下载进度

（2）直接访问 FTP 站点

　　目前，提供下载的 FTP 服务器一般使用匿名服务，即登录时的用户名为 anonymous，

密码默认为空,使用者不需预先向服务器申请账号就可以访问该服务器。为了保证 FTP
服务器的安全,一般匿名服务器只允许下载文件,不允许上传文件。

2. 使用下载工具下载文件

下载网上的文件最好使用专门的下载工具软件,下载工具软件提供更多高级功能如
断点续传和多线下载等,使用非常方便。常用下载工具软件有迅雷(见图 6-41)、
Flashget、Netants(网络蚂蚁)、NetVampire(网络吸血鬼)等。工作原理有差异,性能表现
各有优缺点。

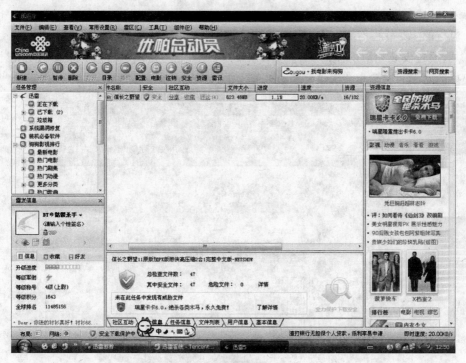

图 6-41 迅雷下载软件

3. BT 下载

BT(BitTorrent),中文全称"比特流",是一种用来在因特网上大量交换数据的工具。
一个用户可以从其他用户那里得到文件,也可以把文件散发给其他用户,不需要固定的服
务器,用户数量越多,下载速度越快,方便灵活,使用日趋普及。

整个 BT 发布体系包括,包含发布资源信息的 torrent(种子)文件,作为 BT 客户软件
中介者的 tracker 服务器,遍布各地的 BT 软件使用者(通常称作 peer)。

发布者只需使用 BT 软件为自己的发布资源制作 torrent 文件,将 torrent 种子文件
提供给他人下载,并保证自己的 BT 软件正常工作,就能轻松完成发布各种大型软件与多
媒体文件。

下载者用 BT 软件打开 torrent 文件，软件就会根据在 torrent 文件中提供的数据分块和校验信息以及 tracker 服务器地址等，与和其他运行着的 BT 软件、正在上传下载该文件的计算机取得联系，并完成数据的上传与下载。

由于 BT 软件之间的数据传输是双向的，用户在下载数据的同时，也为其他用户提供数据，有效降低了对发布者带宽的依赖。来自全球各大电信服务商的统计显示，BT 传输已经占到网上所有数据传输的 70%以上，不少电信服务商不得不采取措施对 BT 数据传输加以限制。

另一种与 BT 类似的下载软件叫 eMule(电骡)，两者原理基本相同，功能和作用机制略有差异。

流行的 BT 软件有 Bitcomet(比特彗星，见图 6-42)、比特精灵等，迅雷、flashget 等下载工具，通过安装相应的插件，也能实现 BT 下载功能。这些软件升级更新速度很快，可以很好的对 BT 下载相关协议和扩展功能加以支持。

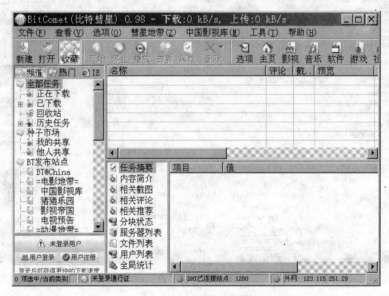

图 6-42　比特彗星软件

常用的 BT 资源搜索站点有 www.btchina.net，www.mininova.org，www.torrentspy.com 等。在这些地方，可以找到自己需要的绝大部分软件和电影、音乐。

4. 文件的上传

许多站点既允许用户下载文件，还允许用户把自己的程序和文件上传到它的服务器上。普通用户可以通过浏览器的复制、粘贴，以 Web 方式来完成。专业用户可以使用 CuteFTP(见图 6-43)、WinFTP、LeapFTP 等专用工具，完成大量文件的上传与设置工作。

———————— 大学计算机应用基础

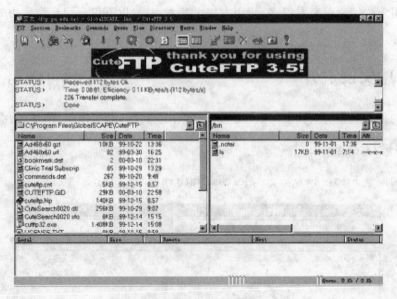

图 6-43　CuteFTP 软件

6.7　搜　索　引　擎

查询信息是 Internet 主要的应用之一。但是,Internet 上的信息浩如烟海,包含了任何一个可以想象的主题,就像是一个巨大的"图书馆",而这个"图书馆"既没有卡片目录,也没有图书管理员。同时,许多新的信息时刻都在不停地加入,这使得查找工作变得非常困难。为了在数百万个网站中快速有效地查找到想要得到的信息,就要借助于 Internet 中的搜索引擎。

6.7.1　搜索引擎概述

搜索引擎是 Internet 上的一个 WWW 服务器,它的主要任务是在 Internet 中主动搜索其他 WWW 服务器中的信息并对其自动索引,搜索内容存储在可供查询的大型数据库中。因为这些站点提供了全面的信息查询和良好的速度,就像发动机一样强劲有力,所以把这些站点称为搜索引擎。通过这些功能强大的搜索引擎站点,用户可以利用所提供的分类目录和查询功能找到所需的信息站点,较方便地得到查询的结果。

使用搜索引擎,用户只需知道自己要查找什么或要查找的信息属于哪一类,而不必记忆大量的 WWW 服务器的主机名及各服务器所存储信息的类别。当用户将自己要查找的关键字告诉搜索引擎后,搜索引擎会告诉用户包含关键字信息的所有 URL,并提供通向该网站的链接,通过这些链接,用户便可以获取所需的信息。

用户在使用搜索引擎前,必须知道搜索引擎站点的主机名,通过该主机名便可以访问到搜索引擎站点的主页。目前国内用户使用的搜索引擎主要有两类,即英文搜索引擎和中文搜索引擎。搜索引擎有很多,使用方法也基本相同,以下仅介绍几个常用的中英文搜索引擎。

6.7.2　中文搜索引擎

常用的搜索引擎有中文 Google、百度 Baidu、中文 Yahoo!、搜狐、网易、新浪等。

1. 谷歌(Google)

谷歌的网址 http://www.google.com/intl/zh-CN/,如图 6-44 所示。

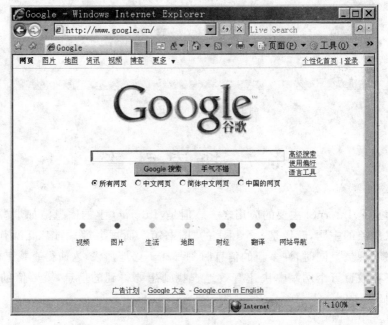

图 6-44　谷歌搜索引擎

Google 是全球驰名的搜索引擎技术开发商和高效的广告宣传媒介。Google 取自数学术语 googol,意思是一个 1 后面有 100 个 0。从 1998 年创立以来,Google 富于创新的搜索技术和典雅的用户界面设计使其从当今的第一代搜索引擎中脱颖而出。作为世界著名的搜索引擎,Google 的技术基础是网页分级技术(PageRankTM),这项获得专利的技术,可确保 Google 始终将最重要的搜索结果首先呈现给用户。此外,Google 还依托强大的媒体传播联盟,与美国在线及网景(美国浏览器开发商)等公司合作,可搜索包括 html、pdf、ps 等十余种文件格式;拥有一百多种语言界面和 35 种语言搜索结果。全球用户数以亿计,其中超过 50% 分布在美国之外的全球各地。Google 作为全球驰名的搜索引擎技术开发商和高效的广告宣传媒介,已经成为全球公认的首要搜索引擎。在中国,超过 3500 万网民经常使用 Google。随着网民人数的增长,这一数字还在持续、稳定地扩大。

　　大学计算机应用基础

2．百度（Baidu）

百度的网址为 http：// www．baidu．com/，如图 6-45 所示。

图 6-45　百度搜索引擎

百度，2000 年 1 月创立于北京中关村，是全球最大的中文搜索引擎。2000 年 5 月，百度首次为门户网站——硅谷动力提供搜索技术服务，之后迅速占领中国搜索引擎市场，成为最主要的搜索技术提供商。2001 年 8 月，发布 Baidu．com 搜索引擎 Beta 版，从后台服务转向独立提供搜索服务，并且在中国首创了竞价排名商业模式，2001 年 10 月 22 日正式发布 Baidu 搜索引擎。

百度每天响应来自 138 个国家超过数亿次的搜索请求。用户可以通过百度主页，在瞬间找到相关的搜索结果，这些结果来自于百度超过 10 亿的中文网页数据库，并且，这些网页的数量每天正以千万级的速度在增长。同时，用户不必访问百度主页，也可以搜索信息。超过 3 万个搜索联盟会员，通过各种方式将百度搜索结合到自己的网站，使用户在上网的任何时候都能进行百度搜索。百度还提供 WAP 与 PDA 搜索服务，即使身边没有PC，用户也可以通过手机或掌上电脑等无线平台进行百度搜索。

3．3721

3721 的网址为 http：//www．3721．com。

"3721"是一个提供中文网络实名注册与查询的特色搜索引擎。首次访问 3721 网站，用户的计算机将自动安装浏览器的中文网络实名插件，可以把中文网络实名转换为实际的域名或 IP 地址。但是，一旦安装，就很难彻底删除，所以安装之前，一定要慎重！如果要访问注册了中文网络实名的网站，只需在浏览器的地址栏直接输入网络实名即可。例如，访问人民日报网（http：//www．peopledaily．com．cn）可输入"人民日报"；访问中央电视台（www.cctv.com）可输入"中央电视台"；如果输入"电视台"，则会显示网络实名中包含"电视台"的网站列表。目前有越来越多的中文网站注册了网络实名，网络实名已经成为国内一种普遍的网络访问方式。

6.7.3　英文搜索引擎

除了世界排名第一的谷歌搜索引擎，常用的英文搜索引擎还有 Yahoo!、Infoseek、AltaVista、Lycos、Excite 等。

1. Infoseek

Infoseek 的网址为 http://www.infoseek.com 或 http://go.com。

Infoseek 是一个比较适合中国人使用的高效的西文搜索引擎。其特点是可以用比较自然的句子进行查找，搜索精度高、范围广，查到的结果一般都与用户的要求相符，并支持使用中文作为搜索的关键词，具有很强的中文检索能力，简体、繁体均可。

Infoseek 的搜索结果按相关程度依次显示，并显示该结果的 HTML 文档的标题、摘要和大小。它拥有最好的搜索参数的集成，允许用户在填写查询要求时随心所欲且不厌其详，Infoseek 在后台进行适当的逻辑组合。因此用户在使用 Infoseek 时可以忽略如何使用搜索引擎，只需要集中精力写好自己的提问。

Infoseek 支持分类目录查询，用户可根据要查找的内容所属的类别在分类目录中选择某一项，经过多次选择，便可以访问到包含要查找内容的站点。

Infoseek 的按关键字搜索功能，在多数情况下会得到过多的搜索结果，使用户无所适从。不过用户可以利用 Infoseek 提供的各种方法细化搜索结果，如使用搜索符号、限定搜索范围等，以获得更贴近需求的结果。

2. 其他常用的英文搜索引擎网址

Google：http://www.google.com

Yahoo!：http://www.yahoo.com

HotBot：http://hotbot.lycos.com

Lycos：http://www.lycos.com

Excite：http://search.excite.com

AltaVista：http://www.altavista.com

6.8　习　　题

1. 思考题

(1) 五十多年来，计算机网络的发展经过了哪几个阶段？

(2) 计算机网络的定义是什么？一个完整的计算机网络，分为几个组成部分？

(3) 开放式系统互联参考模型(OSI/RM),具体可以划分为几层?

(4) 网络的功能有哪些? 划分网络类型的依据有哪些? 简要列举其中主要的两种。

(5) 常见的网络传输介质和网络接入方式,各有哪些?

2. 选择题

(1) 世界上第一个全球性的计算机网络是( )。

A. ARPAnet   B. 互联网   C. ChinaNET   D. Telnet

(2) C 类地址的默认子网掩码是( )。

A. 255.255.255.255   B. 255.255.255.0

C. 255.255.0.0   D. 255.0.0.0

(3) 下面( )不是局域网的拓扑结构?

A. 总线型   B. 环型

C. 星型   D. 全连通型

(4) 百度网址 http://www.baidu.com 中的 com,表示该网站是( )。

A. 教育机构   B. 商业机构   C. 政府机关   D. 非政府组织

(5) 调制解调器的英文缩写是( )。

A. Modem   B. ADSL   C. PPOE   D. CABLE

3. 填空题

(1) _____用于屏蔽 IP 地址的一部分,以区别网络 ID 和主机 ID。

(2) 一个 IP 地址的二进制形式是 00001010-00000000-11111111-00000001,用点分十进制表示法写为_____。

(3) HTML 语言的中文名称是_____。

(4) 电子邮件在传输过程中需要用到 SMTP、_____等协议。

(5) TCP/IP 协议的中文全称是_____。

第 7 章　多媒体技术基础

本章主要内容：

- 多媒体技术概述
- 多媒体计算机的硬件系统组成
- 多媒体的关键技术
- 常见的多媒体文件格式
- 多媒体软件

7.1　多媒体技术概述

随着计算机技术的不断发展，计算机所能处理的信息种类也越来越广泛。特别是 20 世纪 90 年代以来，人们已可以通过声音、图像、文字很方便地与计算机进行信息交互，借助于计算机网络技术，人们处理和交流信息的能力得到了实质性的飞跃。今天，多媒体技术已经发展成为一门综合的技术，它把微电子、计算机、通信等相关的技术合为一体，充分地利用了各种技术的优点，恰到好处地相互取用，使它得以飞速地发展。它这种量的集成，质的改进，对现在乃至今后社会的发展，人们的工作、学习、生活和娱乐等必将产生巨大的影响。

7.1.1　多媒体技术及其主要特性

1. 媒体及媒体类型

1）媒体

"媒体"一词的含义是信息载体，如文字、图形、声音、视频和动画等。媒体可以认为是用以存储信息的实体或信息的载体。

2）媒体类型

（1）感觉媒体（Perception Medium）

感觉媒体是指直接作用于人的感觉器官，使人能直接产生感觉的媒体。如能引起听觉反应的语言、声音、音乐，引起视觉反应的文字、图形、静止或运动的图像等。

（2）表示媒体（Presentation Medium）

表示媒体是指为了使计算机能有效地加工、处理、传输感觉媒体而在计算机内部采用的特殊的表示形式，如语言编码、数值编码、文本编码、图像编码等。

（3）显示媒体（Display Medium）

显示媒体是指可以把感觉媒体转换成表示媒体，或者可以把显示媒体转换成感觉媒体的物理设备。前者是计算机的输入设备，如键盘、扫描仪、话筒等，后者是计算机的输出设备，如显示器、打印机、音箱等。

（4）传输媒体（Transmission Medium）

传输媒体是指能够将表示媒体从一台计算机传送到另一台计算机的通信载体，如双绞线、同轴电缆、光纤等。

（5）存储媒体（Storage Medium）

存储媒体是指用于存放表示媒体以便计算机随时加工处理的物理实体，如磁盘、光盘、半导体存储器等。

2. 多媒体

"多媒体"一词译自英文 multimedia，拆开来看 Multiple 是多重、复合的意思，medium 的复数形式 media 指介质、媒介和媒体。多媒体技术是指对文字、音频、视频、图形、图像和动画等多媒体信息通过计算机进行数字化采集、获取、压缩、解压缩、编辑和存储等加工处理，再以单独形式或合成形式表现出来的一体化技术。现在，在计算机领域中，多媒体是指文字（text）、图像（image）、声音（audio）、视频（video）等媒体和计算机程序融合在一起形成的信息传播媒体。

3. 流媒体

流媒体是指网络间的视频、音频和相关媒体数据流从数据源（发送端）同时向目的地（接收端）传输的方式，具有连续、实时的特性。（数据源是指网络服务器端，目的地是指网络客户端）。

简单来说流媒体就是应用流技术在网络上传输的多媒体文件（音频、视频、动画或者其他多媒体文件），而流技术就是把连续的影像和声音信息经过压缩处理后放上网站服务器，让用户一边下载一边观看、收听，而不需要等整个压缩文件下载到自己机器后才可以观看的网络传输技术。流媒体中的媒体可以是音频、视频、动画或者其他多媒体文件。流媒体文件格式有 asf、rm、ra、rp、rt、swf、mov、viv 等。

4. 多媒体技术的特征

多媒体技术是指把文字、音频、视频、图形、图像、动画等多种感觉媒体信息通过计算机进行数字化采集、获取、压缩或解压缩、编辑、存储等加工处理，再以单独或合成形式表现出来的一体化技术。多媒体技术强调的是交互式综合处理多种媒体的技术，因此它具有以下主要特征。

① 多样性：信息载体的多样性是相对于计算机而言的，即指信息媒体的多样性。多媒体就是要把计算机处理的信息多样化或多维化，从而改变计算机信息处理的单一模式，使人们能交互地处理多种信息。

② 集成性：能够对信息进行多通道统一获取、存储、组织与合成。

③ 交互性：交互性是多媒体应用有别于传统信息交流媒体的主要特点之一。传统信息交流媒体只能单向地、被动地传播信息，而多媒体技术则可以实现人对信息的主动选择和控制。

④ 实时性：当用户给出操作命令时，相应的多媒体信息都能够得到实时控制。

⑤ 非线性：多媒体技术的非线性特点将改变人们传统循序性的读写模式。以往人们读写方式大都采用章、节、页的框架，循序渐进地获取知识，而多媒体技术将借助超文本链接（Hyper Text Link）或超媒体链接（Hyper Media Link）的方法，把内容以一种更灵活、更具变化的方式呈现给读者。

⑥ 控制性：多媒体技术是以计算机为中心，综合处理和控制多媒体信息，并按人的要求以多种媒体形式表现出来，同时作用于人的多种感官。

⑦ 信息使用的方便性：用户可以按照自己的需要、兴趣、任务要求、偏爱和认知特点来使用信息，任取图、文、声等信息的表现形式。

⑧ 信息结构的动态性："多媒体是一部永远读不完的书"，用户可以按照自己的目的和认知特征重新组织信息，增加、删除或修改结点，重新建立链接。

以上特征中多样性、集成性和交互性是多媒体技术中最重要的 3 个特征。

7.1.2　多媒体技术的发展及发展趋势

1. 多媒体技术的发展

（1）启蒙发展阶段

1985 年，美国 Commodore 公司推出世界上第一台多媒体计算机 Amiga 系统。Amiga 机采用 Motorola M68000 微处理器作为 CPU，并配置 Commodore 公司研制的图形处理芯片 Agnus 8370、音响处理芯片 Pzula 8364 和视频处理芯片 Denise 8362 三个专用芯片。Amiga 机具有自己专用的操作系统，能够处理多任务，并具有下拉菜单、多窗口、图符等功能。

（2）标准化阶段

由于多媒体技术是一种综合性技术，它的实用化涉及计算机、电子、通信、影视等多个行业技术协作，其产品的应用目标，既涉及研究人员也面向普通消费者，涉及各个用户层次，因此标准化问题是多媒体技术实用化的关键。在标准化阶段，研究部门和开发部门首先各自提出自己的方案，然后经分析、测试、比较、综合，总结出最优、最便于应用推广的标准，指导多媒体产品的研制。

1990 年 10 月，在微软公司会同多家厂商召开的多媒体开发工作者会议上提出了MPC 1.0 标准。1993 年由 IBM，Intel 等数十家软硬件公司组成的多媒体个人计算机市场协会(The Multimedia PC Marketing Council,MPMC)发布了多媒体个人机的性能标准 MPC 2.0。1995 年 6 月,MPMC 又宣布了新的多媒体个人机技术规范 MPC 3.0。

（3）蓬勃发展阶段

随着多媒体各种标准的制定和应用,极大地推动了多媒体产业的发展。很多多媒体标准和实现方法(如 JPEG、MPEG 等)已被做到芯片级,并作为成熟的商品投入市场。与此同时,涉及多媒体领域的各种软件系统及工具,也如雨后春笋,层出不穷。这些既解决了多媒体发展过程必须解决的难题,又对多媒体的普及和应用提供了可靠的技术保障,并促使多媒体成为一个产业而迅猛发展。

2. 多媒体技术的发展趋势

现在多媒体技术及应用正在向更深层次发展。下一代用户界面,基于内容的多媒体信息检索,保证服务质量的多媒体全光通信网,基于高速互联网的新一代分布式多媒体信息系统等,多媒体技术和它的应用正在迅速发展,新的技术、新的应用、新的系统不断涌现。从多媒体应用方面看,有以下几个发展趋势:

① 从单个 PC 用户环境转向多用户环境和个性化用户环境发展。

② 从集中式、局部环境转向分布式、远程环境发展。

③ 从专用平台和系统有关的解决方案转向开放性、可移植的解决方案。

④ 多媒体通信从单向通信转向双向通信发展。

⑤ 从被动的、简单的交互方式转向主动的高级的交互方式。

⑥ 从改造原有的应用转向建立新的应用。

⑦ 多媒体技术越来越多地应用于生产,协同工作、生产过程可视化等将换来生产率的提高。

⑧ 多媒体技术也将越来越多地应用于生活和消费,新的多媒体消费产品和应用将不断涌现。

7.1.3　多媒体计算机的硬件系统组成

多媒体计算机(Multimedia Personal Computer,MPC)意指多媒体个人计算机。它是在一般个人计算机的基础上,通过扩充使用视频、音频、图形处理软硬件来实现高质量的图形、立体声和视频处理能力。简单地说,就是能够同时处理声音(Audio)、图像(Video)等媒体的计算机。多媒体涉及的数据量非常庞大,而多媒体信息表现的生动性和实时性要求计算机能迅速实时地处理这些庞大的数据,所以多媒体技术对计算机平台的要求是很高的,这包括较高档次的 CPU、足够的内存、快速的大容量存储设备、性能好而快的显示设备等。如今计算机硬件发展非常迅速,其成本也在不断下降,这就为多媒体计算机提供了更广泛的使用前景。

作为多媒体计算机,它一般必须具备如下的硬件设备和相应的软件系统。

1. 光盘驱动器与光盘

（1）光盘驱动器

光盘驱动器是大容量的数据存储设备，同时还是一种高品质的音源设备，是多媒体电脑最基本的设备。主要用来读取光盘上的信息。此外它还可以用来播放 CD、VCD。光盘驱动器的特点是一种以光记录形式代替磁记录形式的读写设备，其特点是节省了存储空间和能源消耗。它包括 CD-ROM 光盘驱动器、可读写光盘驱动器 CD-RW（CD-ReWritable）和 DVD-ROM 光盘驱动器。其中 CD-ROM 光盘驱动器为 MPC 带来了价格便宜的 650MB 存储设备，存有图形、动画、图像、声音、文本、数字音频、程序等资源的 CD-ROM 光盘曾经被广泛使用。DVD 在市场上流行也有些时日了，它的存储量更大，双面可达 17GB，是升级换代的理想产品。而现在由于可读写光盘驱动器 CD-RW 及可读写光盘的价格已经很便宜，目前也已非常普及。

（2）光盘

光电存储介质俗称光盘。在 CD-ROM 盘面上用凹槽反映信息。根据凹槽的深浅不同，反射的光束也不同，可表示不同的数据。一张光盘可以存储 600 兆左右字节的数据。光盘可分为以下几种类型。

- CD-ROM 光盘：只能被读取已经记录的信息，不能修改或写入新的内容。
- 一次写入型（WORM 和 CD-R）光盘：此类光盘具有被读和写的特点。光盘只能被一次性写入，多次读出，不可擦除。
- 可擦写型（REWRITE）光盘：这种光盘除具有读写信息外，还可以将记录在光盘上的信息擦去，重新写入新的信息。
- 直接重写型（OVERWRITE）光盘：这种光盘类似于硬盘，只用一束激光，一次动作完成信息重写。在写入新信息的同时，擦除原有的信息。

光盘与硬盘和软盘相比，光盘具有以下 4 方面优点：

- 存储密度高。光盘存储密度很高，因而一般光盘的容量都非常大。例如，一张直径 12cm 的光盘片容量可达 600MB～1GB，而 DVD ROM 盘的容量则高达 17GB。
- 数据传输的速度很高。一般数据传输的速率可达几十兆字节/秒。
- 采用无接触式记录方式。由于光盘驱动器的激光头在读写光盘的信息时不与盘面接触，因此可以大大提高记录光头和光盘的寿命。
- 数据保存时间也相当长。

2. 声卡

声卡是多媒体计算机的主要部件之一，它包含记录和播放声音所需的硬件。声卡也叫音频卡，它是计算机处理音频的主要设备，其主要基本功能是能录制话音（声音）和音乐，能选择以单声道或双声道录音，并且能控制采样速率。声卡上有数模转换芯片（DAC），用来把数字化的声音信号转换成模拟信号，同时还有模数转换芯片（ADC），用来把模拟声音信号转换成数字信号。现在，某些声卡也可用软件的方式加以实现。在音频卡上连接的音频输入输出设备包括话筒、音频播放设备、MIDI 合成器、耳机、扬声器等。

数字音频处理的支持是多媒体计算机的重要方面,音频卡具有 A/D 和 D/A 音频信号的转换功能,可以合成音乐、混合多种声源,还可以外接 MIDI(Musical Instrument Digital Interface)电子音乐设备。为了降低成本,目前有许多主板上已集成了音频卡功能。

3. 显卡

显卡也叫视频卡,可细分为视频捕捉卡、视频处理卡、视频播放卡以及 TV 编码器等专用卡,其功能是连接摄像机、VCR 影碟机、TV 等设备,以便获取、处理和表现各种动画和数字化视频媒体。

4. 图形加速卡

图形加速卡的作用是直接处理图形数据如画线、画圆、画方块、画多边形以及着色等基本绘图功能,不占用 CPU 的运算时间,它的产品有 MGA G400 等。由于图文并茂的多媒体表现需要较高的分辨率,需要色彩丰富的显示卡的支持,同时还要求在 Windows 下拥有快速像素运算能力。现在带有图形用户接口 GUI 加速器的局部总线显示适配器使得 Windows 的显示速度大大加快。为了降低成本,目前有些主板上集成了低端图形加速卡功能。

5. 视频解压卡

它的功能是对 MPEG 算法压缩的动态视频信号进行解码播放,与声卡类似,现在某些视频解压卡也可用软件的方式加以实现。

6. 传真卡

Internet 传真应用大致可分为:Fax to Fax 则是收发端皆用传真机,中间经由传真服务器,再经由 Internet 传送至远端的服务器,服务器再将信息经由公众电话网络传送至接收端的传真机;E-mail to Fax 是利用计算机及传真软件,可将资料以电子邮件方式经由 Internet 传送到远端的传真服务器,再由传真服务器将资料传送至接收端的传真机。

7. 打印机接口

打印机接口用来连接各种打印机,包括普通打印机、激光打印机、彩色打印机等,打印机现在已经是最常用的多媒体输出设备之一了。

8. 交互控制接口

它是用来连接触摸屏、鼠标、光笔等人机交互设备的,这些设备将大大方便用户对 MPC 的使用。

9. 网络接口

它是实现多媒体通信的重要 MPC 扩充部件。计算机和通信技术相结合的时代已经来临,这就需要专门的多媒体外部设备将数据量庞大的多媒体信息传送出去或接收进来,通过网络接口相接的设备包括视频电话机、传真机、LAN 和 ISDN 等。

10. 触摸屏

触摸屏是多媒体计算机的一种定位设备。它能够使用户直接通过带有触摸屏的监视器向计算机输入坐标信息。常见的触摸屏有电阻式触摸屏、电容式触摸屏、红外线式触摸屏。触摸屏是最方便、简单、自然的输入手段,完全不懂计算机的人可以上来就操作计算机。

11. 图形扫描仪

扫描仪(见图 7-1 左图)就是将照片、书籍上的文字或图片获取下来,以图片文件的形式保存在计算机里的一种设备。扫描仪可以将图形(模拟信号)转化为点阵信息(数字信号)输入到计算机中。有彩色扫描仪和黑白扫描仪两大类。目前流行的扫描仪都兼有扫描彩色和黑白图像的功能,称为 CCD(Charge Coupled Device,又名电荷耦合器件)扫描仪,其基本工作原理是利用高亮度的光源照射原稿或实物,并将其反射光通过反光镜、透射镜、分光镜和聚焦镜头等光学器件,最终成像于 CCD 感应器表面。经过 A/D 转换获得数字图像。

12. 数码相机

数码相机(Digital Still Camera,DSC)又称为数字相机(见图 7-1 右图),是一种非胶片的新型照相机。它与传统照相机的不同在于使用闪存芯片为存储介质,存储的不是模拟信号而是数字信号。从照相机的镜头传来的光信号被光电转换器件做成的接收板接收,把光信号转换成对应的模拟电信号,再经过 A/D 模数转换使模拟电信号转换为数字信号,最后利用固化的程序(压缩算法)生成指定格式的文件,将图像以 0,1 代码串的形式存入存储介质中。

13. 数码摄像机

在数码影像系统中,数码相机和数码摄像机(见图 7-2)同为数码影像的输入设备。其作用都是生成影像。不同的是,数码相机主要用于捕捉景物的瞬间活动,生成的主要是静止数码图片影像。而数码摄像机主要用于捕捉景物的连续活动,生成的主要是数码视频影像。

图 7-1　扫描仪和数码相机　　　　　　图 7-2　数码摄像机

14. 光电笔

文字识别与手写输入是多媒体计算机的一种非键盘输入方式。根据文字的识别方式,手写文字识别可以分为脱机手写识别和联机手写识别两大类。手写中文输入设备的结构有两种形式:一种是书写板(输入板)与显示器合为一体;另一种是两者各自独立。就硬件而言其关键设备是数字化仪。数字化仪由书写板(输入板)、画笔和控制器 3 部分组成。

除了以上设备外,还有扬声器、话筒等也是多媒体计算机所必不可少的。

7.1.4 多媒体计算机的标准

MPC 联盟规定多媒体计算机包括 5 个基本组成部件:个人计算机(PC)、只读光盘驱动器(CD-ROM)、声卡、Windows 操作系统、音箱或耳机。同时对主机的 CPU 性能、内存(RAM)的容量、外存(硬盘)的容量以及屏幕显示能力也有相应的限定。多媒体计算机是在普通的 PC 基础上增加多媒体配置而形成的,但它在软件和硬件上必须符合 MPC 规定的标准。需要指出,MPC 系统标准只是提出了最低配置的参考标准,实际情况中的多媒体计算机配置是不尽相同的。例如,虽然 MPC 标准中没有列入网络及通信方面的功能需求,但是目前出售的许多多媒体计算机都具有网络和通信功能,Fax/Modem 卡和网络通信软件已经成为多媒体计算机不可缺少的基本配置。所以,在购买多媒体计算机时,在条件许可时,应尽量选择高级的配置,争取最佳的性能价格比。多媒体计算机标准如表 7-1 所示。

表 7-1 MPC 技术规格

MPC 技术规格 / 配置	MPC 1.0	MPC 2.0	MPC 3.0	MPC 4.0
CPU	80386SX	80486SX	Pentium 75	Pentium 133
内存容量	2MB	4MB	8MB	16MB
硬盘容量	30MB	160MB	850MB	1.6GB
CD-ROM	1x	2x	4x	10x
声卡	8 位	16 位	16 位	16 位
图像	4 位彩色	16 位彩色	24 位彩色	32 位真彩色
分辨率	640×480	640×480	800×600	1280×1024
软驱	1.44MB	1.44MB	1.44MB	1.44MB
操作系统	MSDOS 3.1	Windows 3.x	Windows 95	Windows 95

7.1.5　多媒体技术的应用领域

多媒体技术为计算机的应用开拓了更广阔的领域，不仅涉及计算机的各个应用领域，也涉及通信、传播、出版、商业广告及购物、文化娱乐、工程设计等各种领域或行业。多媒体在各行各业领域中的应用又推动了多媒体技术与产品的发展，开创了多媒体技术发展的新时代。各种计算机应用软件都竞相加入多媒体元素，多媒体节目也渗入到各行各业中，并进入到人们的家庭生活和娱乐中。

1. 办公室自动化

多媒体技术的出现为办公室增加了控制信息的能力和充分表达思想的机会，许多应用程序都是为提高办公人员的工作效率而设计的，从而产生了许多新型的办公自动化系统。由于采用了先进的数字影像和多媒体计算机技术，把文件扫描仪、图文传真机、文件资料微缩系统等和通信网络等现代化办公设备综合管理起来，构成全新的办公自动化系统，已成为新的发展方向。

2. 电子出版物

电子出版物是指以数字代码方式将图、文、声、像等信息存储在磁、光、电介质上，通过计算机或类似设备阅读使用，并可复制发行的大众传播媒体。电子出版物的内容可分为电子图书、手册、文档、报刊杂志、教育培训、娱乐游戏、宣传广告、信息咨询、简报等，许多作品是多种类型的组合。

多媒体电子出版物是计算机多媒体技术与文化、文艺、教育等多种学科相结合的产物，这将是今后数年内影响最大的新一代信息技术之一。

3. 多媒体通信

随着"信息高速公路"的开通，电子邮件已被普遍采用。而包括声、文、图在内的多媒体邮件更受到用户的普遍欢迎，在此基础上发展起来的可视电话、视频会议系统将为人类提供更全新的服务。多媒体技术在通信方面的应用主要有以下一些方面。

① 可视电话：不仅能听到通话者的语音，还能看到对方的实时图像。

② 视频会议：人们可以无须集中到一起，就可以达到和现场会议一样的效果。

③ 信息点播(Information Demand)：信息点播有桌上多媒体通信系统和交互电视(ITV)等。

④ 计算机协同工作(Computer Supported Cooperative Work, CSCW)：计算机协同工作是指在计算机支持的环境中，一个群体协同工作以完成一项共同的任务。

多媒体通信有着极其广泛的内容，信息点播(Information Demand)和计算机协同工作系统对人类生活、学习和工作将产生深刻的影响。

信息点播有桌上多媒体通信系统和交互电视。通过桌上多媒体信息系统，人们可以远距离点播所需信息，如电子图书馆、多媒体数据库的检索与查询等。交互式电视可以提供许多信息服务,如交互式教育、交互式游戏,数字多媒体图书、电视购物、电视电话等,从而将计算机网络与信息家庭生活、娱乐、商业购物等各种应用紧密地结合在一起。

CSCW 系统是指在计算机支持的环境中,一个群体协同工作以完成一项共同的任务,其应用相当广泛,如从科学研究应用,即不同地域位置的同行们共同探讨、学术交流,到师生进行协同式学习。在协同学习环境中,教师与学生之间,学生与学生之间可在共享的窗口中同步讨论,修改同一媒体文档,还可以利用电子邮箱进行异步修改、浏览等。

4. 教育与培训

以多媒体计算机为核心的现代教育技术使教学手段和方法丰富多彩,使计算机教学如虎添翼。多媒体教学不仅使学生获得生动的学习环境,而且使教师拥有高水平、高质量的教学环境。

正是因为多媒体教育对于促进教学思想、教学内容和教学手段的改革,实现多元化、主体化和社会化,全面提高教学质量有着重大的意义,多媒体教育产品广泛用于初、中级基础教育,高等教育及职业培训等方面。

不难看出,多媒体技术在人类工作、学习、信息服务、娱乐、家庭生活及艺术创作等各个领域都表现出非凡的能力,并在不断开拓新的应用领域。

7.2 多媒体技术

7.2.1 数据压缩技术

图像、音频和视频文件都是几十兆甚至上千兆字节的大文件,多媒体技术所面临的最大难题就是海量数据问题,如果不采用数据压缩技术,将会限制多媒体技术的应用与发展。数据压缩的目的是减少数据量。

1. 数据压缩基本原理

数据压缩的对象是数据而不是信息,真正有用的不是数据本身,而是数据所携带的信息。而数据压缩是有条件的,主要有两个方面。

(1) 数据冗余度

音频信号和视频信号等原始数据通常存在很多用处不大的空间,这样的空间越多,数据的"冗余度"也就越大。通过数据压缩,可以去掉这些空间。

(2) 不敏感因素

一般的,人类的眼睛对图像边缘的变化不敏感,如果对边缘的数据进行压缩,就可以减少数据量。类似的,人类的耳朵对某些频率的音频信号不敏感,去掉这些不敏感部分,也可以减少数据量。

2. 数据压缩算法

数据压缩的核心是计算方法,不同的计算方法产生不同的压缩编码,以适应不同类型的多媒体数据。数据压缩算法通常分为无损压缩和有损压缩两类。

(1) 无损压缩编码

无损压缩编码在压缩时不丢失数据,还原后的数据与原始数据完全一致。无损压缩不存在任何误差,具有可逆性和可恢复性。无损压缩的压缩比一般较小。典型的无损压缩编码有行程编码、霍夫曼编码、算术编码、LZW 编码等。例如行程编码,行程编码(Run Length Coding)也称为"游程编码"或"运行长度编码",它的基本原理是:用一个符号代替相同的连续符号,连续符号构成了一段连续的"行程",从而减少数据长度,达到数据压缩的目的。如,一个字符串 AAAABBBBBBBBBCCC,共 16 个字符,其行程编码为4A9B3C,只有 6 个字符。

(2) 有损压缩编码

有损压缩编码在压缩时会丢弃部分数据,还原后的数据与原始数据之间存在差异。有损压缩具有不可逆性和不可恢复性。有损压缩的压缩比一般较大。相对无损压缩编码,有损压缩编码的种类很多,算法实现很复杂。

3. 静态图像 JPEG 压缩编码技术

多媒体应用领域中,静态图像占了很大比例。为了进一步提高静态图像的数据压缩比,同时又能保证图像基本质量,人们通过长期研究,制定了一个国际通用的静态图像压缩标准 JPEG(Joint Photographic Experts Group)。

JPEG 静态图像压缩标准对单一图像采用两种或两种以上的编码形式,以达到图像质量损失不大而又保证较高压缩比的效果。这种采用多种编码形式的方式称为"混合编码方式"。

JPEG 压缩标准适用于各种静态图像的数据压缩,在压缩比不大于 40∶1 时,经压缩并还原的图像与原始图像相比差异不大。

4. 动态图像 MPEG 压缩编码技术

动态图像(也包括视频)由于数据量非常巨大,如果不采用数据压缩,是无法得到广泛的应用的。

动态图像压缩编码技术 MPEG(Motion Picture Experts Group)简称为"MPEG 标准",这是一个通用标准,主要针对动态图像压缩而设计。

MPEG 标准根据处理的图像的性质,把图像分为帧内图像、预测图像和双向图像3 类,针对这 3 类图像采用不同的压缩形式,从而在保证质量的前提下,达到很高的压缩比。在不同发展阶段,推出了一系列的 MPEG 标准。

- MPEG-1 标准:1992 年正式发布,由 MPEG-1 视频、MPEG-1 音频和 MPEG-1 系统 3 部分组成。MPEG-1 具有较低的数据速率(1.5Mb/s 以下),中等分辨率,相当于 VHS 家用录像机质量,被广泛用于数字电视和 VCD 光盘中。

- MPEG-2 标准：1994 年制定，它是一个直接与数字电视广播有关的高质量图像和声音编码标准，视频数据速率为 4～15Mb/s，被用于数字电视和 DVD 光盘中。
- MPEG-4 标准：它是一种数据率很低的多媒体通信标准，主要应用于公用电话网、可视电话等领域，视频数据速率为 64Kb/s。
- MPEG-7 标准：它是在 MPEG-1、MPEG-2 和 MPEG-4 等标准基础上，为满足特定需求而制定的支持视频信息和多媒体信息检索的标准。

7.2.2 多媒体常用技术

数据压缩技术在多媒体技术中起着非常关键的作用。但除了多媒体的数字压缩技术外，在多媒体的应用中还包含以下多媒体技术。

1. 多媒体专用芯片技术

专用芯片是多媒体计算机硬件体系结构的关键。为了实现音频、视频信号的快速压缩、解压缩和播放处理，需要大量的快速计算，只有采用专用芯片，才能取得满意的效果。

多媒体计算机专用芯片可归纳为两种类型：一种是固定功能的芯片；另一种是可编程的数字信号处理器(DSP)芯片。

2. 大容量信息存储技术

利用数据压缩技术，在一张 CD-ROM 光盘上能够存取 70 多分钟全运动的视频图像或者十几个小时的语言信息或数千幅静止图像。

在 CD-ROM 基础上，还开发了高画质、高音质的 DVD 光盘、可录式 CD-R/CD-RW 光盘等。

3. 多媒体输入与输出技术

多媒体输入与输出技术包括媒体变换技术、媒体识别技术、媒体理解技术和综合技术等。

媒体变换技术是指改变媒体的表现形式。如当前广泛使用的视频卡、音频卡(声卡)都属媒体变换设备。

媒体识别技术是对信息进行一对一的映像过程。例如，语音识别技术和触摸屏技术等。

媒体理解技术是对信息进行更进一步的分析处理和理解信息内容。如自然语言理解、图像理解、模式识别等技术。

媒体综合技术是把低维信息表示映像成高维的模式空间的过程。例如语音合成器就可以把语音的内部表示综合为声音输出。

4. 多媒体软件技术

多媒体软件技术主要包括以下 6 个方面的内容：

（1）多媒体操作系统

多媒体操作系统是多媒体软件的核心。它负责多媒体环境下多任务的调度、保证音频、视频同步控制以及信息处理的实时性，提供多媒体信息的各种基本操作和管理，具有对设备的相对独立性与可扩展性。Windows、OS/2 和 Macintosh 操作系统都提供了对多媒体的支持。

（2）多媒体素材采集与制作技术

素材的采集与制作主要包括采集并编辑多种媒体数据。如声音信号的录制编辑和播放、图像扫描及预处理、全动态视频采集及编辑、动画生成编辑、音/视频信号的混合和同步等。

（3）多媒体编辑与创作工具

多媒体编辑创作软件又称多媒体创作工具，是多媒体专业人员在多媒体操作系统之上开发的，供特定应用领域的专业人员组织编排多媒体数据，并把它们连接成完整的多媒体应用系统的工具。高档的创作工具用于影视系统的动画制作及特技效果，中档的用于培训、教育和娱乐节目制作，低档的用于商业简介、家庭学习材料的编辑。

（4）多媒体数据库技术

多媒体信息是结构型的，致使传统的关系数据库已不适用于多媒体的信息管理，需要从下面 4 个方面研究数据库：多媒体数据模型、媒体数据压缩和解压缩的模式、多媒体数据管理及存取方法、用户界面等。

（5）超文本/超媒体技术

超文本是一种新颖的文本信息管理技术，它提供的方法是建立各种媒体信息之间的网状链接结构，这种结构由结点组成。若超文本中的结点的数据不仅可以是文本，还可以是图像、动画、音频、视频，则称为超媒体。

对超媒体进行管理使用的系统称为超媒体系统，也即浏览器，或称为导航图。

（6）多媒体应用开发技术

多媒体应用的开发会使一些不同技术领域的人员集中到一起，包括计算机开发人员、音乐创作人员，图像艺术家等，他们的工作方法以及思考问题的方法都将是完全不同的。

对于项目管理者来说，研究和推出一个多媒体应用开发方法学将显得尤为重要。

5. 多媒体通信技术

多媒体通信技术包含语音压缩、图像压缩及多媒体的混合传输技术。宽带综合业务数字网（B-ISDN）是解决多媒体数据传输问题的一个比较完整的方法，其中 ATM（异步传送模式）是该领域的一个重要成果。

6. 虚拟现实技术

虚拟现实的定义可归纳为：利用计算机技术生成的一个逼真的视觉、听觉触觉及嗅觉等的感觉世界，用户可以用人的自然技能对这个虚拟实体进行交互考察。虚拟现实技术是在众多相关技术基础上发展起来的一个高度集成的技术，是计算机软硬件技术、传感技术、机器人技术、人工智能及心理学等相互交叉结合发展的结晶。

7.3　常见的多媒体文件格式

在多媒体技术中,不外乎有文本、声音、图形、静态图像、动态图像等几种媒体形式。每一种媒体形式都有严谨而规范的数据描述,其数据描述的逻辑表现形式是文件。常见的多媒体文件有文本文件、图像文件、图形文件、动画文件、音频文件和视屏文件等。

7.3.1　文本文件

多媒体中的文字对象多指文本文件,文本文件是指以 ASCII 码存储的文件,是一种最常见的媒体形式。文本文件分为非格式化文本文件和格式化文本文件。

1. 非格式化文本文件

只有文本信息没有其他任何有关格式信息的文件,又被称为纯文本文件,如 txt 文件等。

2. 格式化文本文件

带有各种文本排版信息等格式信息的文本文件,如 doc 文件、各类文字、符号等。

7.3.2　静态图像文件

静态图像是计算机多媒体创作中的基本视觉元素之一,根据它在计算机中生成的原理不同,可分为位图和矢量图两大类。

1. 位图文件

位图也叫像素图,它由像素或点的网格组成。其工作方式就像是用画笔在画布上作画一样。如果将这类图形放大到一定的程度,就会发现它是由一个个小方格组成的,这些小方格被称为像素点。一个像素点是图像中最小的图像元素。一幅位图图像包括的像素可以达到百万个,因此,位图的大小和质量取决于图像中像素点的多少,通常说来,每平方英寸的面积上所含像素点越多,颜色之间的混合也越平滑,同时文件也越大。基于位图的软件有 Photoshop、Painter 等。缺点是经放大或缩小后容易失真,打印出来若不是原尺寸(即建立时的尺寸)很容易模糊,但是在色彩处理方面却比图形能够做得更细致好看。一般常见的文件格式有 bmpi、gip、jpeg、tiff 等。

(1) BMP 文件(. bmp)

BMP(Bitmap)是微软公司为其 Windows 环境设置的标准图像格式,该格式图像文件的色彩极其丰富,根据需要,可选择图像数据是否采用压缩形式存放,一般情况下,bmp 格式的图像是非压缩格式,故文件尺寸比较大。

（2）GIF 文件(. gif)

GIF 格式的图像文件是世界通用的图像格式，是一种与硬件无关的 8 位彩色图像文件。由于它是经过压缩的，而且又是 8 位的，所以这种格式是网络传输和 BBS 用户使用最频繁的文件格式，速度要比传输其他格式的图像文件快得多。

（3）JPEG 文件(. jpg)

JPEG 格式的图像文件是一种流行的图像文件压缩格式，它具有迄今为止最为复杂的文件结构和编码方式，能获得较高的压缩比。和其他格式的最大区别是 JPEG 使用一种有损压缩算法，是以牺牲一部分的图像数据来达到较高的压缩率，但是这种损失很小以至于很难察觉，印刷时不宜使用此格式。

（4）TIFF 文件(. tif)

TIFF(Tag Image File Format)格式图像文件可以在许多不同的平台和应用软件间交换信息，其应用相当广泛。TIFF 格式图像文件的特点是支持从单色模式到 48 位真彩色模式的所有图像；数据结构是可变的，文件具有可改写性，可向文件中写入相关信息；具有多种数据压缩存储方式等。从而使解压缩过程变得复杂化。

（5）TGA 文件(. tga)

TGA 文件是由 Truevision 公司设计，可支持任意大小的图像。专业图形用户经常使用 TGA 点阵格式保存具有真实感的三维有光源图像。

2. 矢量图文件

矢量图是使用直线和曲线来描述图形，所以矢量图也叫面向对象绘图，是用数学方式描述的曲线及曲线围成的色块制作的图形，它们是在计算机内部中表示成一系列的数值而不是像素点，这些值决定了图形如何在屏幕上。用户所作的每一个图形，打印的每一个字母都是一个对象，每个对象都决定其外形的路径，一个对象与别的对象相互隔离，因此，可以自由地改变对象的位置、形状、大小和颜色。同时，由于这种保存图形信息的办法与分辨率无关，因此无论放大或缩小多少，都有一样平滑的边缘，一样的视觉细节和清晰度。矢量图形尤其适用于标志设计、图案设计、文字设计、版式设计等，它所生成文件也比位图文件要小一点。基于矢量绘画的软件有 CorelDRAW、Illustrator、FreeHand 等。一般常见的文件格式有 ai、eps 等。

（1）AI 文件(. ai)

所谓 AI 就是 Adobe Illustrator 的简称。Adobe Illustrator 是出版、多媒体和在线图像的工业标准矢量插画软件。AI 格式文件是 Adobe Illustrator 软件创作的矢量图文件的扩展名。它清晰度高，文件量小。Illustrator 可以直接打开，也可以用 CorelDRAW 中导入的方式打开。

（2）EPS 文件(. eps)

EPS(Encapsulated PostScript)是跨平台的标准格式，扩展名在 PC 平台上是. eps，在 Macintosh 平台上是. epsf，主要用于矢量图像和光栅图像的存储。EPS 格式采用 PostScript 语言进行描述，并且可以保存其他一些类型信息，例如多色调曲线、Alpha 通道、分色、剪辑路径、挂网信息和色调曲线等，因此 EPS 格式常用于印刷或打印输出。

Photoshop 中的多个 EPS 格式选项可以实现印刷打印的综合控制,在某些情况下甚至优于 TIFF 格式。

7.3.3　动态图像文件

动态图像是计算机多媒体创作中的主要的视觉元素之一,根据它在计算机中表现形式不同,可分为动画和视频两大类。

1. 动画文件

(1) GIF 动画文件(.gif)

GIF(Graphics Interchange Format,图形交换格式)是由 Compuserve 公司于 1987 推出的一种高压缩比的彩色图像文件格式,主要用于图像文件的网络传输。考虑到网络传输中的实际情况,GIF 图像格式除了一般的逐行显示方式外,还增加了渐显方式,也就是说,在图像传输过程中,用户可以先看到图像的大致轮廓,然后随着传输过程的继续而逐渐看清图像的细节部分,从而适应了用户的观赏心理。最初,GIF 只是用来存储单幅静止图像(在下面的图形图像文件格式中介绍),后又进一步发展为可以同时存储若干幅静止图像并进而形成连续的动画,目前 Internet 上动画文件多为这种格式的 GIF 文件。

(2) Flic 文件(.fli、.flc)

Flic 文件是 Autodesk 公司在其出品的 2D、3D 动画制作软件中采用的动画文件格式。其中 fli 是最初的基于 320×200 分辨率的动画文件格式,而 flc 则是 fli 的扩展,采用了更高效的数据压缩技术,其分辨率也不再局限于 320×200。Flic 文件采用行程长度压缩编码(Run-Length Encoded,RLE)算法和 Delta 算法进行无损的数据压缩,首先压缩并保存整个动画系列中的第一幅图像,然后逐帧计算前后两幅图像的差异或改变部分,并对这部分数据进行 RLE 压缩,由于动画序列中前后相邻图像的差别不大,因此可以得到相当高的数据压缩率。

(3) SWF 文件(.fla)

SWF 是基于 Macromedia 公司 Shockwave 技术的流式动画格式,是用 Flash 软件制作的一种格式,源文件为 fla 格式,由于其体积小、功能强、交互能力好、支持多个层和时间线程等特点,故越来越多地应用到网络动画中。SWF 文件是 Flash 的其中一种发布格式,已广泛用于 Internet 上,客户端浏览器安装 Shockwave 插件即可播放。

2. 视频文件

视频文件可以分成两大类:其一是影像文件,比如说常见的 VCD 便是一例。其二是流式视频文件,这是随着国际互联网的发展而诞生的后起视频之秀,比如说在线实况转播,就是构架在流式视频技术之上的。

1) 影像文件(Video)

影像文件是日常生活中接触较多的,例如 VCD、多媒体 CD 光盘中的动画等。影像文件不仅包含了大量图像信息,同时还容纳大量音频信息。所以,影像文件都比较大,多在几兆字节甚至几十兆字节。常见的影像文件有以下几种。

（1）AVI文件(.avi)

AVI(Audio Video Interleaved,音频视频交互)格式的文件是一种不需要专门的硬件支持就能实现音频与视频压缩处理、播放和存储的文件。AVI格式文件可以把视频信号和音频信号同时保存在文件中,在播放时,音频和视频同步播放。AVI视频文件使用上非常方便。例如在Windows环境中,利用"媒体播放机"能够轻松地播放AVI视频图像;利用微软公司Office系列中的电子幻灯片软件Powerpoint,也可以调入和播放AVI文件;在网页中也很容易加入AVI文件;利用高级程序设计语言,也可以定义、调用和播放AVI文件。

（2）MPEG文件(.mpeg、.mpg、.dat)

MPEG文件格式是运动图像压缩算法的国际标准,MPEG标准包括MPEG视频、MPEG音频和MPEG系统(视频、音频同步)3个部分,前面介绍的MP3音频文件就是MPEG音频的一个典型应用。MPEG压缩标准是针对运动图像而设计的,其基本方法是:在单位时间内采集并保存第一帧信息,然后只存储其余帧相对第一帧发生变化的部分,从而达到压缩的目的。它主要采用两个基本压缩技术:运动补偿技术实现时间上的压缩,而变换域压缩技术则实现空间上的压缩。MPEG的平均压缩比为50∶1,最高可达200∶1,压缩效率非常高,同时图像和音响的质量也不错。

MPEG的制订者原打算开发4个版本:MPEG1～MPEG4,以适用于不同带宽和数字影像质量的要求。后由于MPEG-3被放弃,所以现存的只有3个版本:MPEG-1、MPEG-2、MPEG-4。

VCD使用MPEG-1标准制作;而DVD则使用MPEG-2。MPEG-4标准主要应用于视像电话,视像电子邮件和电子新闻等,其压缩比例更高,所以对网络的传输速率要求相对较低。

2）流式视频格式文件(Streaming Video Format)

目前,很多视频数据要求通过Internet来进行实时传输,前面我们曾提及到,视频文件的体积往往比较大,而现有的网络带宽却往往比较"狭窄",千军万马要过独木桥,其结果当然可想而知。客观因素限制了视频数据的实时传输和实时播放,于是一种新型的流式视频(Streaming Video)格式应运而生了。这种流式视频采用一种"边传边播"的方法,即先从服务器上下载一部分视频文件,形成视频流缓冲区后实时播放,同时继续下载,为接下来的播放做好准备。这种"边传边播"的方法避免了用户必须等待整个文件从Internet上全部下载完毕才能观看的缺点。到目前为止,Internet上使用较多的流式视频格式主要是以下3种。

（1）RM文件(.rm)

RM(Real Media)是Real Networks公司开发的视频文件格式,也是出现最早的视频流格式。它可以是一个离散的单个文件,也可以是一个视频流,它在压缩方面做得非常出色,生成的文件非常小,它已成为网上直播的通用格式,并且这种技术已相当成熟。所以在有微软那样强大的对手面前,并没有迅速倒去,直到现在依然占有视频直播的主导地位。在数据传输过程中可以边下载边由RealPlayer播放视频影像,而不必像大多数视频文件那样,必须先下载然后才能播放。目前,Internet上已有不少网站利用RealVideo技术进行重大事件的实况转播。

(2) ASF文件(. asf)

ASF(Advanced Streaming Format)是Microsoft公司的影像文件格式,是Windows Media Service的核心。ASF是一种数据格式,音频、视频、图像以及控制命令脚本等多媒体信息通过这种格式,以网络数据包的形式传输,实现流式多媒体内容发布。其中,在网络上传输的内容就称为ASF Stream。ASF支持任意的压缩/解压缩编码方式,并可以使用任何一种底层网络传输协议,具有很大的灵活性。

(3) MOV文件(. mov)

MOV也可以作为一种流文件格式。这是著名的Apple(美国苹果公司)开发的一种视频格式,默认的播放器是苹果的Quicktime Player,几乎所有的操作系统都支持Quicktime的MOV格式。QuickTime能够通过Internet提供实时的数字化信息流、工作流与文件回放功能,为了适应这一网络多媒体应用,QuickTime为多种流行的浏览器软件提供了相应的QuickTime Viewer插件(Plug-in),能够在浏览器中实现多媒体数据的实时回放。该插件的"快速启动(Fast Start)"功能,可以令用户几乎能在发出请求的同时便收看到第一帧视频画面,而且,该插件可以在视频数据下载的同时就开始播放视频图像,用户不需要等到全部下载完毕就能进行欣赏。此外,QuickTime还提供了自动速率选择功能,当用户通过调用插件来播放QuickTime多媒体文件时,能够自己选择不同的连接速率下载并播放影像,当然,不同的速率对应着不同的图像质量。此外,QuickTime还采用了一种称为QuickTime VR的虚拟现实(Virtual Reality,VR)技术,用户只需通过鼠标或键盘,就可以观察某一地点周围360°的景象,或者从空间任何角度观察某一物体。

7.3.4 音频格式文件

音频文件通常分为两类:声音文件和MIDI文件。声音文件指的是通过声音录入设备录制的原始声音,直接记录了真实声音的二进制采样数据,通常文件较大;而MIDI文件则是一种音乐演奏指令序列,相当于乐谱,可以利用声音输出设备或与计算机相连的电子乐器进行演奏,由于不包含声音数据,所以文件尺寸较小。

1. 声音信号

声音是通过空气传播的一种连续的波,称为声波。声波在时间和幅度上都是连续的模拟信号,通常称为模拟声音(音频)信号。人们对声音的感觉主要有音量、音调和音色3个指标。

(1) 音量(也称响度)

声音的强弱程度,取决于声音波形的幅度,即取决于振幅的大小和强弱。

(2) 音调

人对声音频率的感觉表现为音调的高低,取决于声波的基频。基频越低,给人的感觉越低沉,频率高则声音尖锐。

（3）音色

音色由混入基音（基波）的泛音（谐波）所决定，每种声音又都有其固定的频率和不同音强的泛音，从而使得它们具有特殊的音色效果。人们能够分辨具有相同音高的钢琴和小号的声音，就是因为它们具有不同的音色。一个声波上的谐波越丰富，音色越好。

对声音信号的分析表明，声音信号由许多频率不同的信号组成，通常称为复合信号，而把单一频率的信号称为分量信号。声音信号的一个重要参数就是带宽（bandwidth），它用来描述组成声音的信号的频率范围。PC处理的音频信号主要是人耳能听到的音频信号（audio），它的频率范围是20Hz～20kHz。可听声音包括以下几种。

- 话音（也称语音）：人的说话声，频率范围通常为300Hz～3400Hz。
- 音乐：由乐器演奏形成（规范的符号化声音），其带宽可达到20Hz～20kHz。
- 其他声音：如风声、雨声、鸟叫声、汽车鸣笛声等，它们起着效果声或噪声的作用，其带宽范围也是20Hz～20kHz。

声音信号的两个基本参数是幅度和频率。幅度是指声波的振幅，通常用动态范围表示，一般用分贝（dB）为单位来计量。频率是指声波每秒钟变化的次数，用Hz表示。人们把频率小于20Hz声波信号称为亚音信号（也称次音信号）；频率范围为20Hz～20kHz的声波信号称为音频信号；高于20kHz的信号称为超音频信号（也称超声波）。

2. 声音信号的数字化

声音信号是一种模拟信号，计算机要对它进行处理，必须将它转换成为数字声音信号，即用二进制数字的编码形式来表示声音。最基本的声音信号数字化方法是取样-量化法，它分成如下3个步骤。

（1）采样

采样是把时间连续的模拟信号转换成时间离散、幅度连续的信号。在某些特定时刻获取的声音信号幅值叫做采样，由这些特定时刻采样得到的信号称为离散时间信号。一般都是每隔相等的一小段时间采样一次，其时间间隔称为取样周期，它的倒数称为采样频率。采样定理是选择采样频率的理论依据，为了不产生失真，采样频率不应低于声音信号最高频率的两倍。因此，语音信号的采样频率一般为8kHz，音乐信号的采样频率则应在40kHz以上。采样频率越高，可恢复的声音信号分量越丰富，其声音的保真度越好。

（2）量化

量化处理是把在幅度上连续取值（模拟量）的每一个样本转换为离散值（数字量）表示，因此量化过程有时也称为A/D转换（模数转换）。量化后的样本是用二进制数来表示的，二进制数的位数的多少反映了度量声音波形幅度的精度，称为量化精度，也称为量化分辨率。例如，每个声音样本若用16位（2字节）表示，则声音样本的取值范围是0～65 536，精度是1/65 536；若只用8位（1字节）表示，则样本的取值范围是0～255，精度是1/256。量化精度越高，声音的质量越好，需要的存储空间也越多；量化精度越低，声音的质量越差，而需要的存储空间少。

（3）编码

经过采样和量化处理后的声音信号已经是数字形式了，但为了便于计算机的存储、处理和传输,还必须按照一定的要求进行数据压缩和编码,即选择某一种或者几种方法对它进行数据压缩,以减少数据量,再按照某种规定的格式将数据组织成为文件。

(4) 音频信号的主要特点

• 音频信号是时间依赖的连续媒体。

• 有两个声道,理想的合成声音应是立体声。

• 对语言信号的处理,不仅是信号处理问题,还要抽取语意等其他信息。

多媒体系统中对数字声音的处理是与应用密切相关的,涉及多方面的声音信息处理技术,大致包括:声音的获取、重建与播放;数字声音的编辑处理;数字声音的存储与检索;数字声音的传输;数字语音与文本的相互转换等。

3. 声音文件

数字音频同 CD 音乐一样,是将真实的数字信号保存起来,播放时通过声卡将信号恢复成悦耳的声音。

(1) wave 文件(. wav)

wave 格式文件是 Microsoft 公司开发的一种声音文件格式,用于保存 Windows 平台的音频信息资源,被 Windows 平台及其应用程序所广泛支持。是 PC 上最为流行的声音文件格式,但其文件尺寸较大,多用于存储简短的声音片段。

(2) MPEG 文件(. mp1、. mp2、. mp3)

这里的 MPEG 音频文件格式是指 MPEG 标准中的音频部分。MPEG 音频文件的压缩是一种有损压缩,根据压缩质量和编码复杂程度的不同可分为 3 层(MPEG Audio Layer 1/2/3),分别对应 MP1、MP2、MP3 这 3 种声音文件。MPEG 音频编码具有很高的压缩率,MP1 和 MP2 的压缩率分别为 4∶1 和 6∶1∼8∶1,标准的 MP3 的压缩比是 10∶1。一个 3 分钟长的音乐文件压缩成 MP3 后大约是 4MB,同时其音质基本保持不失真。目前在网络上使用最多的是 MP3 文件格式。

(3) Realaudio 文件(. ra、. rm、. ram)

Realaudio 是 Real Networks 公司开发的一种新型流行音频文件格式,主要用于在低速率的广域网上实时传输音频信息,网络连接速率不同,客户端所获得的声音质量也不尽相同。对于 14.4Kb/s 的网络连接,可获得调频(am)质量的音质;对于 28.8Kb/s 的网络连接,可以达到广播级的声音质量;如果拥有 ISDN 或更快的线路连接,则可获得 CD 音质的声音。

(4) WMA 文件(. wma)

WMA(Windows Media Audio)是继 MP3 后最受欢迎的音乐格式,在压缩比和音质方面都超过了 MP3,能在较低的采样频率下产生好的音质。WMA 有微软的 Windows Media Player 做强大的后盾,目前网上的许多音乐也采用 WMA 格式。

(5) AIF 文件

AIF 文件是 Apple 计算机的音频文件格式。

(6) RMI 文件

RMI 文件是 Microsoft 公司的 MIDI 文件格式。

(7) VOC 文件

VOC 文件是 Creative 公司的波形音频文件格式。也是声霸卡使用的音频文件。

4. MIDI 文件(.mid)

MIDI(Musical Instrument Digital Interface,乐器数字接口)是数字音乐和电子合成乐器的统一国际标准,它定义了计算机音乐程序、合成器及其他电子设备交换音乐信号的方式,还规定了不同厂家的电子乐器与计算机连接的电缆和硬件及设备间数据传输的协议,可用于为不同乐器创建数字声音,可以模拟大提琴、小提琴、钢琴等常见乐器。在MIDI 文件中,只包含产生某种声音的指令,计算机将这些指令发送给声卡、声卡按照指令将声音合成出来,相对于声音文件,MIDI 文件显得更加紧凑,其文件尺寸也小得多。MIDI 提供了计算机外部的电子乐器与计算机内部之间的连接器接口。

7.4　多媒体相关软件

多媒体软件系统按功能可分为多媒体系统软件、多媒体工具软件和多媒体应用软件。

系统软件是多媒体系统的核心,它不仅具有综合使用各种媒体、灵活调度多媒体数据进行媒体的传输和处理的能力,而且要控制各种媒体硬件设备协调地工作。多媒体系统软件主要包括多媒体操作系统、媒体素材制作软件及多媒体函数库、多媒体创作工具与开发环境、多媒体外部设备驱动软件和驱动器接口程序等。

多媒体工具软件包括多媒体数据处理软件、多媒体软件工作平台、多媒体软件开发工具和多媒体数据库系统等。例如,Photoshop、3Dmax、Flash 等软件。

应用软件是在多媒体创作平台上设计开发的面向应用领域的软件系统,通常由应用领域的专家和多媒体开发人员共同协作、配合完成。例如,教育软件、电子图书等。

多媒体工具种类繁多,功能越来越强大,下面就多媒体信息处理工具作简单介绍。

7.4.1　多媒体制作软件

多媒体制作软件主要完成多媒体素材的处理,所以也称为素材软件。多媒体制作软件的种类很多,分别有文字编辑软件、图像处理软件、动画制作软件、声音处理软件、视频处理软件等。在处理一些复杂的素材时,往往需要多个软件来完成。

1. 文字编辑软件

(1) 文字处理工具的主要类型

目前常用的文本处理和阅读工具除了 Word 外还有以下一些。

- Acrobat Reader:流行的 PDF 文档阅读器,目前的版本不仅能阅读 PDF 文档,还能方便地把用户的文档转换为 PDF 文档。
- Apabi Reader:电子阅读器。
- ReadBook:电子文本阅读器。

- e-BOOK：电子小说阅读器。
- 超星图书阅读器 Edit Plus：超星文本阅读器。
- Ultra Edit：多功能文本编辑器。

（2）Acrobat Reader 简介

Acrobat Reader 是一个查看、阅读和打印 PDF 文件的最佳工具，而且它是免费的。Acrobat Reader 6.0 提供在线生成 PDF 文件的功能。PDF（Portable Document Format）格式是 adobe 公司在其 PostScript 语言的基础上创建的一种主要应用于电子出版的文件规范系统。PDF 文件可以将文字、字型、格式、颜色及与设备和分辨率独立的图形图像等封装在一个文件中，该格式文件还可以包含超文本链接、声音和动态影像等电子信息，支持特长文件，集成度和安全可靠性都较高。由于 PDF 文件可以不依赖操作系统的语言和字体以及显示设备，就能"逼真地"将文件原貌展现给每一个阅读者，因此越来越多的电子图书、产品说明、公司文告、网络资料、电子邮件等开始使用 PDF 格式文件。目前已成为电子文档发行和数字化信息传播事实上的一个标准。

利用 Adobe Acrobat 可以将多种电子文件，包括电子表格、图形图像以及因特网文件转化为一种跨平台的便携式文档格式，即 PDF 文件。

Adobe Acrobat 标准版帮助商业专业人士快速并轻松地将 Microsoft Office 文件、网页内容和其他文件，转换为安全的 Adobe PDF 文档，使这些档案可以在客户和同事之间交换并复查；Adobe Acrobat 专业版帮助处理复杂、丰富图像版面文件的商业、创意和工程专业人员，改进重要文件交换的可靠性和效率。

Acrobat Reader 6.0 是 Acrobat Reader 软件的较新版本，其界面如图 7-3 所示。

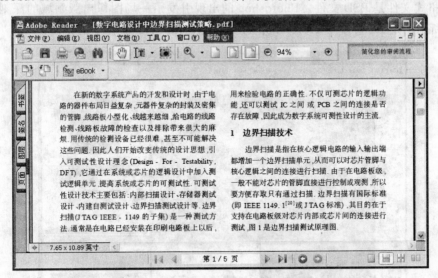

图 7-3　Acrobat Reader 6.0 界面

2. 图像编辑与处理软件

（1）图像处理工具的主要类型

目前常用的图像处理和浏览工具有以下一些。

- ACDSee：最流行的图像文件浏览、管理工具。
- Photoshop：图像处理软件。
- 豪杰大眼睛：图像浏览工具。
- CompuPic：图像文件管理工具。
- ArtIcons：图标制作工具。
- Gif Animato：Gif 动画制作工具。
- Cool 3D：三维文字制作工具。
- SnagIt：抓图及简单图像处理工具。
- HyperSnap-DX：抓图工具。

（2）Photoshop 简介

Photoshop 功能强大，灵活直观，是图像处理方面性能优秀的软件之一。Photoshop 堪称世界上首屈一指的图像设计、创作工具软件，它是集图像扫描输入、加工合成、创作及高品质分色输出等功能于一体的工具软件。Photoshop 自从 20 世纪 80 年代由 Adobe 公司推出以来，获得了巨大成功，已成为 PC 和 Macintosh 机最优秀的图像处理软件。Photoshop 的版本在不断更新，且有专门的中文版。Photoshop 提供了许多丰富强大的功能来对图像进行各种处理：通过对色彩空间的处理，可以让若干年前严重失真的胶片重现昔日风采；通过图层，可以方便地把不同时间、空间的多个图像合成在一起；通过内部提供的多种滤镜，可以极容易地对图像进行各种特效处理，如浮雕效果、玻璃效果、水彩画效果、模糊、锐化等。Photoshop 几乎支持所有常见格式的静态图像文件，它为自身提供的专用格式文件是 PSD 文件。Photoshop 的出现引发了一场图像出版领域的深刻变革。图 7-4 所示的是 PC 环境下 Photoshop 的较新版本 Photoshop CS2 的界面。

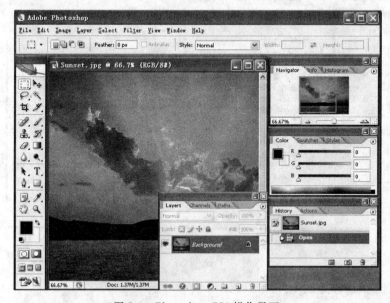

图 7-4 Photoshop CS2 操作界面

3．音频编辑与处理软件

通过此类软件，可以对数字化声音进行剪辑、编辑、合成和处理，还可以对声音进行声道模式转换、频率范围调整、生成各种特殊效果、采样频率变换、文件格式转换等。

（1）音频处理工具的主要类型

- Windows 自带的录音机：具有简单的数字录音、编辑、合成等功能的声音处理软件。
- Goldwave：具有数字录音、编辑、合成等功能的声音处理软件。
- Cool Edit Pro：功能众多的声音处理软件。
- Acid WAV：声音编辑与合成软件。
- Winamp：MP3 播放器。
- MP3 To EXE：MP3 转换器。
- MP3 To All Converter：MP3 转换器。
- KuWo 音乐盒：音乐播放器。

（2）KuWo 音乐盒简介

KuWo 音乐盒作为国内首创的多种音乐资源聚合、播放软件，其界面如图 7-5 所示。
KuWo 音乐盒拥有以下功能特点：

- 100 万首海量歌曲及 MV 资源，每周更新 80 张以上国内外音乐专辑。
- 一点即播的试听享受，将网络资源变成你的资源。
- 支持 P2SP 歌曲下载，下载迅速、便利。
- 海量歌词库支持，歌词自动搜索同步显示，完美配合。

图 7-5　KuWo 音乐盒界面

- 资源组织形式灵活多样,如各大榜单、新专辑、按歌手分类歌曲等,单击鼠标,歌曲即可轻松找到。
- 绚丽的歌手明星秀,也可以自行打制图片秀,带个用户真正的视觉享受。
- MTV 伴唱模式,练歌 K 歌轻松搞定。
- 软件小巧、亲切,易于操作。
- 从绚丽全屏模式到超酷迷你模式具有多样灵活的选择。

4. 视频编辑与处理软件

视频信息是连续变化的影像,是多媒体技术中最复杂的处理对象。视频相对动画,通常是实际场景的动态演示,例如电视、电影和摄像资料等。计算机处理视频数据,需要有专门的视频处理软件。

(1) 音频处理工具的主要类型

- Premiere:功能强大的电影影像、动画处理软件,支持多种视频硬件,具有专业编辑数字多层实时视频流的能力。
- Ulead VideoStudio:具有图像抓取和编修功能,可以抓取和转换视频实时记录,也可制作 DVD、VCD 等视频光盘。
- Nero Vision:可以方便地捕获视频,制作视频光盘。
- Final Cut:基于苹果平台的视频处理软件。具有强大的剪辑工具、音频编辑、实时动画和 DVD 刻录等功能,可以对几乎所有格式的视频媒体进行剪辑。

(2) Premiere 简介

Premiere 和广为人知的 Photoshop 软件同出自 Adobe 公司,是一种功能强大的影视作品编辑软件,可以在各种平台上和硬件配合使用。它是一款相当专业的 DTV(Desktop Video)编辑软件,专业人员结合专业的系统的配合可以制作出广播级的视频作品。在普通的微机上,配以比较廉价的压缩卡或输出卡也可制作出专业级的视频作品和 MPEG 压缩影视作品。Premiere 6.5 界面如图 7-6 所示。

Adobe 公司于 2008 年 7 月又推出了 Premiere 的最新版 Premiere Pro,也可以称为 7.0 版。利用 Premiere 轻松实现视频、音频素材的编辑合成以及特技处理的桌面化。Premiere 功能强大,操作也非常简单,制作出来的作品非常精美。

5. 动画编辑软件

(1) 音频处理工具的主要类型

- AVD Graphic Studio:图像动画编辑。
- Macromedia Flash:交互式矢量图和 Web 动画编辑。
- Ulead GIF Animator:动画 GIF 制作软件。
- Slide Show to Go:动画制作软件。
- 3D Flash Animator:具有互动效果的 3D Flash 动画软件。

(2) Macromedia Flash 简介

Flash 是美国的 Macromedia 公司于 1999 年 6 月推出的优秀网页动画设计软件。它

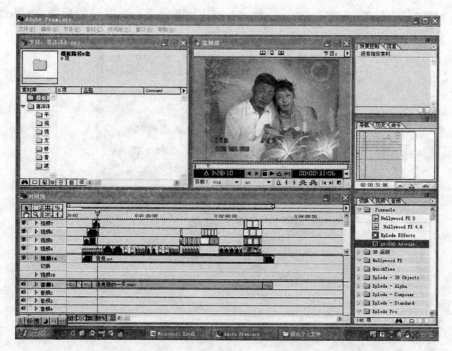

图 7-6　Premiere 6.5 界面

是一种交互式动画设计工具,用它可以将音乐、声效、动画以及富有新意的界面融合在一起,以制作出高品质的网页动态效果。大家知道,HTML 语言的功能十分有限,无法达到人们的预期设计,以实现令人耳目一新的动态效果,在这种情况下,各种脚本语言应运而生,使得网页设计更加多样化。然而,程序设计总是不能很好地普及,因为它要求一定的编程能力,而人们更需要一种既简单直观又功能强大的动画设计工具,而 Flash 的出现正好满足了这种需求。Flash 具有如下特点:

- 使用矢量图形和流式播放技术。与位图图形不同的是,矢量图形可以任意缩放尺寸而不影响图形的质量;流式播放技术使得动画可以边播放边下载,从而缓解了网页浏览者焦急等待的情绪。

- 通过使用关键帧和图符使得所生成的动画(. swf)文件非常小,几 K 字节的动画文件已经可以实现许多令人心动的动画效果,用在网页设计上不仅可以使网页更加生动,而且小巧玲珑下载迅速,使得动画在打开网页很短的时间里就可以播放。

- 把音乐、动画、声效、交互方式融合在一起,越来越多的人已经把 Flash 作为网页动画设计的首选工具,并且创作出了许多令人叹为观止的动画(电影)效果。而且在 Flash 4.0 的版本中已经可以支持 MP3 的音乐格式,这使得加入音乐的动画文件也能保持小巧的“身材”。

- 强大的动画编辑功能使得设计者可以随心所欲地设计出高品质的动画,通过 ACTION 和 FS COMMAND 可以实现交互性,使 Flash 具有更大的设计自由度,另外,它与当今最流行的网页设计工具 Dreamweaver 配合默契,可以直接嵌入网页的任一位置,非常方便。Macromedia Flash 是 Flash 软件的新版本,其播放界面如图 7-7 所示。

图 7-7　Macromedia Flash 播放界面

7.4.2　多媒体平台软件

在制作多媒体产品的过程中,通常先使用制作软件对各种媒体进行加工和制作,再使用某种软件系统把它们结合在一起,形成一个完整的、关联和交互的产品,并提供界面的生成、数据管理等功能。这种软件系统称为"多媒体平台软件"。所谓"平台",是指把多种媒体形式置于一个平台上,进行协调控制和各种操作。多媒体平台软件的种类很多,高级程序设计语言、专门用于多媒体素材连接的软件,还有一些综合处理多媒体素材的软件等都能实现平台的作用。常见的多媒体平台软件有以下一些。

1. Authorware

Authorware 是一个基于流程图标的交互式多媒体制作软件,界面如图 7-8 所示。该软件可以使用文字、图片、动画、声音和数字电影等信息来创作交互式应用程序,具有如下特点:

- 面向对象的流程线设计。用 Authorware 制作多媒体应用程序,只需在窗口中按一定的顺序组合图标,不需要冗长的程序行,程序的结构紧凑,逻辑性强,便于组织管理。
- 丰富、便捷的动画管理和数字影像集成功能。Authorware 拥有移动图标来设定物体的运动轨迹,共有 5 种不同的运动方式,结合不同的对象可制作成多种运动效果。
- 灵活的交互方式。Authorware 提供了 10 余种交互方式供开发者选择,以适应不同的需要。

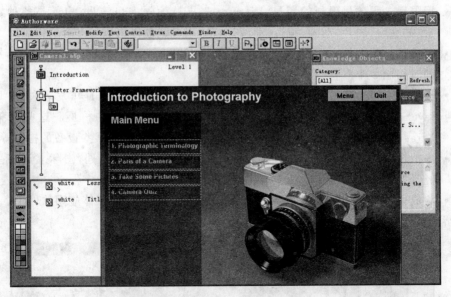

图 7-8　Authorware 界面

- 提供逻辑结构管理和模块与数据库功能。Authorware 虽没有完整的编程语言，但同其他编程语言一样，Authorware 提供了控制程序运行的逻辑结构。实现应用程序的流程。主要用的是基于图标控制的流程线方式，并辅以函数和变量，完成所需的控制。
- 可脱离开发环境独立运行。制作多媒体应用程序可以脱离制作环境而独立安装运行于 Windows 系统下，减小平台依赖性，便于使用和推广。

2. Director

Director 是美国 Macromedia 公司的又一重型武器，可以说是目前世界上最好的多媒体产品。它是用 Director 开发的，不论是多媒体设计专家，还是教师、工程师以及艺术工作者，都会发现 Director 是一套非常理想的创作工具。使用 Director 不但可以创作多媒体教学光盘，而且可以创建活灵活现的 Internet 网页、多媒体的互动式简报以及制作出色的动画。Director 可以被广泛应用于制作交互式多媒体教学演示、网络多媒体出版物、网络电影、网络交互式多媒体查询系统、动画片、企业的多媒体形象展示和产品宣传、游戏和屏幕保护程序等。另外，Director 还提供了强大的脚本语言 Lingo，使用户能够创建复杂的交互式应用程序。Director 具有如下的特点：

- 简单化。可以不费吹灰之力就把动画、声音、图像等多媒体元素合成到一起。
- 交互性。用户要使之具有交互功能，只要拖放设置好的行为就成，如果再精通其自带的 Lingo 语言，那么就能进行顶极多媒体——游戏了。近 100 个设置好的Behaviors，用户只要拖放 Behaviors("行为"或称"动作")就可实现交互功能。
- 多通道。最多可设 1000 通道，也就是可在这些通道中放置 1000 个媒体元素，并可分别控制它们。就好像在舞台上有 1000 个演员在表演。

- 无限量。无数量限制的演员,Director 7 支持无限多个演员(也就是各种媒体元素,如文字、图片、动画、声音、动画等),使用者能创作出更加多彩的作品。
- 多控性。强大的声音控制能力,在时间轴有两个声道,再通过 Lingo 语言,最多可同时控制 8 个声音。
- 开放性。开放体系结构(MOA)允许任何一位 Director 开发者使用 Lingo、JavaScript 或 C++ 来制作 Xtras,实现对 Director 能力的扩展。这些被整合的 Xtras 被用来建立新的转场效果,进行数据库的连接和对某些设备的控制等。
- 虚拟性。在虚拟现实创作方面,Director 也有它的独到之处,国际上许多公司已经开始利用 Director 中的虚拟实现技术在 Internet 上制作广告。
- 集成性。可将访问数据库及网链接等技术集成在一个多媒体应用软件中。

界面如图 7-9 所示。

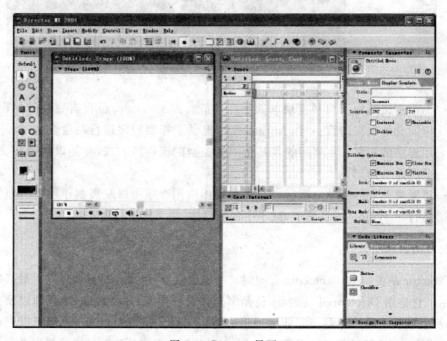

图 7-9　Director 界面

3. ToolBook

ToolBook 是美国 Asymetrix 公司推出的一种面向对象的多媒体软件开发工具,用 ToolBook 制作多媒体软件的过程就像是写一本书一样。先建立一本书的整体框架,然后把若干空白页加入到书中,再把文字、图形、图像和按钮等多媒体元素放入到页中,最后使用系统提供的程序设计语言 OpenScript 编写脚本,确定各种元素在软件中的作用,播放过程中当以某种方式触发对象时,则按对象的脚本进行某种操作。ToolBook 的特点是工具表现力强、交互性好、制作的节目具有很大的弹性和灵活性,特别适合于制作表现形式丰富多彩的软件。在 ToolBook 4.0 以上版本中又增加了强大的软件。

7.4.3 多媒体播放软件

在多媒体应用中,多媒体影音播放是一个很重要的部分。多媒体播放软件的种类非常多,除了 Windows 自带的媒体播放器 Windows Media Player 和影片制作工具 Movie Maker 外,目前常用的多媒体播放和处理工具还有以下几种。

1. 多媒体播放工具的主要类型

- Windows Media Player:微软在 Windows 里提供的 Windows Media Player 提供了较广泛和较流畅的网络媒体播放方案,目前已经发展成为一个全功能的网络多媒体播放软件。该软件支持目前大多数流行的文件格式。
- Winamp:非常著名的音乐播放软件,支持多种音频格式,可以定制界面,支持增强音频视觉和音频效果的插件,还提供了对视频文件播放的支持。
- RealPlayer:由 Real 公司开发的多媒体播放软件,是推出最早的网络多媒体播放器,主要支持 rm、ram、rmvb 等格式的视频文件,使用它可以在网上收听、收看实时音频和视频。
- Quick Time Player:基于苹果机的多媒体播放器,目前已进入 PC 市场。主要特点是质量高,兼容性好。由于拥有一个统一的工业标准,很多的电影介绍片、游戏简介都使用其独有的 MOV 模式。目前已支持 MPEG-4 格式,在 MIDI 应用上也很灵活。
- 超级解霸:多媒体播放和转换工具。
- 金山影霸:多媒体播放工具。
- 东方影都:多媒体播放工具。
- Real Producer:RM 文件制作工具。
- WinDVD:DVD 播放器。
- Micro DVD Player:DVD 播放器。

2. RealPlaye 简介

RealPlayer 是由 Realnetworks 公司开发的一种高级功能媒体播放器,它最大的特点是支持几乎所有的多媒体文件格式,可非常有效的利用网上资源,是在网上收听、收看实时 Audio、Video 和 Flash 的最佳工具。用 RealPlayer 可欣赏网上在线音频和视频资料。主要功能包括:支持 RealFlash 功能;带有目标按钮,只需单击鼠标就可收听新闻和娱乐资讯;近乎 CD 一样的音频效果(只在 28.8Kb/s 或更快的连接速度情况下),全屏播放图像功能(只适用于高带宽连接情况)。其他功能包括:内容频道,自动升级功能,SmartStream 技术消除了再次缓冲,查找媒介链接,支持 MP3 格式等。RealPlayer 能从 2500 个互联网在线电台中轻松找到你最喜欢的节目,给用户全新的 3D 音效和视觉感受等。如果用户的连线速度足够快的话,则可以收看全屏幕 Video。

RealPlayer 10.0 是 RealPlayer 软件的较新版本,其界面如图 7-10 所示。

图 7-10　RealPlayer 10.0 界面

使用 RealOne Player 的最简单方法就是使用鼠标双击要播放的文件名称,当然事先必须安装 RealOne Player。如果 RealOne Player 是该媒体类型的默认播放器,则会在选择媒体后立即启动并开始播放。

RealOne Player 是一种免费产品,可以用于播放并保存来自 Internet 或 CD 的许多内容类型。RealOne Player 并不仅仅是一种媒体播放器,它还具有其他许多功能,允许查找、管理、保存和播放各种媒体类型。如果具有 RealOne 会员资格,则可以享受 RealOne Player Plus 的高级服务以及仅供个人欣赏的内容。

RealOne MusicPass 会员可以下载并流式欣赏来自 1000 多位艺术家的 100 000 多段剪辑。他们都可以无限制地享受 RealOne Player 的所有高级功能(例如 TurboPlay、均衡器和工具栏模式),并且只需拨打一个电话即可获得 RealNetworks 的技术支持。无论在何处通过何种 RealOne Player 登录至 RealOne,都可以获得这些功能。

7.5　习　　　题

1. 思考题

(1) 什么是多媒体计算机系统,其基本构成是怎样的?

(2) 目前流行的数字图像文件格式有哪些?

(3) 数据压缩算法有哪两大类,特点分别是什么?

(4) 多媒体计算机专用芯片有几种? 各是什么?

(5) Photoshop 是哪个公司出品的? 它有什么特点?

2. 选择题

(1) 超文本的结构是(　　)。

A. 顺序的树型　　　B. 线形的层次　　　C. 非线性的网状　　　D. 随机的链式

（2）关于 MIDI，下列叙述不正确的是（　　　）。

A. MIDI 是合成声音　　　　　　　　　B. MIDI 的回放依赖设备

C. MIDI 文件是一系列指令的集合　　　D. 使用 MIDI，不需要许多的乐理知识

（3）一般说来，要求声音的质量越高，则（　　　）。

A. 分辨率越低和采样频率越低　　　　B. 分辨率越高和采样频率越低

C. 分辨率越低和采样频率越高　　　　D. 分辨率越高和采样频率越高

（4）位图与矢量图比较，可以看出（　　　）。

A. 位图比矢量图占用空间更少

B. 位图与矢量图占用空间相同

C. 对于复杂图形，位图比矢量图画对象更快

D. 对于复杂图形，位图比矢量图画对象更慢

（5）多媒体创作工具的标准中具有的功能和特性是（　　　）。

A. 超级连接能力　　　　　　　　　　B. 模块化与面向对象化

C. 动画制作与演播　　　　　　　　　D. 以上答案都对

3. 填空题

（1）多媒体计算机技术是指运用计算机综合处理_____的技术，包括将多种信息建立_____，进而集成一个具有_____性的系统。

（2）多媒体技术具有_____、_____、_____和高质量等特性。

（3）分辨率是指把采样所得的值_____，即用二进制来表示模拟量，进而实现_____转换。

（4）视频采集是将视频信号_____并记录到_____上的过程。

（5）用计算机实现的动画有两种：_____和_____。

读者意见反馈

亲爱的读者：

感谢您一直以来对清华版计算机教材的支持和爱护。为了今后为您提供更优秀的教材，请您抽出宝贵的时间来填写下面的意见反馈表，以便我们更好地对本教材做进一步改进。同时如果您在使用本教材的过程中遇到了什么问题，或者有什么好的建议，也请您来信告诉我们。

地址：北京市海淀区双清路学研大厦 A 座 602　　　计算机与信息分社营销室　收

邮编：100084　　　　　　　　　　电子邮件：jsjjc@tup.tsinghua.edu.cn

电话：010-62770175-4608/4409　　　邮购电话：010-62786544

教材名称：大学计算机应用基础

ISBN：978-7-302-19958-8

个人资料

姓名：_____　年龄：_____　所在院校/专业：_____

文化程度：_____　通信地址：_____

联系电话：_____　电子信箱：_____

您使用本书是作为： □指定教材 □选用教材 □辅导教材 □自学教材

您对本书封面设计的满意度：

□很满意 □满意 □一般 □不满意　改进建议_____

您对本书印刷质量的满意度：

□很满意 □满意 □一般 □不满意　改进建议_____

您对本书的总体满意度：

从语言质量角度看 □很满意 □满意 □一般 □不满意

从科技含量角度看 □很满意 □满意 □一般 □不满意

本书最令您满意的是：

□指导明确 □内容充实 □讲解详尽 □实例丰富

您认为本书在哪些地方应进行修改？（可附页）

_____

_____

您希望本书在哪些方面进行改进？（可附页）

_____

_____

电子教案支持

敬爱的教师：

为了配合本课程的教学需要，本教材配有配套的电子教案（素材），有需求的教师可以与我们联系，我们将向使用本教材进行教学的教师免费赠送电子教案（素材），希望有助于教学活动的开展。相关信息请拨打电话 010-62776969 或发送电子邮件至 jsjjc@tup.tsinghua.edu.cn 咨询，也可以到清华大学出版社主页（http://www.tup.com.cn 或 http://www.tup.tsinghua.edu.cn）上查询。

高等学校计算机基础教育教材精选